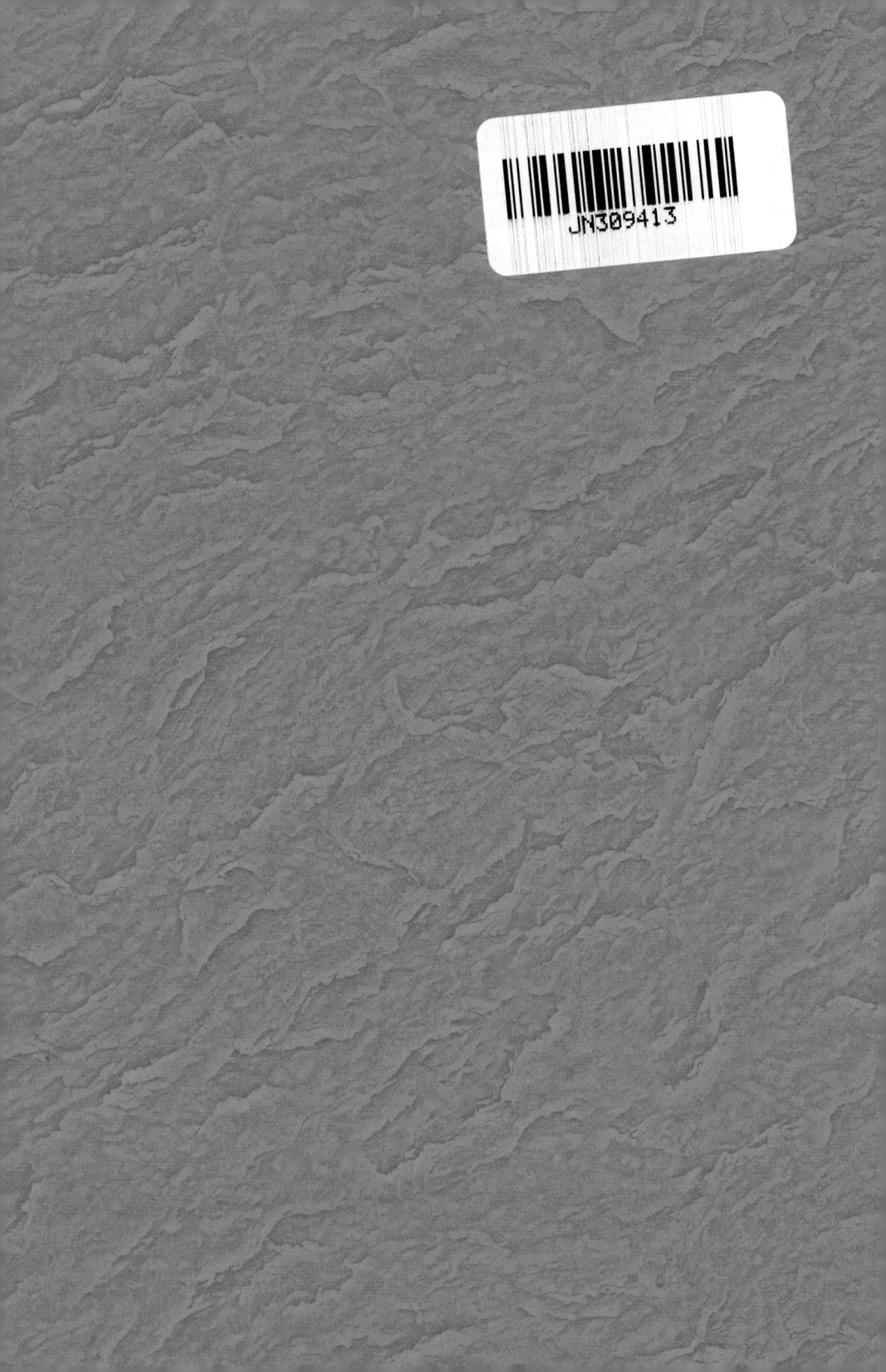

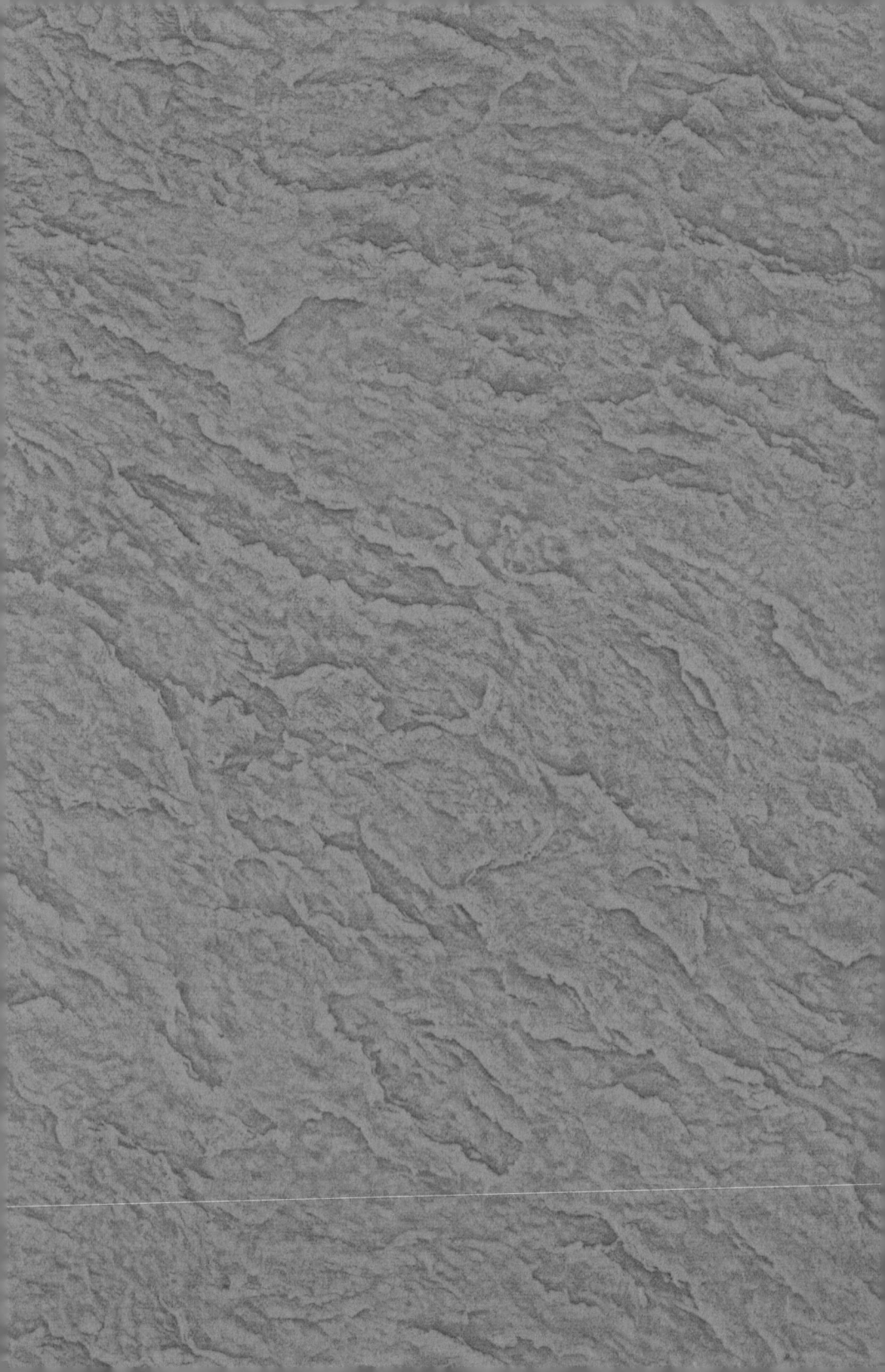

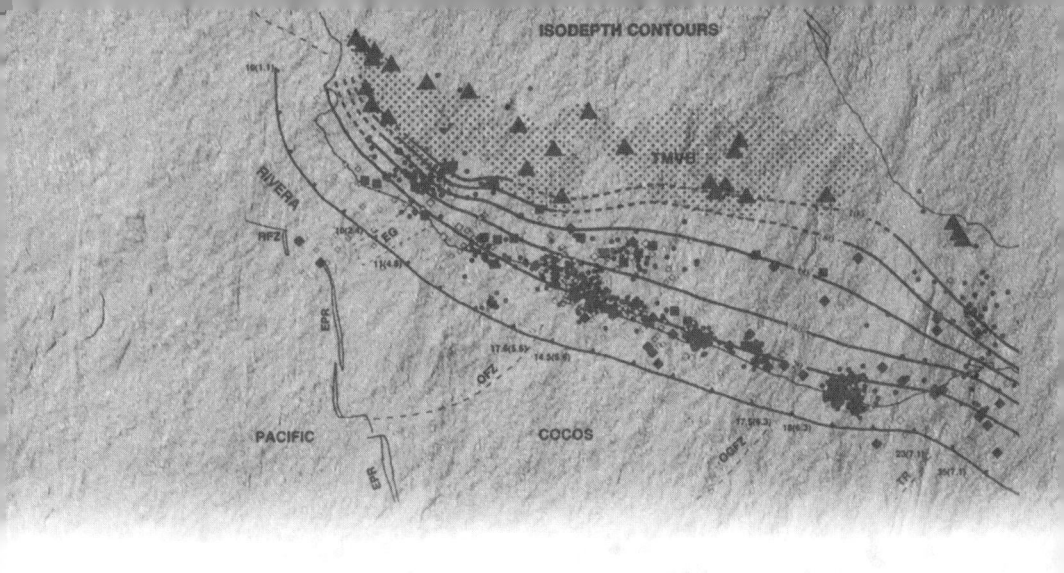

大地震とテクトニクス

メキシコを中心として

三雲 健 著

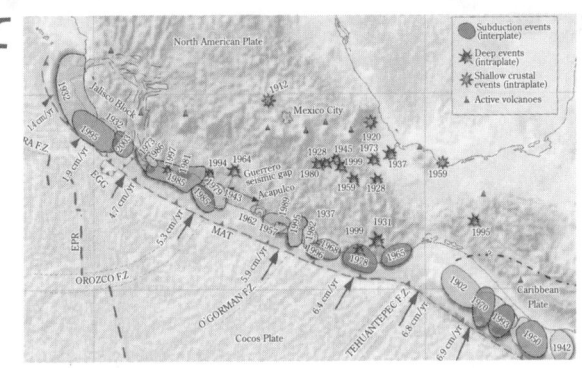

京都大学学術出版会

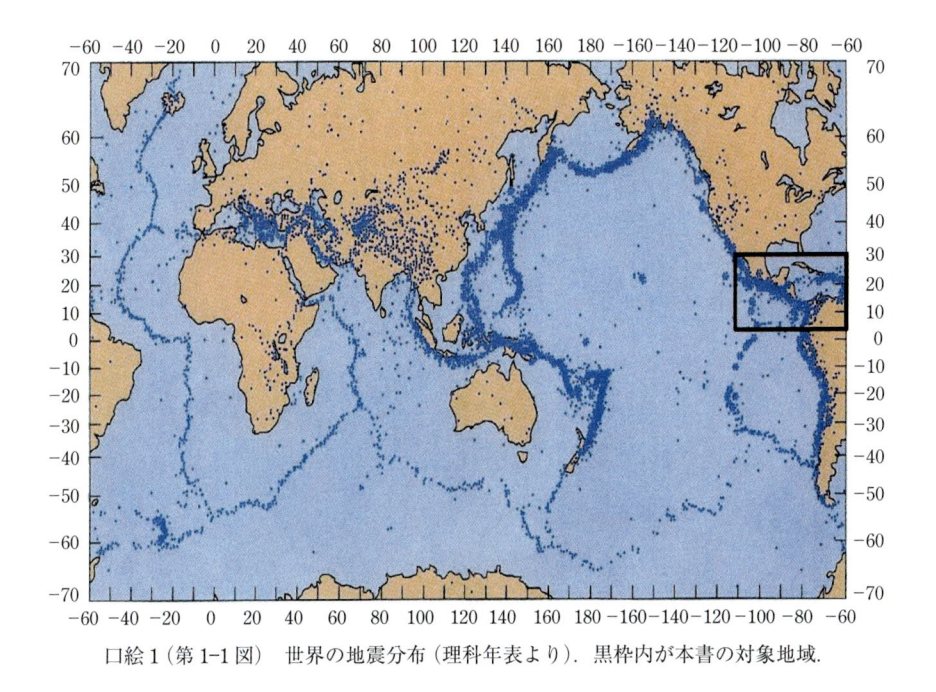

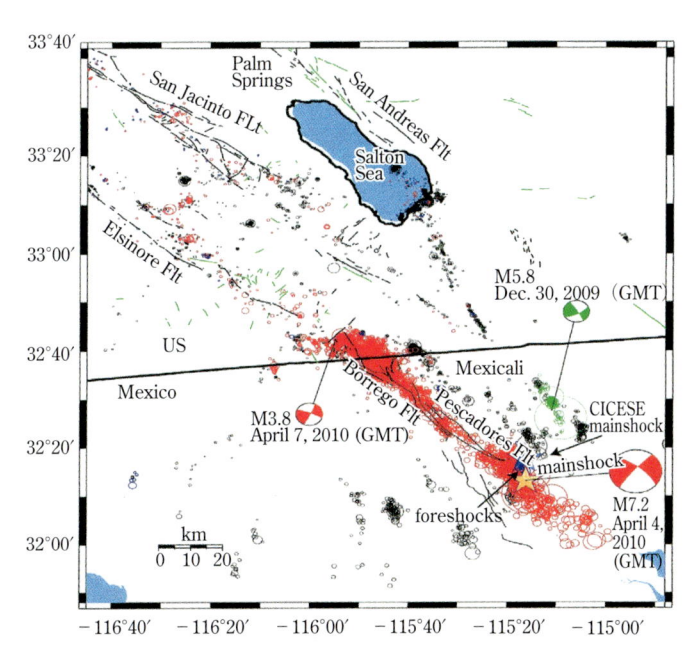

口絵1（第1-1図） 世界の地震分布（理科年表より）．黒枠内が本書の対象地域．

口絵2（第2-4図B） 2010年4月4日 El Major-Cucapah, Baja California 地震（Mw＝7.2）と余震分布（©USGS, 2010 after E. Haukson, 2010）．

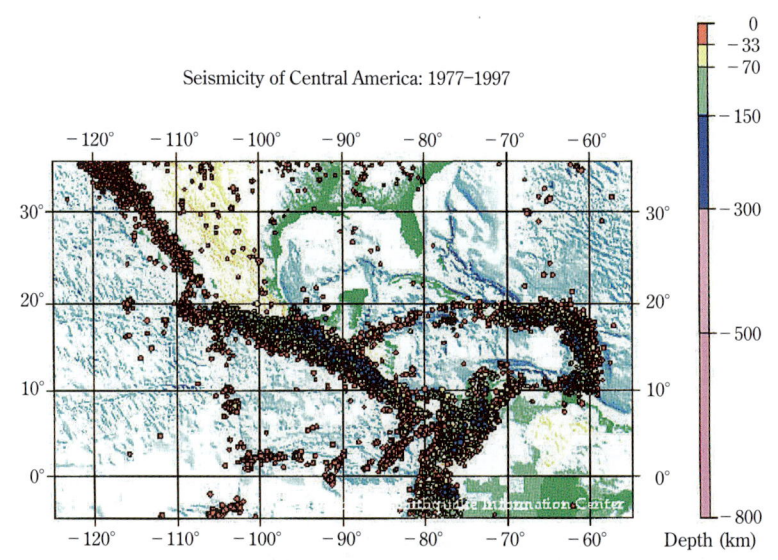

口絵3（第2-5図） 1977-1997年の20年間のメキシコ，中米，カリブ海地域の地震活動（色別に震源の深さを示す）（©USGS, 1998）
右側の楕円形の地震分布はカリブ海プレート周辺の活動を示す．

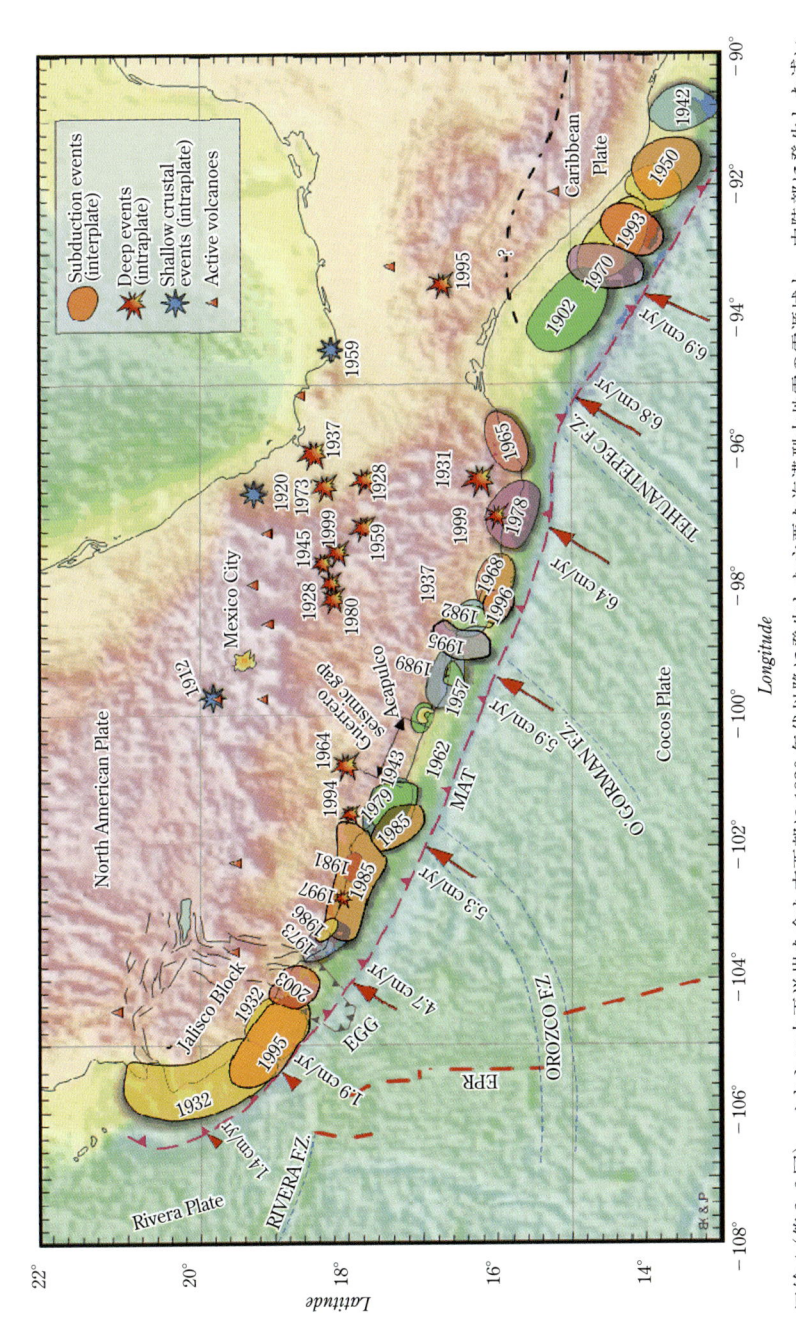

口絵 4（第 2-6 図） メキシコ太平洋岸を含む南西部に 1930 年代以降に発生した主要な海溝型大地震の震源域と、内陸部に発生した浅い大地震の震央（星印）（©Kostoglodov and Pacheco, 1999）.

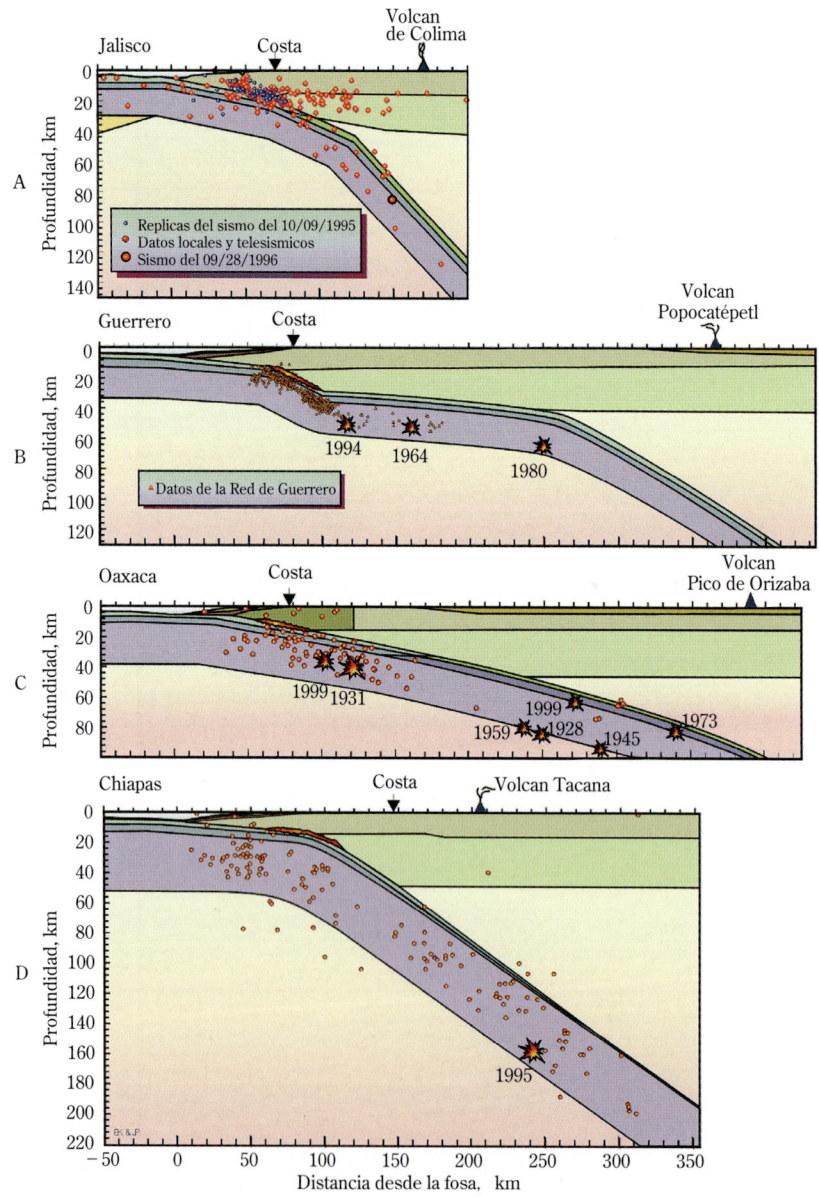

口絵5（第2-27図） 沈み込むココス・プレートの断面の模式図と地震の深さ分布
（©Kostoglodov & Pacheco, UNAM, 1999）
上からA：Jalisco地域，B：Guerrero地域，C：Oaxaca地域，D：Chiapas地域の各断面を示す．

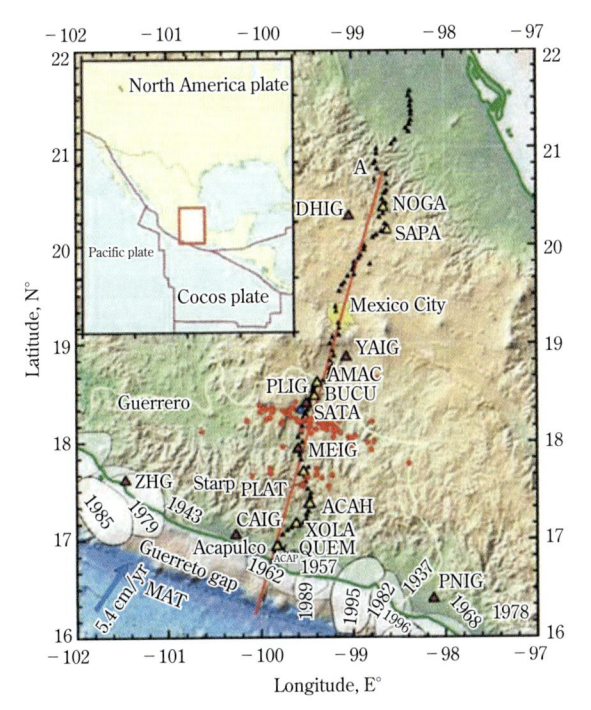

口絵 6（第 2-28 図）　MASE 中央アメリカ・プロジェクト測線（線上の黒丸：観測点）
（©Pérez-Campos et al., Geophys. Res. Lett., 35, 2008, p. 1）．赤丸：NVT（4.5.2 章項）の震央

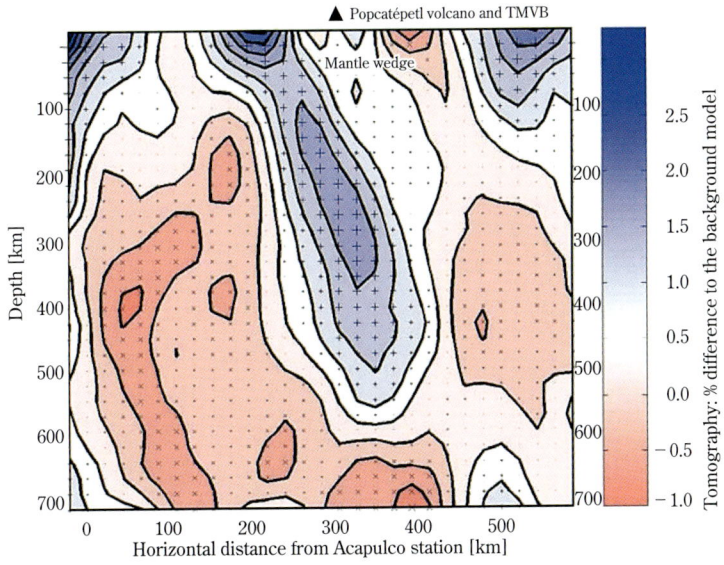

口絵 7（第 2-29 図）　トモグラフィ解析によるメキシコ中部のマントル構造の断面（©Husker & Davis, J. Geophys. Res. 113, B04306, 2009, p. 4）
中央部の青色が速度の速い部分で，沈み込むプレートに相当し，その両側の赤色の部分はやや速度の遅い部分を示す．この図は第 2-27 図 B の Guerrero 地域断面のうち，海岸線から右へ約 260 km の部分の詳細な構造を示す．TMVB の Popocatépetl 火山は沈み込むプレートが約 150〜200 km の深さの上に位置する．

口絵 8（第 2-33 図）　2001 年 1 月の El Salvador 地震（Mw＝7.6）によって首都 San Salvador 市街地に生じた大規模地滑り（©USGS, 2001）．

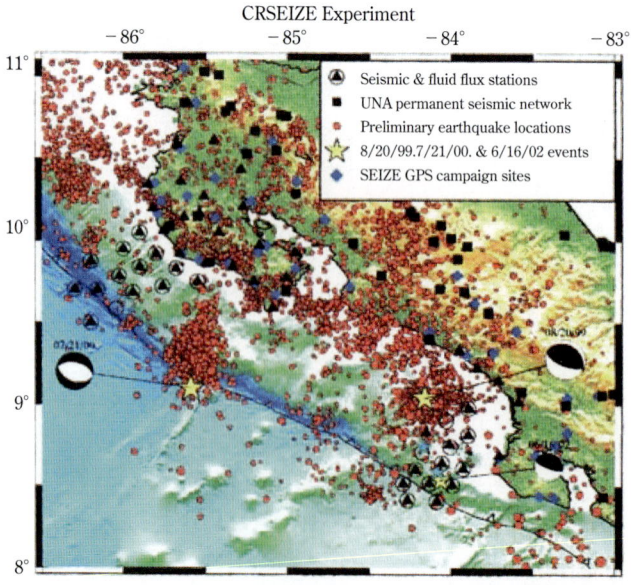

口絵 9（第 2-38 図）　Costa Rica の Nicoya 半島沖の CRSEIZE 計画による地震観測（©Schwartz et al., American Geophysical Union, 2002, S71C11045）．赤丸：地震分布

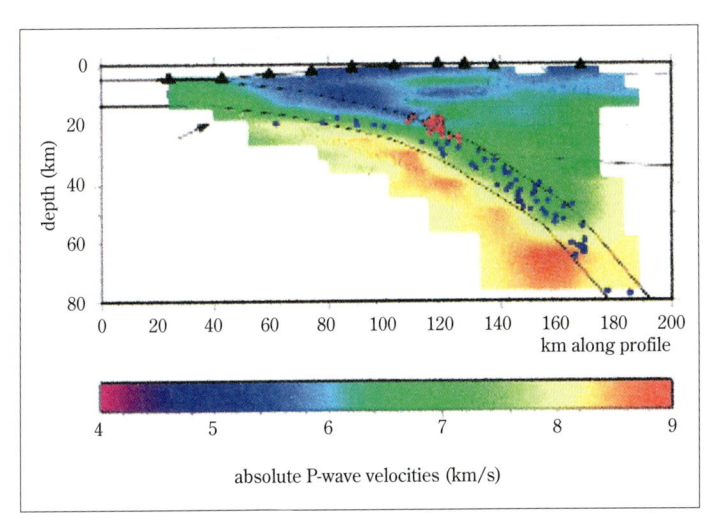

口絵10（第2-39図） Costa RicaのNicoya半島付近のP波トモグラフィによる地殻構造断面図（©Dixon et al., American Geophysical Union, 2004, S51B0157）
約70 kmの深さまでプレートの沈み込みが見える．

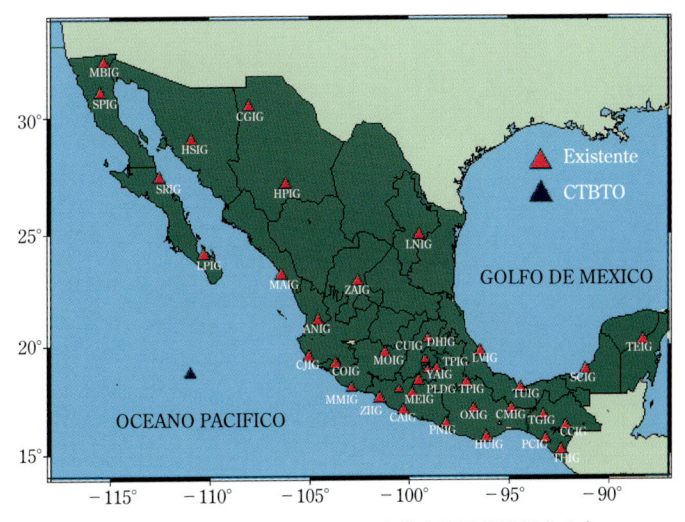

口絵11（第3-3図） UNAM-SSN広帯域地震計観測点分布．

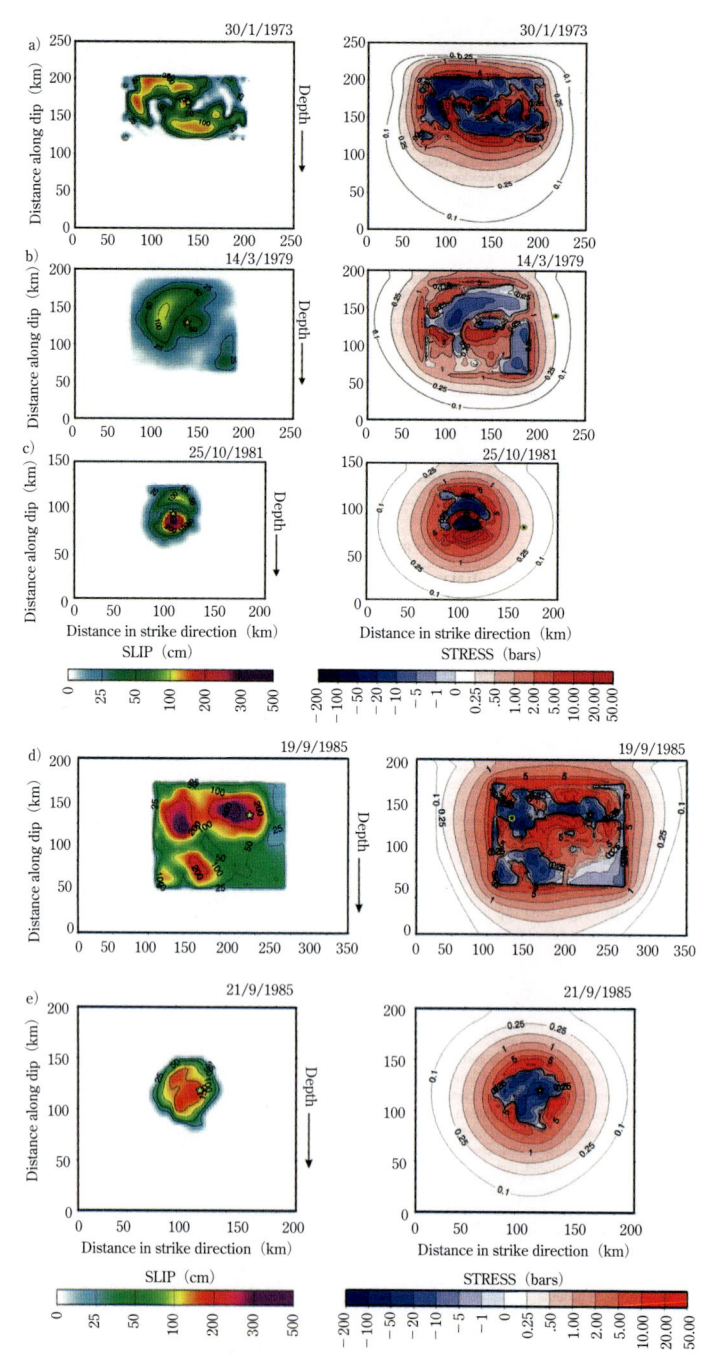

口絵12（第4-3図） Cocosプレート上面に発生した5回の大地震のすべり分布（左側）とこれによって生じたクーロン応力変化（単位：bar＝0.1 MPa）：（右側）
青色は減少域，赤色は増加域（©Santoyo et al., Geofis. Int., 46, 2007, pp. 214-215）．

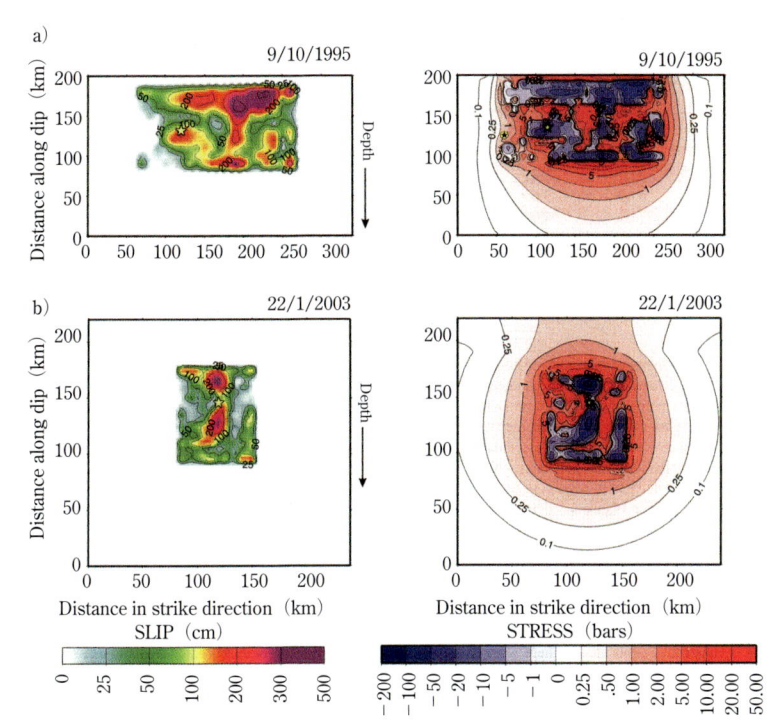

口絵 13（第 4-4 図）　Rivera プレート上面に発生した 2 回の大地震のすべり分布（左側）とこれによって生じたクーロン応力変化（単位：bar＝0.1 MPa）：（右側）

青色は減少域，赤色は増加域（©Santoyo et al., Geofis. Int., 46, 2007, p. 217）．

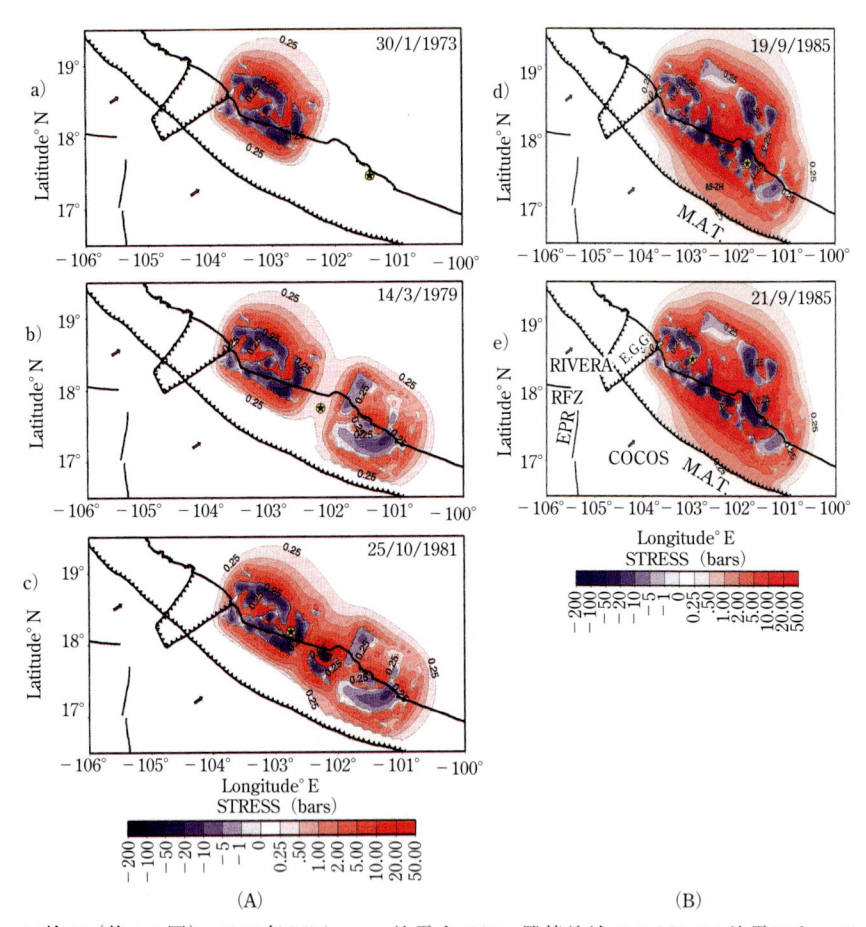

口絵 14（第 4-5 図） 1985 年 Michoacan 地震までに，隣接地域での M>7.4 地震によって生じたクーロン応力変化 ΔCFS（単位：bar＝0.1 MPa）(A) 1973-1981，(B) 1981-1985
青色は減少域，赤色は増加域，星印：次の地震の震源域：（©Santoyo et al., Geofis. Int., 46, 2007, p. 221）．

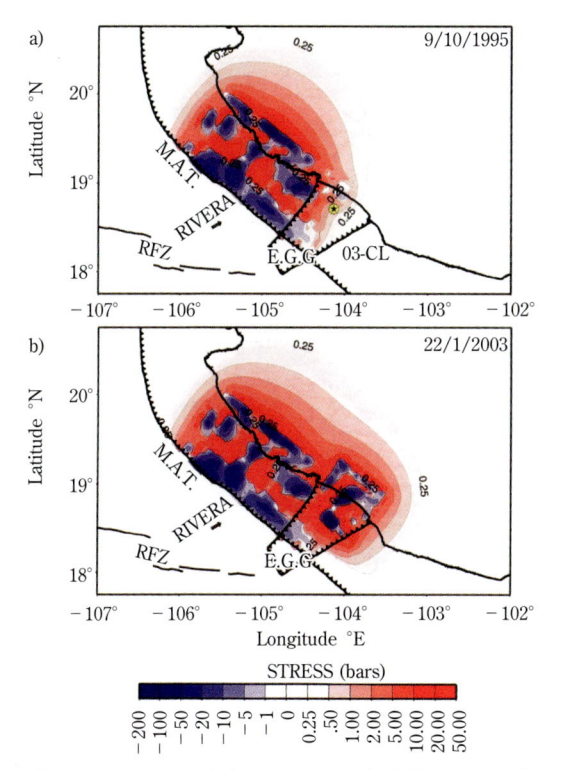

口絵 15（第 4-6 図） Colima-Jalisco 地域の 1995-2003 年地震によって生じたクーロン応力変化 ΔCFS（単位：bar = 0.1 MPa）

青色は減少域，赤色は増加域，星印：次の地震の震源域を示す（©Santoyo et al., Geofis. Int., 46, 2007, p. 222）.

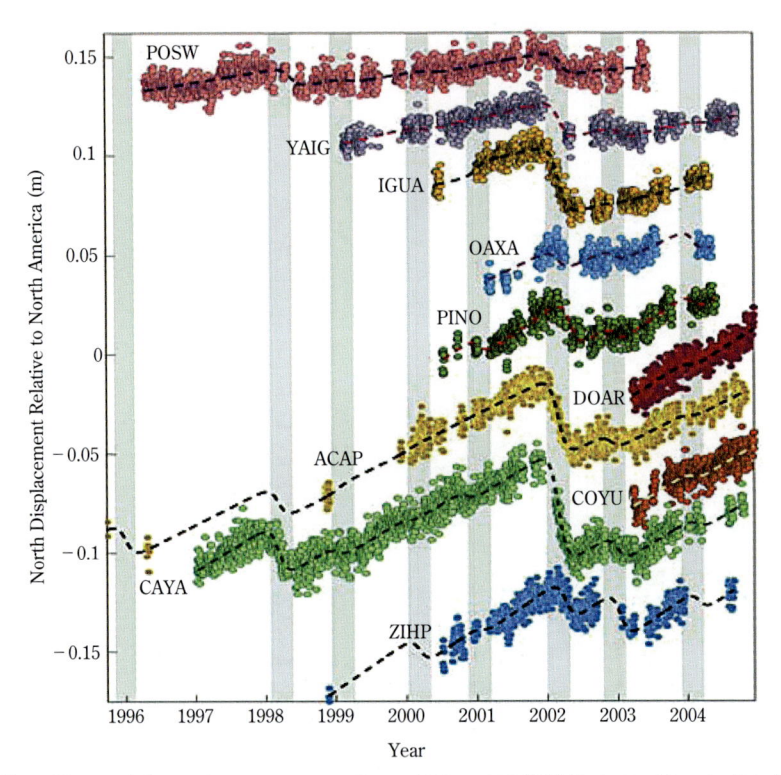

口絵 16（第 4-11 図） メキシコ Guerrero ゲレロ地域の GPS 観測点で 2001 年-2004 年に観測されたゆっくりすべり SSE 現象（©Kostoglodov et al., Geophys. Res. Lett., 30(15), 2003）; Lowry et al., Geophys. J. Int., 200, 2005, p. 4）.

2001 年終わり頃から 2002 年初め頃にかけて異常変位が見える．

目　次

まえがき（附：スペイン語地名）　3

凡　例　7

第1章　メキシコと中米地域のテクトニクス ─── 11

    1.1　プレート・テクトニクスから見たメキシコ ── 中米地域と日本列島　11

    1.2　6500万年前のメキシコ　14

    1.3　メキシコと中米地域のテクトニクス　18

    第1章　用語の説明　24

第2章　メキシコと近接地域の大地震 ─── 27

    2.1　古代の地震　27

    2.2　16-18世紀の地震　28

    2.3　19-20世紀の地震　30

    2.4　内陸部およびBaja Californiaの大地震　32

        2.4.1　内陸部　32

        2.4.2　Baja California　34

2.5 プレートの沈み込みによる海溝型大地震　37

2.6 大地震のメカニズム　42

 2.6.1　Jalisco-Colima 地域　44

 2.6.2　Michoacan 地域　52

 2.6.3　1985 年 Michoacan 大地震　53

 2.6.4　Guerrero-Ometepec 地域　60

 2.6.5　Oaxaca 地域　62

 2.6.6　Tehuantepec-Chiapas 地域　64

 2.6.7　プレート内地震　65

2.7 沈み込むプレートの形状　71

2.8 メキシコに隣接する中米地域の大地震　77

2.9 メキシコ東方のカリブ海北辺地域　88

第 2 章　用語の説明　93

第3章　メキシコの地震関係研究機関と観測網　97

3.1 CENAPRED メキシコ国立防災センター　97

3.2 UNAM-IGEF メキシコ国立自治大学地球物理研究所　101

3.3 UNAM-SSN 地震および GPS 観測網　103

3.4 UNAM-IING 工学研究所およびゲレロ加速度計観測網　106

3.5 CIRES メキシコ地震計測センター：早期地震警報システム　107

3.6 CICESE エンセナーダ科学研究・高等教育センター　109

3.7 RESCO コリマ大学地震観測網　110

3.8 メキシコの学会組織　110

3.9 中米地域の地震観測機関　111

第 3 章　用語の説明　112

第 4 章　研究ノート ── 113

- 4.1 大地震の断層の動的破壊過程　114
    - 4.1.1 横ずれ断層型大地震の動的破壊過程　114
    - 4.1.2 横ずれ型分岐断層の破壊　117
    - 4.1.3 海溝型逆断層大地震の動的破壊過程と強震動の予測　118
- 4.2 プレート沈み込み帯での大地震間のストレス相互作用　124
    - 4.2.1 プレート上面の逆断層型大地震間のストレス伝播の可能性　124
    - 4.2.2 Cocos および Rivera プレート上面に発生した一連の逆断層型大地震　125
    - 4.2.3 プレート上面の逆断層型大地震とプレート内部に誘起された正断層型地震　131
- 4.3 断層の破壊に伴う応力降下時間と臨界すべり量の推定　134
    - 4.3.1 従来の研究　134
    - 4.3.2 震源時間関数から Dc の近似値 Dc' の推定　136
    - 4.3.3 地殻内の横ずれ断層型地震とプレート内の正断層型地震の場合　137
    - 4.3.4 断層近傍の観測波形からの直接の推定　138
- 4.4 断層面の破壊エネルギーと解放された地震エネルギーの見積もり　139
- 4.5 メキシコ太平洋岸のゆっくり滑り SSE と非火山性微動 NVT　140
    - 4.5.1 大地震空白域での SSE の観測と解析　140
    - 4.5.2 非火山性微動 NVT の発生域　147
- 4.6 その他　150
- 第 4 章　用語の説明　151

第5章　まとめ ——————————————— 155

おわりに　163

謝　辞　165

参考文献　169

索　引　189

大地震とテクトニクス
―― メキシコを中心として ――

まえがき

テクトニクスとは？

　テクトニクスとは，地球上の大規模な変形運動を意味する言葉で，もとは地質構造の変動や造山運動などの意味で使われましたが，現在では地震活動，地殻変動，火山活動など，地球上で起こる現象を総称することが多く，ここでもその意味を含めて使っています．特に1960年代後半にプレート・テクトニクスが登場してからは，これと同じ意味で使われることもあります．

なぜメキシコなのか？

　読者にとって，メキシコとはどんなイメージを持っておられるでしょうか？　多分すぐに思い浮かべられるのは，暖かくて明るい国，大きなソンブレロと陽気で賑やかなマリアッチの国，豊富な果物ととうもろこしの国．また歴史に少しでも関心がある方なら，遠い昔のマヤ文明やもう少し近いアステカ文明などが栄えた国．しかしいずれにしても太平洋のはるか向こう側にある，遠くてなかなか行きにくい国かと思われます．

　しかし地球物理学や地震学の世界では，メキシコは遠い国では全くありません．ここは太平洋を隔てているとはいえ，隣り合わせのプレートの上に乗っており，最新の測量によれば，メキシコが乗る北米大陸と日本の間の距離約8,000 kmは1年に8 cm程度は縮んで近づきつつあります．また片方で起こる地球物理的現象は直ちに向こう側へ伝わります．例えば大地震によって生じた地震波は地球の中や表面を通り，またもし津波が生ずれば太平洋を渡って，日本からメキシコへ，逆にメキシコから日本へと短時間で伝播します．この分野の研究者にとっては大変魅力のある重要な国なのです．

　ここでは日本の場合と同様，プレートが沈み込むことによって地殻活動や地震が大変活発な国で，昔から今まで多くの大地震が起こっており，近年では1985年の大地震がとくに注目を惹きました．一方，メキシコのすぐ北側にあ

るアメリカのカリフォルニア州では，有名なサン・アンドレアス断層やその周辺の断層の動きによって時々大きい地震が発生します．ここでは多くの先進的な研究が進んでいますが，メキシコや日本列島周辺に起こる海溝型大地震とは仕組みがかなり異なります．

それではメキシコへ ─

　私は地球物理学を学んだ後，京都大学で長年，教育と研究の生活を送ってきました．京大防災研究所に在職中，メキシコ国立自治大学 (UNAM) の地震学者 Cinna Lomnitz 教授を招聘して共同研究をしたことがあり，メキシコについて多くのことを学びました．京大の停年が迫ってきた 1991 年頃，この後どうすべきかを考えていましたが，できればもう少し遣り残した仕事を続けたいと思っていました．それで若い頃に過ごしたアメリカの UC Berkeley (カリフォルニア大学バークレイ) へ無給研究員としてしばらく置いてもらうか，あるいは Lomnitz 教授が一度こちらへ来ないかと言っていた話を思い出し，いずれにしても停年退職を機会に暫く日本を離れることを考えました．ちょうどその頃，防災研究所の同僚であった入倉孝次郎教授から，1985 年のメキシコ大地震を契機として，日本の国際協力事業団 (JICA) の技術協力で動きだしたメキシコでの「地震防災プロジェクト」に参加してみてはという話を頂きました．先にお話したようにメキシコは，私のような地震屋にとっては大変魅力のある国でもあり，日本やアメリカでのこれまでの経験や学んだ知識を生かして，関連する仕事や研究を継続できそうなので，この際新しい場所へ行ってみたいと思う気持が強くなり，入倉さんに万事をお願いすることになりました．これがその後の 14 年間にわたるメキシコ滞在となった始まりでした．

　最初に到着したのはメキシコ国立防災センター CENAPRED で，ここでは 1992 年 10 月から 1994 年 4 月までの間，JICA の「地震防災プロジェクト」の一環として，強震観測網の整備と観測データの解析，大地震の際の強震動予測などの仕事を受け持つことになり，1 年半の任期を過ごしました．その後のことについては Lomnitz 教授や，たまたまメキシコへ再訪された横山泉先生 (北海道大学名誉教授) にも相談したところ，先生が先に 4 年間 JICA の火山学専門家として在任されていた UNAM 地球物理研究所で後任の専門家として働ける

ようJICAに申請して頂けることになりました．

　幸いこの申請が認められ，短期間帰国した後，今度は1994年7月から地震学長期専門家としてこの研究所で働くため，再びメキシコへやって来ました．

　この研究所では，後に述べるように，メキシコ太平洋岸の大地震発生メカニズム，特にプレート沈み込みによる大地震の断層の破壊過程と強震動予測の研究や，このための計算プログラムの開発，計算実行の技術指導，地震学に関する講義とセミナーなどを担当しました．また研究所の大学院生の研究指導も仰せつかりましたが，私はスペイン語が苦手なこともあって，議論などはすべて英語でやりました．しかしそのうちにスペイン語で書かれた修士論文や博士論文の査読などの仕事も舞い込むようになり，四苦八苦することになりました．

　JICAの任期が後半年で終わろうとしていた1998年3月頃，今度はUNAMのKrishna Singh教授から，この後もできれば研究所に残って欲しいとの要請があり，喜んで承諾しました．こうして1998年9月からはJICAを離れ，UNAM地球物理研究所のスタッフとして勤務することになり，その後の8年間の大部分を研究生活に過ごし，2006年10月に自主退職して日本へ帰国しました．

大地震を日本と比較する

　いささか個人的経験を述べましたが，私のような体験を過ごした研究者がこれまであまり多くはなかったことも一因でしょうか，太平洋を隔てて反対側の地域の地震やテクトニクスなどについては，日本ではこれまで必ずしも良く知られているとは云えないと思われます．1960年と2010年のチリの巨大地震や，最近明らかにされた1700年のカナダ・カスケイディアの地震による津波が20数時間後に日本へ到達して三陸沿岸地方に予想外の被害を与えたことはもちろん，あるいは1985年のメキシコ大地震の際に，軟弱地盤の上にあるメキシコ・シティで多数の高層建築が倒壊して大きい被害を生じたことなども，軟弱地盤の多い日本の関東平野や大阪平野に立つ多くの都市にとって無縁ではありません．したがって，太平洋の反対側の大地震といえども，知っておくべきことは多々あるのではないかと思われます．

　また，問題はこのような被害状況ばかりではありません．日本列島周辺のプ

まえがき

レート境界に起こる大地震については，その様子はかなり分かってきました．しかしもっとも研究が進んでいる南海トラフ沿いや東北地方沿岸に起こる巨大地震についても，基本的なメカニズムは理解できても，実際に起こる発生間隔にはかなりのばらつきがあります．またこれらの巨大地震の破壊はどこから始まるのか，また破壊するアスペリティは同じなのか，前回の地震の影響を受けているのか，など地震の予測や防災上，関心が高い問題についても，十分には良く分かっていない問題が残されています．このような点の理解を深めるためには，世界の他のプレート沈み込み帯の巨大地震の発生の仕方と比較を試みるのも一つの視点かも知れません．このような観点から，太平洋の反対側のメキシコや中米地域の大地震と比較するのは意味があることではないでしょうか．

この小著の第1章から第3章までは，私がメキシコに滞在した間に見聞したり，実際に参加した議論や研究のなかから明らかになったメキシコの地震・地殻変動とテクトニクスや，あるいはこれらの分野で実際に観測や研究を行っている研究機関がどのような活動をしているのかについてまとめたものです．これに加えてメキシコ滞在中に筆者自身がメキシコ・グループの研究に参加したり，あるいは日本から来訪して頂いた研究者と行った共同研究については第4章に研究ノートとしてまとめることにしました．

このようにメキシコや中米地域と日本の場合を比較しながら物事を考えることが，これからの地球科学や地震学，さらに関連分野の研究や，あるいは今後の地震災害対策などにとってささかでも参考になれば，筆者の望外の幸いです．

2009年12月．2010年12月原稿改訂

三雲　健

凡　例

　なお本文中や図に登場する地名や人名などの固有名詞は，そのままスペイン語で表示した．
　カナ表記にすると，スペイン語にあまり馴染みのない読者にとっては，現地の地図や文献を参照する際にかえって不便になる恐れがあることと，またスペイン語による雰囲気を幾分でも残したかったことにもよる．主な地名については参考のためにカナ表記を以下の凡例に付けておいた．

(註) メキシコ―中米地域のスペイン語地名
第1章

Jalisco	ハリスコ	Colima	コリマ
Michoacan	ミチョアカン	Guerrero	ゲレロ
Ometepec	オメテペック	Oaxaca	オアハカ
Tehuantepec	テワンテペック	Chiapas	チアパス
cenote	セノーテ	Chicxulub	チクスルブ
Farallón	ファラロン	Cocos	ココス
Nazca	ナスカ		
Rivera	リヴェーラ	Galapagos	ガラパゴス
Orozco	オロスコ	O'Gorman	オゴルマン
Cerro Prieto	セロ・プリエート	Chapala	チャパーラ
Polochic	ポロチック	Motagua	モタグア
Acapulco	アカプルコ	Paricutin	パリクティン
Jorullo	ホルージョ		
Nevado de Toluca	ネヴァード・デ・トルーカ		
Popocatépetl	ポポカテペトル	Iztaccihuatle	イスタシュワトル
Orizaba	オリサバ	El Chichon	エル・チチョン

凡例

第2章

Teotihuacán	テオティワカン	Chichén Itzá	チチェン・イツア
Acambay	アカムバイ	Guadalajara	グアダラハラ
Ciudad Guzman	シウダー・グスマン		
Cocula	コクーラ		
Zacoalco	サコアルコ	Amacuaca	アマクアカ
Veracruz	ヴェラクルス	Puebla	プエブラ
Tixmadejé	ティスマデッヘ	Pastores	パストーレス
Baja California	バハ・カリフォルニア		
Golfo de California	ゴルフォ・デ・カリフォルニア		
El Mayor Cuapah	エル・マヨール・クアパ		
Petatlan	ペタトラン		
El Gordo Graben	エル・ゴルド・グラーベン		
Tecomán	テコマン	Manzanillo	マンサニージョ
Playa Azul	プラヤ・アスール		
Lazaro Cardenas	ラサーロ・カルデナス		
Zihuatanejo	シワタネッホ		
Caleta de Campos	カレータ・デ・カムポス		
La Villita	ラ・ヴィジータ	La Union	ラ・ウニオン
Copala	コパーラ	Morelia	モレーリア
Chichinautzin	チチナウツィン		
Huajuapan de Leon	ワフアパン・デ・レオン		
Tehuacan	テワカン	Tempoal	テムポアール
Guatemala	グアテマラ	El Salvador	エル・サルヴァドール
Nicaragua	ニカラグア	Costa Rica	コスタ・リカ
Antigua	アンティグア	Puerto Barrios	プエルト・バリオス
Honduras	オ（ホ）ンデュラス	Managua	マナグア
San Salvador	サン・サルヴァドール		
Valle de la Estrella	ヴァジェ・デ・ラ・エストレージャ		
Quepos	クエポス	San Jose	サン・ホセ

Hispanolă	イスパニョーラ	Gonăve	ゴニャーヴェ
Port-au-Prince	ポルトー・プランス(仏)		
Enriquillo	エンリキージョ／アンリキーロ(仏)		
Puerto Rico	プエルト・リコ		
Cap-Haïtien	キャプ・ハイチアン(仏)		
Samana	サマーナ	Santiago	サンティアゴ
Nagua	ナグア	Luperon	ルペロン
Léogăne	レオガーヌ(仏)	(仏)はフランス語読み	

第3章

CENAPRED	セナプレ	UNAM	ウナム
CIRES	シーレス	CICESE	シセセ
Puerto Vallarta	プエルト・ヴァジャールタ		
Ajusco	アフスコ	Xitle	シトレ

(註)スペイン語の単語の発音は，普通は後から2番目の母音にアクセントがあるが，そうでない場合にはアクセントのある母音の上にアクセント記号が付けられている．(例) Chichén Itză チチェン・イツア
なお本文中，スペイン語地名が初出の場合には，仮名をつけているが，2度目以後は省略した．頻繁に出てきて一般的になった場合(例：プレートの名称など)には，以後は仮名だけにした．
(註)また本文の中の専門用語について，説明が必要と思われるものについてはそれぞれの用語の後に*印をつけ，各章の末尾に英語を併記して解説を加えたので参照して頂きたい．

第1章
メキシコと中米地域のテクトニクス*

1.1 プレート・テクトニクスから見たメキシコ
── 中米地域と日本列島

　1960年代，世界標準地震観測網WWSSNが世界中に設置され，世界の大きい地震が地球上のどのような場所で発生しているかが明らかになった．それとともに海洋底の探査が進み，海底の地形や，堆積物の年代，熱流量，さらには地磁気の縞模様*の分布なども明らかにされ，そうした知見をもとにプレート・テクトニクスの考え方が生まれた．すなわち大きい地震は大陸に近い海溝付近に集中していることや，また太平洋や大西洋，インド洋などのなかの海嶺に沿って発生していることも分かってきた．第1-1図はこのような世界の主要な地震分布を示したものである．

　地球の表面は第1-2図に示すように，このような海嶺*と海溝*で境されたプレートと呼ばれる厚さ50-100 kmの板状の岩盤構造で覆われており，これらの主要な12枚のプレートの相対運動が大地震を発生させていると考えられている．

　プレートの境界と考えられる連続した海嶺付近では，温度が高く，かつ堆積物の年代が新しいのに対して，海嶺から遠ざかるにしたがってプレート内の平

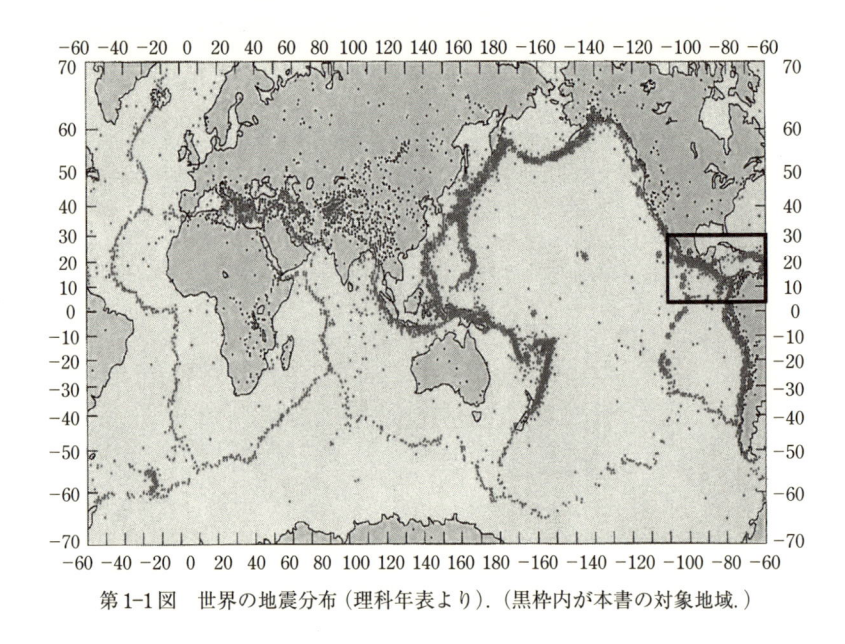

第 1 章

メキシコと中米地域のテクトニクス

第 1-1 図　世界の地震分布（理科年表より）．（黒枠内が本書の対象地域．）

均温度が低下し，海底の年代が古くなっている．メキシコから中米地域の大部分は北米プレートの上にあるが，この南側には Rivera（リヴェーラ）プレート，Cocos（ココス）プレートと Carribean（カリブ海）プレートがあり，これら 3 つのプレートの運動がこの地域に大地震を起こす原動力と考えられている．

ココス・プレートおよび Nazca（ナスカ）プレートと太平洋プレートの境界（第 1-2 図参照）は East Pacific Rise（EPR）（東太平洋海嶺（あるいは海膨））と呼ばれ，この下では地球内部から高温のマントル物質が上昇してきて海底に海嶺をつくり，これが次第に冷却しながら両側へ拡大すると考えられている．この海嶺の東側では，上昇してきたマントル物質はココス・プレートとナスカ・プレートを形成しながら，1400 万年以上をかけて中央アメリカ海溝とペルー・チリ海溝へ到達して中南米下へ沈み込む．一方，西北側では太平洋プレートを形成しながら，1 億年以上をかけて千島—日本—マリアナ海溝へ到達して日本列島の下へ沈み込むと考えられる．メキシコ—中南米の海溝型地震と日本列島東方の海溝型地震とは，EPR で生産されたプレートの運動によるという意味では，起源を同じくするものと云えるかも知れない．

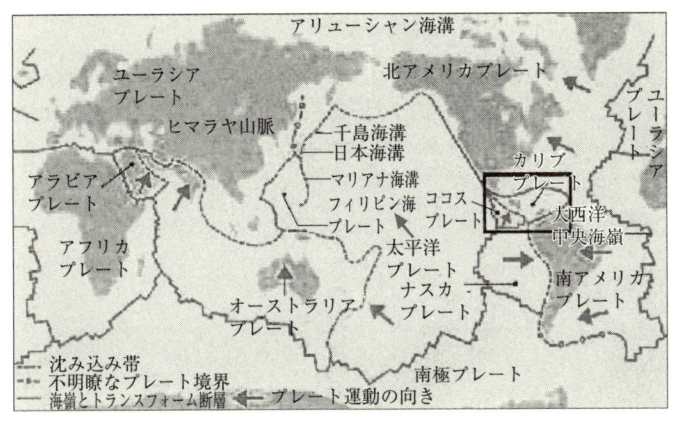

1.1 プレート・テクトニクスから見たメキシコ

第1-2図　世界のプレート分布（黒枠内が現在の対象地域）．

しかしメキシコ—中米地域に沈み込むココス・プレートの場合，1,400万-2,000万年前に形成されたと云われる比較的若いプレートの年代や，プレートの進行速度などは，むしろ西南日本の下へ沈み込むフィリピン海プレートに近いと思われる．しかし西南日本の沈み込み帯に起こった近年の巨大地震が1605年東海道地震（M＝7.9），1707年宝永地震（M＝8.4），1854年安政東海地震（M＝8.4），1944年東南海地震（M＝7.9），1946年南海道地震（M＝8.0）など100-150年の繰り返し間隔で起こっているのと比較すると，メキシコ—中米地域での大地震の発生間隔は平均30-40年と短い．特に近年の1973年以降2003年までは僅か30年間に7回もの巨大地震が発生している（本書2.5章節）．この発生間隔だけを見れば，むしろ太平洋プレートが沈み込む千島—北海道沖—東北地方沖に近い様相を示している．

この違いはどこに原因があるのか，両地域のテクトニクスや周辺から加わるストレスに違いがあるのか，あるいはプレート周辺の地殻やマントル上部の構造の差か，付近の海底地形や構造の差か，またはプレート境界面の不規則な形状や摩擦強度の差にあるのか，などといったことはまだ良く分かっていない．この問題について2つの地域を比較しながら考えることは，日本列島の下に沈み込むプレートによって起こる大地震の発生のメカニズムを考える上で多少の参考になるかも知れない．

地震発生のメカニズムは，異なるテクトニクス環境に左右されると同時に，

周辺地域に働くストレスの分布状況にも支配されるはずである．第1章ではこのような地域ごとのテクトニクスとストレス分布がどのような状態にあるのかを見て行くことにする．次の第2章では過去から現在まで，メキシコ—中米地域で大地震がどのような時間的推移で，またどのようなメカニズムで発生してきたのか，さらにこれらの地震によって生じた被害状況もできる限り具体的に述べる．

ただここで留意すべきは，過去の地震の解析や被害状況の記述のレベルが必ずしも一様でないことである．これは地震観測システムの発展の程度が地域によって異なるためである．1990年代以降になると広帯域地震観測システムが世界的に整備されてきたために，それ以前とは比較できない程，1つの断層がどのように破壊して地震波が発生したかという詳細な地震の発生過程が具体的に把握できるようになった．ただ観測システムの整備の程度はいまだに地域ごとに異なる．メキシコ—中米地域の観測の現状については第3章で触れる．

最後に第4章では，第2章で述べるような大地震発生のメカニズムがこれまでの運動学的な断層モデルから，力学的条件までを含んだ動的破壊モデルでどのように取り扱えるのか，またこれによってストレスの空間的分布が議論できるかどうか，さらにこれが時間的，空間的に近接した次の大地震の発生に寄与する可能性があるのかどうかなどの理論的課題について述べる．さらにこの断層の破壊を支配する摩擦法則に含まれる物理的パラメタを推定できるのか，またこの問題は地震発生の瞬間だけでなく，最近のGPS*による地殻変動*観測から明らかになりつつある地震後の断層の余効すべりや，特に各地のプレート沈み込み帯で現在観測されている"ゆっくりすべり現象"(SSE)や，また"火山性ではない微動"(NVT)がどのような物理的原因で発生するのか，さらにはこれらの現象特にSSEが次の大地震の発生と結びつく可能性があるのかどうか，などさまざまの問題をこの地域を対象とした現時点の研究課題として述べることにしたい．

1.2　6500万年前のメキシコ

今から約6500万年前の白亜紀*に巨大隕石が地球に衝突して，地球全体に

大規模な気候変動が起こり，当時地球上に棲息していた恐竜などの巨大生物や中・小生物までが絶滅したと云われている．以前からこの隕石の衝突場所についてはさまざまな推測が行われてきたが，最近までに行われた地球物理学的探査や地質学的調査により，この地点が現在のメキシコ大陸の先端付近にあるらしいことが分かってきた．ただその頃の大陸や海洋の位置は現在とはかなり異なり，6500万年前あたりを境に，地球表面の大陸や海の位置などを支配するプレート拡大速度とテクトニクスが変化したと云われている．さらに別の地質学的研究から，約6500万年前の白亜紀*Cretaceousと第三紀*Tertiaryの境界を示すK-T境界層と呼ばれる，元素イリジウムIrを含む地層(Alvarez et al., 1980) が，現在のカリブ海周辺の湾岸や海底地層の中で特に厚いことが発見された．このようなデータと地球規模の変動を考慮すると，巨大隕石の落下地点が，当時は浅い海底だったCaribbean Sea (カリブ海)(Ross & Scotesse, 1988) の中で，現在のメキシコのYucatan (ユカタン) 半島の先端付近であるらしいことが次第に明らかになってきた (松井，2000)．

最初にユカタン半島先端のChicxulub (チクスルブ) の浅い地下に直径200 kmにも及ぶ巨大な潜在クレーターの存在が発見されたのは，メキシコの石油会社PEMEXが石油探査のために実施していた広範囲にわたる試掘や地球物理学的調査によるものであった (Hildebrand et al., 1991)．このクレーターの内部にある溶融した痕跡のある岩石を放射性元素*による年代測定法で測定した結果，これが生成された年代は約6500万年前と推定された．一方このクレーターの構造を探査するためには，広い地域の堆積層の掘削は莫大な経費を要するため，反射地震波探査と重力探査が主として用いられた．この重力探査の結果から，ブーゲー重力異常*の勾配の分布の中心は21.29° N, 89.52° Wで，現在の半島北側の観光地Merida (メリダ) の海岸線近くのチクスルブにあることが判明した (第1-3図)．これに加え，このユカタン半島の北部では，最大半径約95 kmの半円状に分布するcenote (セノーテ)*と呼ばれる石灰岩質のカルスト地形*が見出され (Hildebrand et al., 1995)，この分布がクレーターの縁を示す一つの有力な証拠と考えられている．

ただ調査地域の北半分は浅い大陸棚の海中にあるため，重力異常の変化はあまり明確ではなく，またセノーテも見出せない．さらに地震波探査からはこの

第1章

メキシコと中米地域のテクトニクス

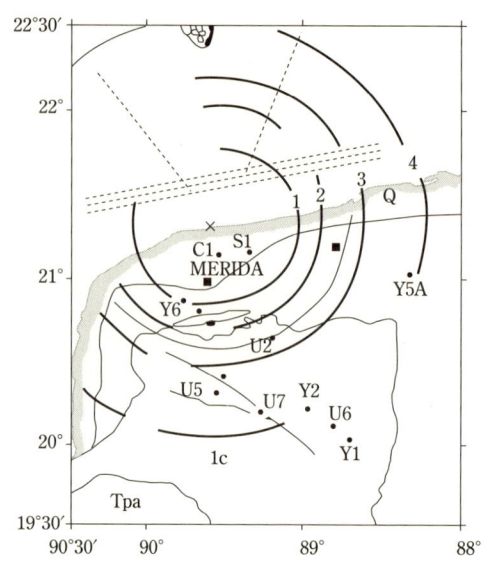

第1-3図 Yucatan 半島（太線：海岸線）北端の Chicxulub クレーター（©The Chicxulub Scientific Drilling Project, Newsletter Vol. 2, 2002, originally from Hildebrand et al., Geol. Soc. London, Spec. Publ., 140, 1998, p. 162）
同心円は重力異常勾配の大きい場所：×はその中心 A.

クレーターを横断する南南東─北北西（SSE-NNW）方向の測線に沿う地下構造の断面が明らかになった（Pilkington et al., 1994; Hildebrand et al., 1998）。それによれば表層は6500万年以降の第三紀の堆積層で覆われ，その下の中央部には崩壊したすり鉢状の孔の中心部に，かつて溶融した痕跡のあるシート状の岩石が深さ約4kmまである．さらにその下には盛り上がった岩石層が見られるが，この両側は破砕した礫岩層で囲まれている．侵食を受けた表層は両側へ約100kmの地点まで延びているため，地形からはこの両端間の距離がクレーターの大体の大きさを表すものと考えられた（Pilkington et al., 1994）．一方，地震波速度から仮定した密度を用いた，重力データのインバージョンによる密度構造モデル（第1-4図）からはクレーターの直径は約260kmと見積もられている．また最近行われたボアホールの掘削結果では，クレーターのやや高くなった縁は中心から130-150kmまで認められ，したがってクレーターの直径は最大で300kmに達する可能性も指摘されている（Urrutia-Fucugauchi et al., 1996）．これ

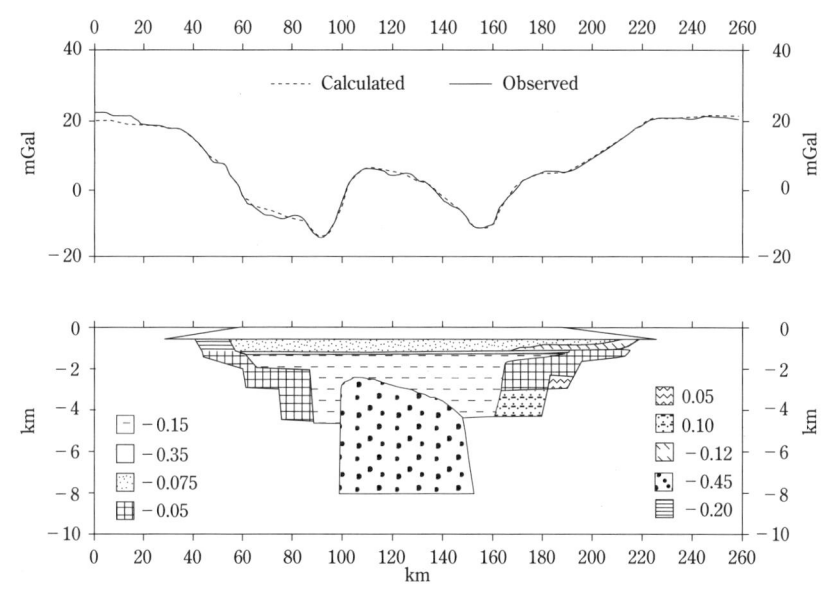

第 1-4 図　Chicxulub クレーターの地下密度構造断面のモデル（下）と測定されたブーゲー重力異常（実線）と計算値（点線）の比較（上）（単位：mGal）（©Hildebrand et al., Geol. Soc. London, Spec. Publ., 140, 1998, p. 165）
下図の深さ（縦軸）は水平距離（横軸）に比べ約 8 倍に拡大されている．

らのデータから，チクスルブへ衝突した隕石のエネルギー*は約 $1.2×10^{18}$ MJ（メガ・ジュール）*と見積もられている．これが 60°の角度で地球表面へ衝突したときの速度を約 37 km/sec，さらに衝突した時点で 0.6 g/cm^3 の密度を持つ火の玉と仮定すると，衝突した隕石の直径は 16.5 km にも達すると推定されている（Hildebrand et al., 1998）．

巨大隕石の衝突が地球環境へどのような影響を及ぼしたかについては Alvarez et al. (1980) 以来多くの研究があり，特にチクスルブのクレーターが発見されてからは，上に挙げた衝突エネルギーやクレーターの大きさなどをもとに定量的な見積もりがなされている（例えば Wolbach et al., 1990; Toon et al., 1997）．これによると主なものは，最初の火球の衝突で生じた照射と温度の急上昇（〜数分間，〜+800℃）とその後の塵埃などの放出物の落下（〜数時間）の範囲は約 1000 km に及び，強風と津波の発生（〜数時間），塵埃による暗黒化と温度低下（〜数ヶ月〜1 年間，−20〜−30℃），酸性雨の降下（〜1 年間），大気中

17

第1章

メキシコと中米地域のテクトニクス

のエアロゾル*の発生や成層圏の汚染とオゾン層*の消失（～数十年），水蒸気や炭酸ガスの温室効果（～数千年）などが挙げられる．これらの急激あるいは長期に亘る地球環境の変化が当時棲息していた生物に大きい影響を与えたと考えられる．

このような大規模な変動は地球全体に影響を及ぼし，6500万年を境にしてプレート・テクトニクスを変化させた可能性が示唆されている．しかしこの大事件が以下に述べるメキシコや周辺の現在のテクトニクスにどのような影響を及ぼしたのかは未だあまり明らかではない．

1.3 メキシコと中米地域のテクトニクス

メキシコと中米地域（第1-2, 1-5図）の大部分は，プレート・テクトニクスの観点からはアメリカと同様，安定な北米大陸プレートの上に位置しているが，いろいろの点でアメリカとは異なる複雑なテクトニクスを持ち，地震活動のパターンもかなり異なる．北米プレートはアメリカ大陸西海岸で太平洋プレートに接し，ここでは2つのプレートが互いに横ずれ運動をするトランスフォーム断層*を形成している．この断層は，北はカナダのCascadia地域沖から一旦太平洋沿岸へ出た後，アメリカ・カリフォルニア州のPoint Arenaへ入り，San Andreas（サン・アンドレアス）断層となってサン・フランシスコを経てカリフォルニアを縦断した後，ロス・アンジェルス東方を通り，さらに東南方のSalton Sea東側からImperial Valley断層を経てメキシコへ入った後，Cerro Prieto（セロ・プリエート）断層を経てカリフォルニア湾の内部へ伸びている．アメリカ西海岸の地震活動のほとんどはこのSan Andreas断層とその分岐断層の活動に支配されているが，メキシコへ入った後はこの断層の活動は北部を除いてこれ迄はそれほど活発ではなかった．

メキシコ南西部から中央アメリカの太平洋岸の地震や地殻変動を支配するのは，リヴェーラ・プレートとココス・プレートの2つの海洋プレートが，中央アメリカ海溝 Middle America Trench (MAT) から北米プレートとカリブ海プレート下へ沈み込むことが大きい役割を果たしている（第1-6図）．MATは，カリフォルニア湾先端付近からCocos Ridge（ココス海嶺）がPanama（パナマ）

1.3 メキシコと中米地域のテクトニクス

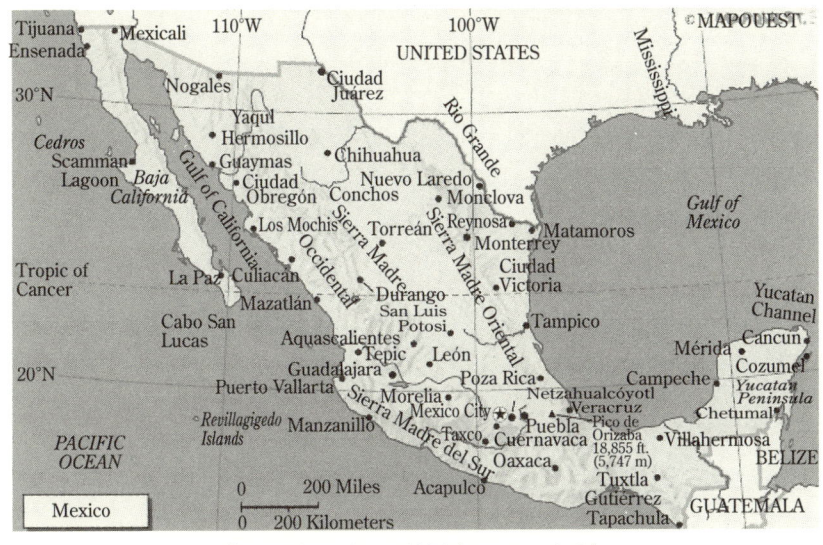

第1-5図　メキシコ地図（Googleによる）.

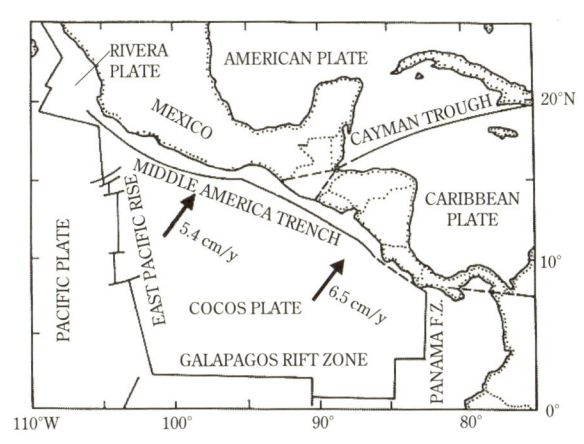

第1-6図　メキシコ—中米地域沖の海底地形とテクトニクス（©modified from Molnar & Sykes, Geol. Soc. Am. Bull., 80. p. 1641, 1969）.
　矢印はココス・プレートの運動方向とこの地域の収束速度 5.4〜6.5 cm/y を示す.

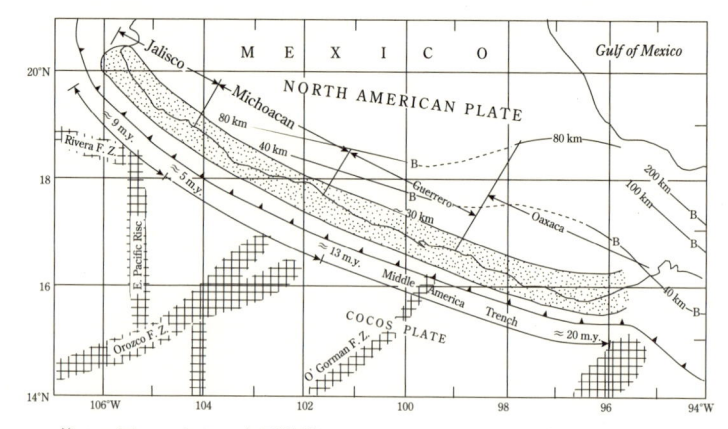

第1章

メキシコと中米地域のテクトニクス

第1-7図　メキシコ太平洋岸のココス・プレートと中央アメリカ海溝
Middle America Trench (©Singh & Mortera, J. Geophys. Res. 96, B13, 1991, p. 21, 497).

ブロックと衝突する付近まで約3000 kmにわたって存在する長大な海溝である．このうち北西のリヴェーラ・プレートはほぼ1000万年前 (11–9 m.y.) に始まったカリフォルニア湾の拡大に伴って，マイクロ・プレートとして形成されたといわれており (Atwater, 1970)．Pacific-Rivera Rise (太平洋—リヴェーラ隆起地形) と北側の Tamayo Fracture Zone (タマヨ断裂帯)，Acapulco Trench (アカプルコ海溝)，南側の Rivera Fracture Zone (リヴェーラ断裂帯) で囲まれている．一方ココス・プレートは中新世初期の1400万年前 (14 m.y.) 頃に，East Pacific Rise の北米への衝突と，Galapagos Rift Zone (ガラパゴス隆起帯) の拡大によって，Farallón (ファラロン) プレートが小プレートに分裂し，その一部として残存したものと云われている (Atwater, 1970)．

現在のココス・プレートは，East Pacific Rise, Galapagos Rift Zone, Panama Fracture Zone で囲まれ (第1-6図)，この中には Orozco Fracture Zone オロスコ断裂帯，O'Gorman Fracture Zone オゴルマン断裂帯，Tehuantepec テワンテペック Ridge, Cocos Ridge の顕著な海底地形が存在している (第1-7図)．

Klitgord & Mammericx (1982) によれば，上の2つのプレートの MAT に近い海洋底では，リヴェーラ・プレートの年代は，Jalisco (ハリスコ) 海岸沖で約900万年 (9. m.y.)，ココス・プレートの場合，104.5°W付近で約500万年 (5 m.y.)，101.4°W付近で約1300万年 (13 m.y.)，95.5°W付近では約2000万年 (20

m.y.) と古くなっている.

　この2つのリヴェーラ・プレートおよびココス・プレートと太平洋プレートとの三重会合点*は，海底地形だけからは必ずしも明らかではないが，いくつかの重力，地磁気，地震探査などの地球物理学的データからはこの付近に2つのグラーベン（地溝帯）*が存在することが分かっている (Burgois et al., 1988). プレート運動を地球表面の運動として捉えた時，地球中心から見たこの運動の回転ベクトルを Euler vector*（オイラー・ベクトル）という．DeMets & Stein (1990) は，過去300万年 (3 m.y.) 間の地磁気縞模様*や，海底断層の走行，この地域の横ずれ型地震のすべり方向などをもとに，Rivera-北米間と Rivera-Cocos 間の相対運動から，これら三者間の Euler vector を推定し，彼ら自身が先に提出したプレート相対運動モデル NUVEL-1 とほぼ合致することを確かめた．このモデルはそれ以前の標準モデルとされた Minster & Jordan (1978) モデルよりこの地域に合致する．NUVEL-1 モデルはその後さらに全地球的プレート運動を説明するように NUVEL-1A モデルに改訂されたが，これによるリヴェーラ・プレートとココス・プレートの北米プレートに対する収束速度*はそれぞれ年間約 2.5 cm/y および 5.3-6.3 cm/y と見積もられている (DeMets et al., 1994). また NUVEL-1A モデルによるココス―北米プレート間の収束方向は N33°で，海溝に直角な方向の N21°とは時計回りに 12°程度ずれており，ココス・プレートの沈み込みが多少斜め方向の "oblique subduction" であることを示している．この理由については，過去 1000 万年-700 万年前 (10-7 m.y.) の300万年 (3 Ma) の期間に Michoacan（ミチョアカン）ブロックと Guerrero（ゲレロ）ブロックが北米プレートに対して東南方向の運動をしたことが考えられる．それは海溝に平行な陸側の長さ 700 km にも及ぶ Chapala-Oaxaca チャパラ―オアハカ断層帯の左横ずれ運動と，さらにはメキシコ横断火山帯 Trans-Mexican Volcanic Belt (TMVB) の成因にも関係すると云われている．

　また北米プレートはメキシコ東部-Guatemala（グアテマラ）地域で大西洋側の Caribbean plate（カリブ海プレート）（第2-40図）に接し，その境界は Motagua（モタグア）断層または Polochic（ポロチック）断層と云われており，年間約 2 cm/y の速度で左横ずれ運動をしていると考えられている．

　メキシコ南西部の内陸部のテクトニクスを支配する大きい要素としては上の

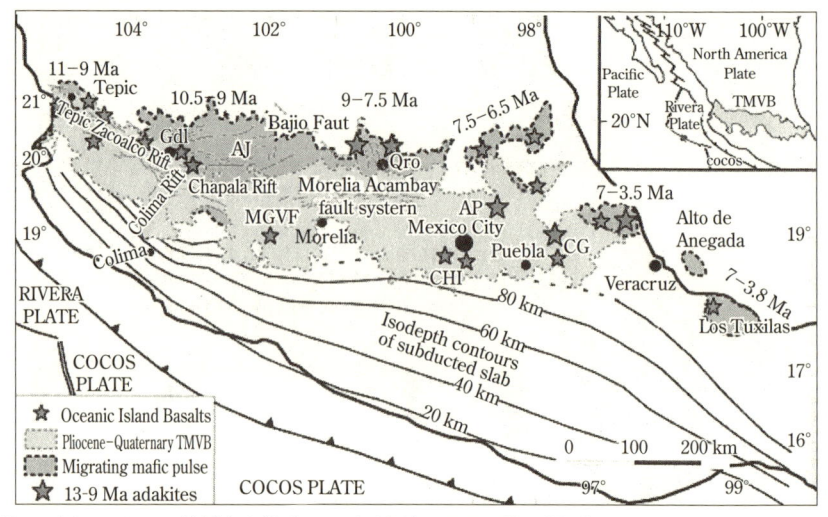

第1章

メキシコと中米地域のテクトニクス

第1-8図　メキシコ横断火山帯 (TMVB)（実線は地震の等深線）(©Ferrari, Geology, 32, 2004, p. 1055)（ハリスコ・ブロックは図中で太平洋岸の西北端付近）.

TMVB の存在がある．TMVB は新第三紀の 1100 万年 (11 m.y.) 以後に北米プレートの南端に形成された安山岩系火山帯と云われ (Ferrari et al., 1999)，その成因については多くの議論があるが，いずれの場合にもココス・プレートの沈み込みが大きく関係すると考えられている．TMVB は第 1-8 図に示すように，西は Tepic 地域に始まり，東のメキシコ湾まで伸びる長さ約 800 km，幅約 100 km にも及ぶ大火山帯である．この中には Colima（コリマ），Paricutin（パリクティン），Jorullo（ホルージョ），Nevado de Toluca（ネヴァード・デ・トルーカ），Popocatépetl（ポポカテペトル），Iztaccihuatle（イスタシユワトル），Orizaba（オリサバ），San Martin（サン・マルティン），El Chichon（エル・チチョン）など中新世以降，鮮新世から第四紀に活動した火山や，現在なお活動中の活火山がいくつか存在する．これらの火山は構造的には成層火山，単成火山，噴石丘，盾状火山などがあり，火山帯の中にはいくつかのカルデラがある．またこれまでの地震観測データからは，TMVB 下のすぐ南側で発生する地震は約 100 km の深さまで達することが認められている．この火山帯が海溝と平行でなく斜めの走向を持つのは，この地域に沈み込むココス・プレートが，後に述べるように，

横方向に彎曲しているためと考えられる (Suárez & Singh, 1986; Pardo & Suárez, 1995). またこの西端南側には活発な地殻変動地帯として知られる Jalisco (ハリスコ) ブロックが存在する. このブロックはリヴェーラ, ココス, 北米, 太平洋の4つのプレートが会合する複雑な地域に近接しており, 北は北西―南東 (NW-SE) 方向に約 250 km にわたる Tepic-Zacoalco (テピック―サコアルコ) 地溝帯, 東は Colima (コリマ) 地溝帯で限られるために伸張場にあり, このタイプの断層が多数存在する地域として知られている (Klitgord & Mammerickx, 1982).

また近年, ボアホールによるストレス測定, 浅い地震のメカニズム, 断層の走向, 単成火山の噴気孔の配列方向などを総合して, メキシコ南西部の地殻内における最大主圧力 S_H^* 方向を推定する研究も行われている (Suter, 1991). これらの研究結果を総合すると, カリフォルニア湾周辺では S_H は北―南 (N-S) ないし北北西―南南東 (NNW-SSE) 方向で, これは主張力が現在この湾にほぼ直交方向に働いていることを示し, 1000 万年前 (10 m.y.) の地質時代にこの湾を拡大させたストレスの名残と考えられる. メキシコ南西部中央の太平洋岸に近い地域では, S_H 方向は北北東―南南西 (NNE-SSW) で, ココス・プレートの沈み込みによる影響を反映している. これより北側にある TMVB 西部では, S_H は Colima および Tepic-Zacoalco 地溝帯にほぼ平行して西北西―東南東 (WNW-ESE) 方向, 中央部では西―東 (W-E) ないし西南西―東北東 (WSW-ENE) 方向で安定しており, 東部のメキシコ湾に近づくにつれ, この WSW-ENE 方向は次第に明瞭になる. これよりさらに北側のメキシコ湾西部の S_H は, 北北東―南南西 (NNE-SSW) 方向を示している (Suter, 1987).

一方, MAT と Motagua または Polochic 断層の会合点はあまり明らかではないが, これより東側のカリブ海地域 (第1-6図) へかけて, ココス・プレートは MAT から北東側のカリブ海プレートの下へ年間 7-8 cm/y の割合で沈み込んでいると云われており, この地域にある Guatemala (グアテマラ) から Costa Rica (コスタ・リカ) へかけて連続する Central America Volcanic Arc (中央アメリカ火山弧) では火山活動が活発な地域として知られている.

メキシコから中央アメリカ太平洋岸と内陸部での地震の発生は, 上に述べたテクトニクスに支配され, あるいは密接な関係にあるものと考えられる. 第1

章に述べた巨大隕石の衝突の影響がここまで及んでいるかどうかは明らかではないが，日本列島南側のプレート沈み込み帯とはかなり様相が異なるように思われる．次章ではこのような特徴がメキシコや中米地域の地震にどのような影響を与えているのかを詳しく見てみたい．

第1章 用語の説明

テクトニクス tectonics：大地の大規模な変形運動を意味し，もとは造構地質運動や造山運動などの意味で使われたが，現在では地震活動，火山活動，地殻変動など，地球上で起こる現象を総称することが多く，特に1960年代後半にプレート・テクトニクスが登場してからは，これと同じ意味で使われることもある．

地殻変動 crustal deformation：プレート運動などによって地殻に長期にわたるストレスが加わり，地殻表面あるいは内部の位置が移動する現象．水準測量，三角測量，GPS，伸縮計，傾斜計などによって観測される．近年は音波による海底地殻変動の観測も行われている．

GPS Global Positioning System：全地球測位システム．アメリカによって打ち上げられたGPS衛星のうち，3個以上の衛星から発射された電波信号を地球上の観測点で受信し，その点の位置を決定するシステム．

ゆっくりすべり現象 slow slip event：1990年に発見された現象．ゆっくり地震あるいはsilent earthquakeと呼ばれることもあり，その継続時間は数分から半年にも及ぶ．通常の地震のように地震波を発生しないため，地殻変動観測のためのひずみ計やGPSで観測される．

海嶺 oceanic ridge：海洋底にある細長い山脈上の高まりで，地球内部から高温のマントル物質が上昇してきたために，長年月の間に生成されたものと考えられており，高さは数百mから1,000m程度の場合が多い．

海溝 oceanic trench：プレートの沈み込みによって，大陸が次第にひきずり込まれたために海底にできた深い溝状の細長い地形で，深いところでは8,000m以上にも達する．これに対しトラフは海溝よりやや浅くなだらかな地形をいう．

地磁気の縞模様 magnetic lineation：マントルから上昇してきた熱い岩石の物質は，海嶺へ達した時，その時の地磁気の方向に帯磁し，時間とともに海洋プレートを形成しながら海嶺から両側へ拡大して行く．地磁気の南北の極は数10万年ごとに反転するため，海洋プレートが帯磁した地磁気の方向は，海嶺からの距離とともに縞模様をつくることになる．

白亜紀 Cretaceous：地球生成の地質学的年代のうち，約15,000万年前から6,500万年前の

間を指す．

第三紀 Tertiary：地質年代のうち白亜紀に続く，約 6,500 万年前からほぼ 170 万年前の間を指し，前半を古第三紀，後半の約 2,330 万年以降を新第三紀と称することがある．

第四紀 Quaternary：第三紀に続く地質年代で，ほぼ 258 万年前から現代までを指す．

ブーゲー重力異常 Bouguer gravity anomaly：重力の測定値に地形補正をした後，海抜 0 m から測定点までに岩石が存在すると仮定して，その岩石による引力の影響を取り除いた値．

セノーテ cenote：石灰岩地帯にある陥没した地形に地下水が溜まった天然の井戸をいう．

カルスト地形 karst topography：水に溶解しやすい石灰岩などでできた台地地形．

隕石衝突のエネルギー energy from collision of a comet against the Earth：1.2×10^{18} メガ・ジュールは，$Mw = 9.5$ の最大級の地震 10,000 個分のエネルギーに相当する．

エアロゾル aerosol：大気中に浮遊する固体あるいは液体の微粒子．

オゾン層 ozone layer：地球上の約 10–50 km の大気中でオゾンの濃度が高い層．これが破壊されると紫外線がこの層を透過して地球上へ達し，生物に有害な影響をもたらす．

トランスフォーム断層 transform fault：隣り合う 2 つのプレートが水平方向にすれ違うことによってこの境界にできた断層．アメリカ・カリフォルニア州を縦断するサン・アンドレアス断層がとくに有名で，しばしば大地震を発生させている．この他，海嶺と海嶺，海嶺と海溝などの間にも存在する．

三重会合点 triple junction：3 つのプレートの端が 1 ヶ所に集まった場所．

地溝帯 graben：溝状の渓谷になっている陸上の帯状地形で，マントル物質がこの付近に上昇しているために生成されたと考えられる．アフリカのリフト・ヴァレーや，日本のフォッサ・マグナなどがこれに相当する．

オイラー・ベクトル Euler vector：プレート運動を地球表面の剛体回転運動として捉えた時，地球中心から見たこの運動の回転ベクトル．

プレートの収束速度 convergence velocity of a plate：プレートが進行し，もう一方のプレートに近づく速度．例えば日本付近では，ユーラシア大陸プレートに対する太平洋プレートの収束速度は 1 年に約 8 cm，フィリピン海プレートの場合は 1 年に 4-5 cm で，最近は GPS 観測から実測されている．

最大主応力 maximum principal stress/最小主応力 minumum principal stress：一般に 3 次元の完全弾性体の内部では，ある 1 点での応力は 9 成分のテンソルとして定義される．座標変換によってこの点で垂直応力が最大になる面を見出すことができれば，この時の垂直応力を最大主応力と呼ぶ．この面と直交し，かつ垂直応力が最小になる面の法線応力を最小主応力と呼ぶ．

第 2 章
メキシコと近接地域の大地震

　この章では，メキシコとその周辺地域の地震を理解する上で重要な示唆を与える，過去の大地震のデータを紹介する．ただ近年の大地震についての記述は詳細かつかなり専門的であるため，読者によっては詳細な部分を省略して，最後のまとめに述べた大きい特徴を把握されることを期待したい．その一つは日本列島の場合に比べて大地震の発生頻度が高いことと，もう一つはこの地域特有の建築物の構造がもたらした大地震災害である．

2.1　古代の地震

　古文書が残されていない時代の地震についてはほとんど明らかではないが，最近の Amos Nur の著書（Nur, 2007）によれば，古代遺跡の考古学的データから，当時の大地震によって遺跡の一部が破壊された可能性が指摘されている．その 1 つは現在のメキシコ・シティから約 30 km 北東の有名な Teotihuacán（テオティワカン）遺跡である．それは 600 A.D. 頃建造された当時の世界最大の都市の 1 つと考えられているが，700–750 A.D. 頃この都市は突然放棄されたと伝えられる．この理由については，外敵の侵入や内部の反乱なども考えられるが，別の原因として大地震による都市機能の崩壊という見方もある．この地域

は地震活動が比較的活発で，後に述べるようにこの地域西方約 70 km には大断層があり，1912 年には Acambay アカムバイ地震（M＝7）が発生している．この遺跡の中の有名な"太陽"と"月"のピラミッドの本体はおそらく大地震に際しても崩壊することは考えにくいが，東広場の中庭にある階段には 1 m 以上の横ずれが認められ，少なくとも 2 度修復された痕跡が存在する．また"月"のピラミッド頂上部の崩壊も，地震による可能性もあり得ると云われている．

　もう一つは Yucatan ユカタン半島北部にある古代 Maya（マヤ）族の一大宗教・儀式センターと云うべき Chichén Itzá（チチェン・イツア）遺跡である．この遺跡のうち"戦士の寺院"の正面と南側にある 1000 本柱から成る建築物は，849 A.D. 頃に建造されたといわれるが，この後の大地震によって数百本が揃って同じ方向に転倒したと考えられている（Sharer, 1994）．ユカタン半島の内陸部には大断層は存在しないので，この地震がもし実際にあったとすれば，これはおそらくこの東側にある北米プレートとカリブ海プレートの境界付近で発生したものと考えて良いかも知れない．

2.2　16-18 世紀の地震

　16 世紀初期の 1521 年にはスペイン軍がメキシコを侵略し，この後各地に布教のためのフランシスコ教会が設立されたため，スペイン人宣教師達による多くの記録が残されている．これらの記録に残るメキシコの大地震として 16 世紀中頃 Jalisco（ハリスコ）地方に連続して起こった地震活動が挙げられるが，このうち多くの地震被害を詳述した一連の記録（Tello, 1891-1973）から，1564-1568 年の大地震の状況が復元されている（Suárez et al., 1994）．この一連の地震活動は 1564 年に始まり，現在の Guadalajara（グアダラハラ）市の南西に位置する Ciudad Guzman（シウダー・グスマン）や Zacoalco（サコアルコ）で強い震動があった模様である．次いで本震と思われるさらに強い地震が 4 年後の 1568 年 12 月 28 日に発生し，Zacoalco, Ciudad Guzman, Cocula（コクーラ）, Ameca（アメカ）, Amacuaca（アマクアカ）など当時の大きい集落（第 2-1 図）では多数の教会，礼拝堂，修道院などが倒壊または破損などの大きい被害を受けたとのことで，現在の改正メルカリ震度階* では IX～X の震度と想定

2.2 16–18 世紀の地震

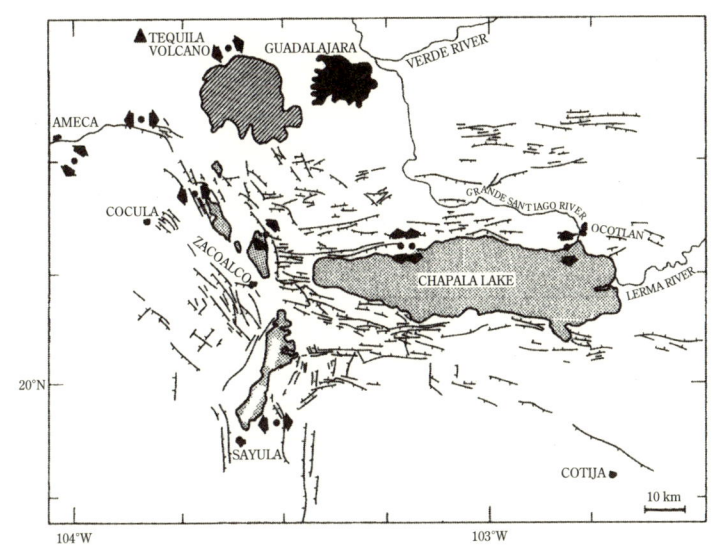

第 2-1 図　ハリスコ・ブロックの北側と東側の断層分布（©Suárez et al., Tectonophysics, 234, 1994, p. 119）
図の上部の黒い場所が当時の Guadalajala（第 1-5 図）の町を示す：大きい Chapala 湖の西端の西に Zacoalco の町がある．この地域で 16 世紀に被害地震が続発した．

されている（Suárez et al., 1994）．また付近の山地から多量の水が噴出したり，Zacoalco 湖の水面が著しく縮小し，また多数の地割れが生ずるなどの地変が生じたこと，さらに Ameca に近い山地では地震後長さ 26–28 km に亘って大きい亀裂が見られたことなどが報告されている．ただこれが実際の地震断層なのか，あるいは地すべりなどによる亀裂かは明らかではない．これらの被害は Zacoalco を中心とする半径 75 km の範囲に限られており，Guadalajala より北側や Chapala（チャパラ）湖（第 2-1 図）の東方，また太平洋岸に近い場所では，被害は殆ど報告されていないこと，また液状化現象が上記の Amacuaca 付近に集中していることなどから，この 1568 年地震は太平洋岸でのプレート沈み込みに起因するものではないと考えられる．なおこの 5 年後の 1573 年にも Colima 地方で強い有感地震があり，この周辺では教会や家屋が破壊したとのことであるが，これより内陸部では特に被害は報告されていない．上の Ameca 付近の長大な亀裂については明確な結論は得られていないが，Colima 地溝帯北側と Tepic-Zacoalco 断層帯が交差する付近で被害が最大であったこと

29

第 2 章

メキシコと近接地域の大地震

から，1568 年地震はこの地域の北西―南東（NW-SE）方向のいくつかのの断層のうちの一つまたは複数の断層の運動によるものと推測されている（Suárez et al., 1994）．上に述べた被害から推定される震度分布は，後年 TMVB に起こった 1875，1912，1920 年の各地震の場合より拡がりが大きく，また 1912 年地震のマグニチュードが M = 7.0 と推定されている（Singh & Suárez, 1987）ことから，1568 年地震の場合は M = 7.5-7.8 にもなる可能性があるとされている．

　宇津の世界被害地震カタログ(2002)には，15 世紀の 1447-1496 年の間に 4 回，16 世紀の 1513-1583 年の間に上記の地震を含めて 10 回，17 世紀の 1603-1696 年の間に 12 回の地震が収録されている．これらの地震は地名のみの場合が多いため，震央はあまり明らかではない．また 18 世紀には 1701-1800 年の間に 25 回，19 世紀には 1801-1892 年の間に 51 回の地震が記録されており，このうち相当数の地震の震央が推定されている．このカタログにある 19 世紀以前のメキシコの地震は，Milne（1911），Sieberg（1932），Rothé（1969），WDC-A（1992）などから収録されたものである．

2.3　19-20 世紀の地震

　19 世紀以降のメキシコ南西部の地震については，種々の資料を検討したさらに完全なカタログが完成している（Singh et al., 1981, 1984）．これには北緯 15°-20°N，西経 94.5°-105.5°W の地域に発生した 65 km より浅いマグニチュード 7.0 以上の大地震で，1808-1899 年の間の 23 個（第 1 表），1900-1981 年の間の 31 個が含まれ，さらに 1900 年 1 月から 1981 年 12 月までの 5.9 < Ms < 6.9 以上（Ms：表面波マグニチュード；後述）の比較的大きい地震は第 2 表に再録されている．これらのうち比較的古い地震の位置は Duda（1965），マグニチュードは Uppsala と Göttingen の Wiechert 地震記録によるものが多く，その他の多くは USCGS 米国沿岸測地局による Earthquake Data Report（EDR）と USGS 米国地質調査所によるもの，さらに一部は Gutenberg-Richter（1954）と Figueroa（1970）によっている．

　なお器械的観測のなかった時代の 19 世紀の大部分の地震のマグニチュード M は，地震の被害状況による震度分布などから推定されたものであるが，20

第 1 表　19 世紀のメキシコの大地震（マグニチュード 7 以上）

(©Singh et al., Bull. Seism. Soc. Am., 71, 1981, p. 828)

Event No.	Date	Region	Epicenter Lat.(°N)	Epicenter Long.(°W)	M
1	25 Mar 1806	Coast of Colima-Michoacán	18.9	103.8	7.5
2	31 May 1818	Coast of Colima-Michoacán	19.1	103.6	7.7
3	4 May 1820	Coast of Guerrero	17.2	99.6	7.6
4	22 Nov 1837	Jalisco	20.0	105.0	7.7
5	9 Mar 1845	Oaxaca	16.6	97.0	7.5
6	7 Apr 1845	Coast of Guerrero	16.6	99.2	7.9
7	5 May 1854	Coast of Oaxaca	16.3	97.6	7.7
8	19 Jun 1858	North Michoacán	19.6	101.6	7.5
9	3 Oct 1864	Puebla-Veracruz	18.7	97.4	7.3
10	11 May 1870	Coast of Oaxaca	15.8	96.7	7.9
11	27 Mar 1872	Coast of Oaxaca	15.7	96.6	7.4
12	16 Mar 1874	Guerrero	17.7	99.1	7.3
13	11 Feb 1875	Jalisco	21.0	103.8	7.5
14	9 Mar 1875	Coast of Jalisco-Colima	19.4	104.6	7.4
15	17 May 1879	Puebla	18.6	98.0	7.0
16	19 Jul 1882	Guerrero-Oaxaca	17.7	98.2	7.5
17	3 May 1887	Bavispe, Sonora	31.0	109.2	7.3
18	29 May 1887	Guerrero	17.2	99.8	7.2
19	6 Sep 1889	Coast of Guerrero	17.0	99.7	7.0
20	2 Dec 1890	Coast of Guerrero	16.7	98.6	7.2
21	2 Nov 1894	Coast of Oaxaca-Guerrero	16.5	98.0	7.4
22	5 Jun 1897	Coast of Oaxaca	16.3	95.4	7.4
23	24 Jan 1899	Coast of Guerrero	17.1	100.5	7.9

世紀に入り地震観測データが得られるようになった後は，20 秒周期の表面波の振幅から推定された Ms が使われるようになり，さらに近年は後に述べるように地震モーメント*にもとづくモーメント・マグニチュード*Mw が一般的に使われている（第 2 表）．

　これら大部分の地震は，太平洋岸に近いプレート沈み込み帯の Colima-Jalisco（コリマ―ハリスコ），Michoacan（ミチョアカン），Acapulco（アカプルコ）を含む Guerrero（ゲレロ），Oaxaca（オアハカ），Tehuantepec（テワンテペック）などの各地域（第 1-7 図）などに発生している．この近年の約 200 年間のデータは，リヴェーラ・プレートとココス・プレートの 2 つのプレートの沈み込みによる大地震発生の再来時期の予測に役立つものと考えられる（後述）．またこのカタログにはプレート内部に起こったやや深い地震や，内陸部の Mexico

第 2 章

メキシコと近接地域の大地震

Valley（メキシコ盆地），Puebla（プエブラ），メキシコ湾に近い Veracruz（ヴェラクルス）や Orizaba（オリサバ）地方などに起こった地殻内の浅い地震も含まれている．

2.4 　内陸部および Baja California の大地震

2.4.1 　内陸部

1912 年および 1920 年地震は浅い地殻内に発生した極めて稀な大地震である．このうち 1912 年の Acambay アカムバイ地震（M = 7.0）は，Trans-Mexican Volcanic Belt（TMVB）の東部の Acambay 地溝帯に存在する Acambay-Tixmadejé（アカムバイ–ティスマデッヘ断層（ATF））（第 2-3 図）の動きによって起こった地震と考えられ，新生代第三紀より第四紀の間に少なくとも 4 回起こった大地震の 1 つであることが，最近のトレンチ調査によって明らかになった（Langridge et al., 2000）．Acambay 地溝帯の北側は ATF，南側は Pastores（パストーレス）断層で境され，この間に挟まれる地溝帯中央部にもいくつかの小断層が存在する（第 2-3 図）．

現地調査（Urbina & Camacho, 1913）によれば，第 2-3 図の ATF に沿う地表のずれは東南東（ESE）方向に約 42 km の長さにわたり，南側へ急傾斜する 50 cm 以上の正断層変位が認められ，また震央の位置もこの付近に推定されている．一方 Pastores 断層沿いには 16–18 km にわたって地表にクラックが認められるが，これに沿う変位は明らかでなく，また中央部地溝帯には 10 km の間に 30 cm 程度の変位があることが報告されている（第 2-3 図）．これらの変位が実際に 1912 年の地震によるものかどうかを確認するため，もっとも可能性のある ATF 上の 4 箇所でトレンチ掘削調査が行われた．各地層の変位と C^{14} 放射性炭素法*による年代測定の結果，最新のイベント I は左横ずれを含み正断層成分の変位は 46–58 cm で，1912 年地震に対応するものと認められる．その前のイベント II は 5500 年 B.P.*（現在より前）でほぼ同程度の変位，もう一つ前のイベント III は 7965 年 B.P.，さらにその前のイベント IV は 10,250～11,570 年 B.P. の間に起こったものと考えられている．この結果 ATF が新生代

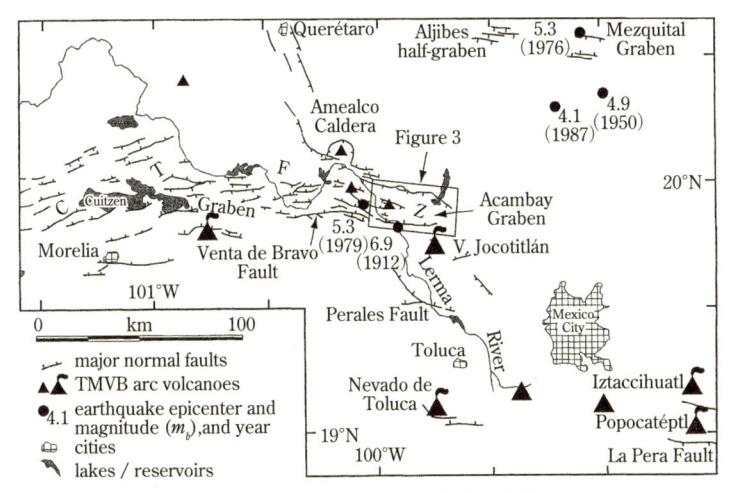

2.4 内陸部および Baja California の大地震

第 2-2 図　内陸部 Acambay アカムバイ断層の位置（図中右の斜線のメキシコ・シティの北西約 70 km）（©Langridge et al., J. Geophys. Res., 105, B2, 2000, p. 3021; The 1912 epicenter is from Urbina & Camacho, Bol. Inst. Geol. Mex., 32, 1913）

三角印はこの周辺の火山を示す．

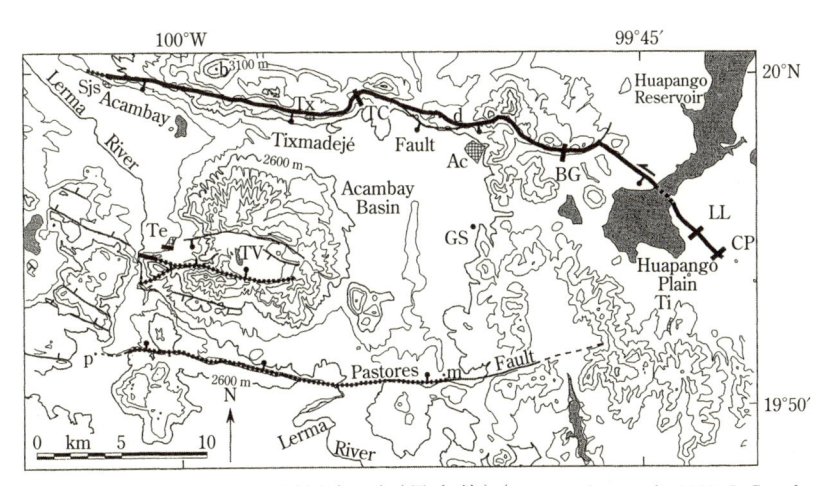

第 2-3 図　Acambay-Tixmadejé 断層（ATF）（黒太線）（©Langridge et al., 2000, J. Geophys. Res., 105, B2, 2000, p. 3021）．

第2章

メキシコと近接地域の大地震

第三～四紀の 11,570 年間に活動して地震を発生させたのは約 3600 年毎で，これがこの断層による地震の平均繰り返し間隔と考えられ，平均すべり変位率は年間 0.17 mm/yr と推定される（Langridge et al., 2000）．これらの値は日本の内陸部の多くの活断層の場合とほぼ同程度である．なお 1912 年地震について，Suter et al.（1995）は先の調査（Urbina & Camacho, 1913）にもとづいて，上に述べた Pastores 断層なども同時に活動した可能性を指摘しているが，この地震のマグニチュードが 7.0 程度である（Singh & Suárez, 1987）ことから，この可能性は低く，やはり ATF の活動がこの地震を発生させたと考えられる．この地震は先に述べた 1568 年地震と双璧をなす内陸部に起こった大地震で，いずれも TMVB の東西両端付近に発生したメキシコ内陸テクトニクスに重要な意義を持つものとして記憶されるものである．

2.4.2 Baja California（バハ・カリフォルニア）

太平洋側の内陸部北部の Baja California（バハ・カリフォルニア）地域（第 1-5 図）では地震活動は主として 4 地域に分かれ，これらの地域に分布する 8-9 本の活断層周辺で発生している（第 2-4 図 A）．最も東部にある Cerro Prieto（セロ・プリエート）と呼ばれる断層は，北はアメリカ・カリフォルニア州の Imperial Valley 断層へと連なり，さらに Salton Sea の南で屈曲して北方の San Andreas 大断層へ連なっており，南はカリフォルニア湾の北端へ入る長大な断層である．この断層上では，1934 年 12 月に M＝7.0 の横ずれ断層型の地震と，1980 年 1 月に M＝6.1，またその周辺では 2002 年 2 月に M＝5.4 の地震が発生している（Grupo RESNOM, 2002）．この北部のアメリカ・南カリフォルニア一帯では，1892 年 Laguna Salada 地震（M＝7.2），1940 年および 1979 年 Imperial Valley 地震（M＝6.9，6.4）が起こっている．

最近の 2010 年 4 月 4 日には Baja California 北部に El Major-Cucapah と呼ばれる過去最大の地震（Mw＝7.2）が発生した．この地震の震央は第 2-4 図 A の A グループ内の北緯 32.26°N，西経 115.29°W，深さ約 10 km（USGS）にあって，セロ・プリエート断層のすぐ西側に発生し，Guadalupe Victoria の町から西北西 18 km の位置にある．この地震による被害はアメリカとの国境に近い Mexicali 付近の道路に亀裂を生じたほか，送電線の切断などが報告されてい

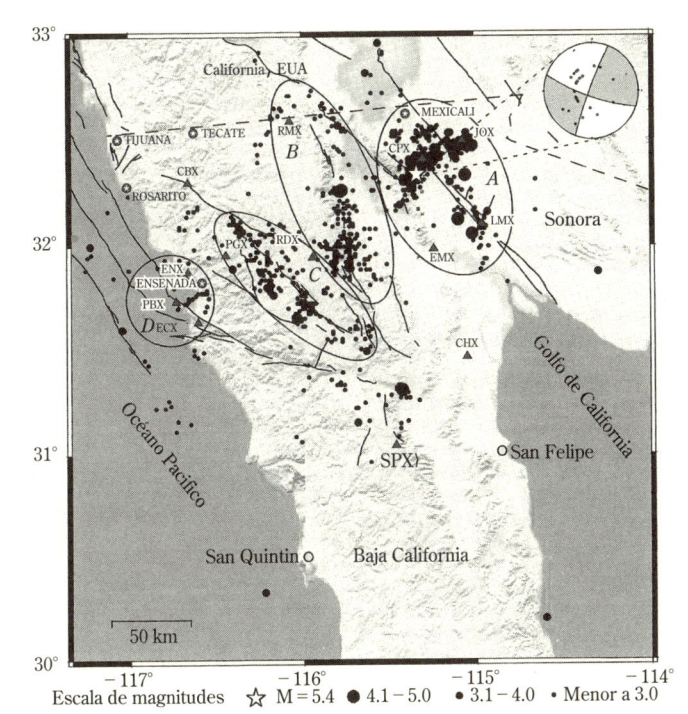

2.4 内陸部および Baja California の大地震

第 2-4 図 A　Baja California 内陸部の地震活動（©RESNOM, 2002）
左側：太平洋，斜め右下側：カリフォルニア湾．

る．

　この地震の 31 分前には M = 3.9 の前震が起こっている．本震後，多数の余震が観測され，4 月 12 日現在でマグニチュード M>5 以上の 9 回を含む M>3 以上の余震 758 個が発生した．この余震分布から見積もられる破壊した地震断層の長さは約 110 km に及ぶ（第 2-4 図 B）．この地震は右横ずれ型メカニズムが卓越し，地震モーメントは 7.28×10^{19} Nm（Harvard GCMT）と見積もられている．航空写真による観察によれば，地表面の断層の最大のすべりは約 2.5 m で，この付近での現地調査によれば，右横ずれ成分 0.78 m，東側 1.1 m 落ちで，全体のすべりは 1.35 m であった（USGS）．

　この地震に対しては，南カリフォルニア強震観測網（SCSN）とメキシコ側の CICESE（3.6 章）観測網による近地観測データ，およびグローバル地震観測

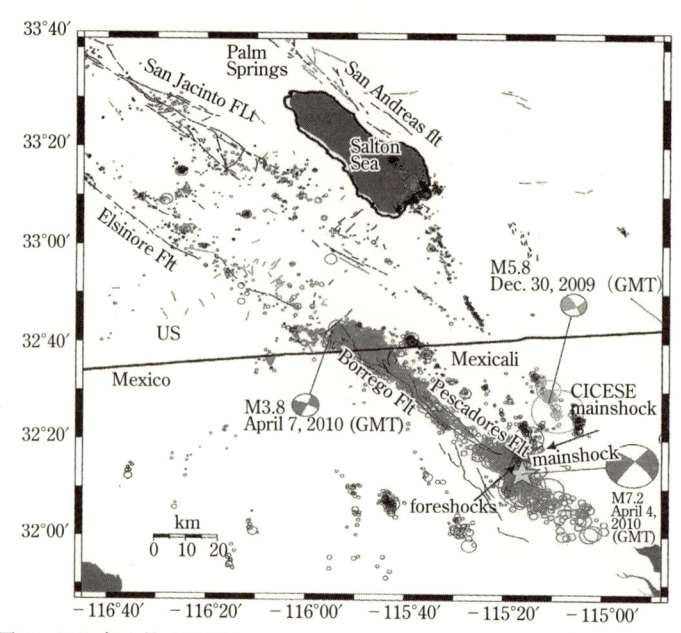

第 2-4 図 B　2010 年 4 月 4 日 El Major-Cucapah, Baja California 地震（Mw＝7.2）と余震分布（©USGS, 2010 after E. Haukson, 2010）．

網（GSN）と日本の Hi-net 観測網による遠地観測データから詳しい解析が行われた（Uchide & Shearer, 2010）．これまでの結果によれば，断層の破壊は中央部から両方向へ伝播し，北西方向へは最初の 20 秒間は 1.5 km/s のやや遅い速度，次の 24 秒以後は 3.0 km/s に加速し，一方南東方向へは 2.5 km/s の速度で伝播して，全体としては 40 秒を要した．120 km×20 km にわたる断層面上のすべり変位は 2-4 m に及んでいる．一方 InSAR*や GPS*などの測地データの解析（Fialko et al., 2010）によって見積もられた断層の最大すべりは北西部で約 3-4 m に達する．同様な解析は近地の強震記録，遠地の広帯域地震波形および GPS による静的変位と高精度サンプリングによる波形などを総合して行われ，最初の破壊は 57°傾斜した断層面上の深さ約 7 km からはじまり，その後北西と南東方向へ拡大したことや，全体の地震モーメントは 1.31×10^{20} Nm との結果も得られている（Zhao et al., 2010）．

この断層上の活動は第 2-5 図にも見られるように，Golfo de California（カリ

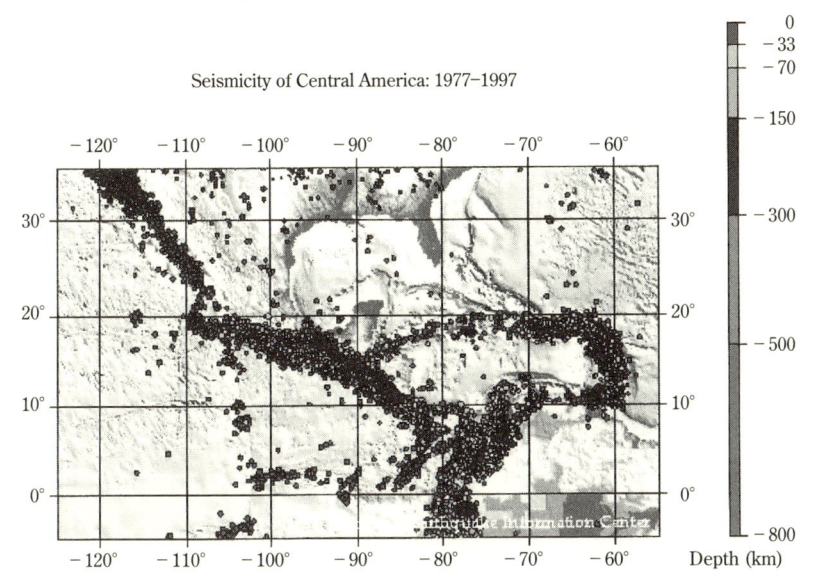

2.5 プレートの沈み込みによる海溝型大地震

第 2-5 図　1977-1997 年の 20 年間のメキシコ，中米，カリブ海地域の地震活動（©USGS, 1998）．右側の楕円形の地震分布はカリブ海プレート周辺の活動を示す．

フォルニア湾）の内部の活動に繋がり，さらに 1.2 章節で述べたようにリヴェーラ・プレートに衝突して方向を変えている．

2.5　プレートの沈み込みによる海溝型大地震

　メキシコ南西部の太平洋岸に発生する大地震の分布については，すでに示した第 1-1 図から大体の様子が分かるが，これをさらに詳しく見ることにしたい．

　第 2-5 図は，カリフォルニア湾からメキシコ南西岸を経て中米地域へ到る地域で，比較的最近の 1977-1997 年の 20 年間に発生したマグニチュード M>4 の地震分布を示している（USGS による）．この分布は浅発地震から深さ 300 km 程度までのやや深発地震までを含んでいるが，第 1-6 図と比較すると，この図は西方のリヴェーラ・プレートおよびココス・プレートを境する中央ア

37

第2章

メキシコと近接地域の大地震

メリカ海溝（MAT），East Pacific Rise, Galapagos Rift Zone と Panama Fracture Zone に沿って地震活動が活発であることを示しており，またカリブ海プレートを境するリング状の活動も明瞭に示されている．第 2–5 図の地震分布はこれ以降の最新のデータによっても基本的に変わらない．

一方，先に述べた大地震のカタログ（Singh et al., 1984）に加え，これ以降 2003 年 1 月までの最近の地震についてデータを補充すると，これまでに M>6.9 の 46 個の浅い地震が発生したことが分かる（第 2 表）（Santoyo et al., 2005）．

第 2–6 図はこれらの地震群のうち，海溝沿いに発生した主要なプレート境界型大地震と，内陸部に起こった地殻内大地震の分布を図示したものである（Kostoglodov & Pacheco, 1999）．このうち海溝東南部の西経-94°W 〜-90°W の地震はいずれもカリブ海プレートに関係する地震，1928，1937，1945，1959，1964，1980，1995，1999 年の地震はいずれも沈み込むココス・プレート内部に起こったやや深い地震，さらに 1912 年と 1920 年地震は先に述べた内陸部の地殻内の浅い地震を示している．

第 2 表は Santoyo et al. (2005) による地震群を示す．これらはいずれもプレート沈み込みによる浅い逆断層型の地震である．この表のうちの地震のマグニチュード Mw はモーメント・マグニチュードで，地震モーメント Mo から換算されたものである．Mo は地震の断層面の長さ L，幅 W，平均すべり変位量 D，震源域周辺の地殻あるいはマントルの剛性率 μ によって次のように決められる．

$$Mo = \mu DLW, \quad Mw = (2/3)(\log Mo - 16.1)$$

ここで Mw の単位は，以前は dyn cm が使われるのが一般的であったが，ここでは Nm（ニュートン・メートル）に統一した．

1970 年代の研究（Kelleher et al., 1973; McCann et al., 1979）では，すでに太平洋岸に発生した地震の空間的分布[*]にはまだ大地震が発生していない地震空白域が存在することが指摘されていた．その後 1973 年 Colima 地震（Mw=7.5），1978 年 Oaxaca 地震（Mw=7.8），1979 年 Petatlan 地震（Mw=7.6）がこれらの空白域に発生したため，1980 年頃の時点では残る空白域は Michoacan ミチョアカン地域（MI）と Tehuantepec テワンテペック地域（第 2–6 図の-95°W 付

2.5 プレートの沈み込みによる海溝型大地震

第2表 1900-2003年の期間にメキシコ太平洋岸に発生した浅い逆断層型大地震（M＞6.9）

(©Santoyo et al., Bull. Seism. Soc. Am. 95, 2005, p. 1857).

Event No.	Date (yr/dd/mm)	Location* Lat.	Location* Lon.	$M^\dagger$	$L^\ddagger$	Event No.	Date (yr/dd/mm)	Location* Lat.	Location* Lon.	$M^\dagger$	$L^\ddagger$
1	1900/1/20	20.0	−105.0[1]	(7.6)[2]	79.5[3]	24	1941/4/15	18.85	−102.94[1]	(7.9)[1]	112.3[3]
2	1900/5/16	20.0	−105.0[1]	(7.1)[2]	44.7[3]	25	1943/2/22	17.62	−101.15[1]	(7.7)[1]	89.2[3]
3	1907/4/15	[16.62]	[−99.2][4]	7.9[4]	150.6[4]	26	1950/12/14	[16.61]	[−98.82][4]	7.3[7]	58.2[4]
4	1908/3/26	16.7	−99.2[5]	(7.8)[2]	100.1[3]	27	1957/7/28	[16.59]	[−99.41][4]	7.8[7]	92.0[4]
5	1908/3/27	17.0	−101.0[5]	(7.2)[2]	50.2[3]	28	1962/5/11	[16.93]	[−99.99][9]	7.1[9]	40.0[9]
6	1908/10/13	18	−102.0[5]	(6.9)[5]	35.5[3]	29	1962/5/19	[16.85]	[−99.92][9]	7.0[9]	35.0[9]
7	1909/7/30	16.8	−99.9[1]	(7.5)[2]	70.9[3]	30	1965/8/23	[15.58]	[−96.02][10]	7.5[7]	108.5[10]
8	1909/7/31	16.62	−99.45[1]	(7.1)[2]	44.7[3]	31	1968/8/2	[16.01]	[−98.01][10]	7.3[7]	70.0[10]
9	1909/10/31	17.1	−101.1[1]	(6.9)[2]	35.5[3]	32	1973/1/30	[18.29]	[−103.41][11]	7.7[11]	90.0[11]
10	1911/6/7	17.5	−102.5[6]	(7.9)[6]	112.3[3]	33	1978/11/29	[15.75]	[−97.05][10]	7.8[12]	84.0[10]
11	1911/12/16	17	−100.7[1]	(7.6)[2]	79.5[3]	34	1979/3/14	[17.46]	[−101.45][13]	7.4[12]	95.0[13]
12	1928/3/22	15.67	−96.1[7]	(7.5)[6]	70.9[3]	35	1981/10/25	[17.75]	[−102.25][14]	7.2[12]	48.0[14]
13	1928/6/17	15.8	−96.9[1]	(7.8)[6]	100.1[3]	36	1982/6/7-1	[16.35]	[−98.37][15]	6.9[12]	53.0[15]
14	1928/8/4	16.1	−97.4[1]	(7.4)[6]	63.2[3]	37	1982/6/7-2	[16.4]	[−98.54][15]	6.9[12]	57.0[15]
15	1928/10/9	16.3	−97.3[1]	(7.6)[6]	79.5[3]	38	1985/9/19	[17.79]	[−102.51][16]	8.1[12]	180.0[16]
16	1932/6/3	[19.8]	[−105.4][8]	8.0[7]	222.0[8]	39	1985/9/21	[17.62]	[−101.82][16]	7.5[12]	80.0[16]
17	1932/6/18	[18.99]	[−104.6][8]	7.9[7]	71.0[8]	40	1986/4/30	[18.42]	[−102.49][16]	6.9[12]	55.0[16]
18	1932/6/22	18.74	−104.68[8]	(6.9)[8]	35.5[3]	41	1989/4/25	[16.58]	[−99.46][17]	6.9[12]	35.0[17]
19	1932/7/25	18.87	−103.93[8]	(6.9)[8]	35.5[3]	42	1995/9/14	[16.48]	[−98.76][18]	7.3[12]	45.0[18]
20	1933/5/8	17.5	−101.0[1]	(6.9)[1]	35.5[3]	43	1995/10/9	[19.1]	[−104.90][19]	8.0[12]	175.0[19]
21	1934/11/30	19	−105.31[8]	(7.0)[8]	39.9[3]	44	1996/2/25	[15.78]	[−98.26][20]	7.1[12]	68.0[20]
22	1935/6/29	18.75	−103.5[8]	(6.9)[8]	35.5[3]	45	2000/8/9	17.99	−102.66[21]	(6.9)[3]	35.5[3]
23	1937/12/23	[16.39]	[−98.61][4]	7.5[7]	61.2[4]	46	2003/1/22	[18.7]	[−104.20][22]	7.6[12]	72.0[22]

(註)上の表中，[ ]は余震域または断層破壊域の中心の位置：
M：( )の場合，表面波マグニチュード Ms，それ以外は Mw を示す．
L：海岸線に平行な断面の長さ（km）．
肩付き数字は文献番号．

1, Singh et al. (1984); 2, Nishenko and Singh (1987a); 3, L from log(S) = M_s − 4.1; 4, Nishenko and Singh (1987b); 5, Singh et al. (1981); 6, Anderson et al. (1989); 7, Singh and Mortera (1991); 8, Singh et al. (1985); 9, Ortiz et al. (2000); 10, Singh et al. (1980); 11, Reyes et al. (1979); 12, Harvard CMT catalog; 13, Valdés and Novelo (1998); 14, Havskov et al. (1983); 15, Astiz and Kanamori (1984); 16, UNAM seismology group (1986); 17, Zuñiga (1993); 18, Courboulex et al. (1997); 19, Pacheco et al. (1997); 20, Santoyo and Islas, unpublished report; 21, SSN catalog; 22, Singh et al., 2003.

近）のみと考えられていた．ただ後者はプレートの三重会合点に近く，しかも Tehuantepec 海嶺が地震を起こさない非地震性の海嶺と見做されていた．後に述べるように前者の空白域には 1985 年 Michoacan ミチョアカン大地震（Mw = 8.1）が発生する．一方，これらの大地震が空間的，時間的に集中するような傾向が見られることも指摘されており（Singh et al., 1981; Nishenko & Singh,

第2章

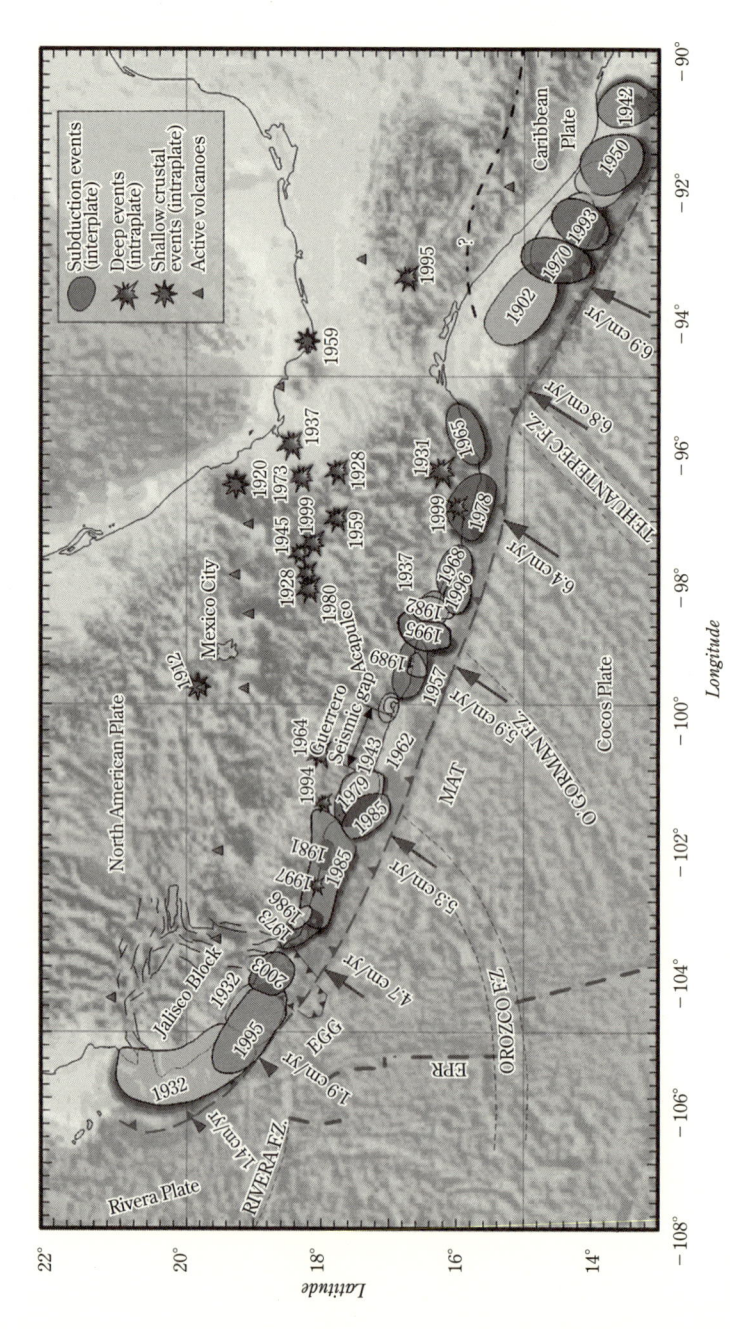

メキシコと近接地域の大地震

第2-6図 メキシコ太平洋岸を含む南西部に1930年代以降に発生した主要な海溝型大地震の震源域と、内陸部に発生した浅い大地震の震央（星印）（©Kostoglodov and Pacheco, 1999）.

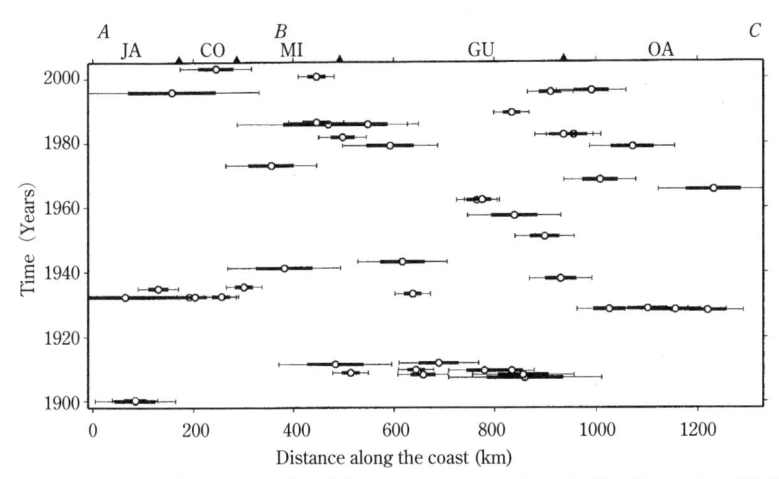

2.5 プレートの沈み込みによる海溝型大地震

第2-7図. 1900年から2003年の間に発生したM＞6.9のプレート境界型大地震の時空間分布（©Santoyo et al., Bull. Seism. Soc. Am. 95, 2005, p. 1860）
（説明と記号は以下の本文参照）．

1987b; Ward, 1991），これを説明するために例えば3つの地域毎に3期間に分け，時間毎の条件的確率を評価する方法などが適用されてきた．

第2-7図では対象とする地震発生の地域を拡げ，1900-2003年の期間中に発生した主要な浅い地震の時空間分布を示している（Santoyo et al., 2005）．横軸はハリスコ地域の北西端（A）からオアハカ地域の東南端（C）に到るプレート沈み込み帯のメキシコ中央海溝（MAT）に沿う距離を取り，各地震の震央（o）を中心とし，太い横線はそれぞれの余震分布の幅を表している．これらの大地震46個のうち24個については，余震分布はかなりの程度まで明らかになっている．これ以外の地震の余震分布については，本震のマグニチュードと震源域の面積や破壊域の長さと幅などの間の経験的関係（Wells & Coppersmith, 1994）から推定されたものである．

1つの大地震が隣接する地域にストレスの変化をもたらして，その場所に次ぎの地震を発生させるかどうかを調べるために，これらの大地震によって生ずるクーロン・ストレス変化 ΔCFS と呼ばれる量*（4.2.1章項参照）が 0.1 MPa（1 バール）以上と考えられる領域の幅を細い横線で示している．第2-7図から，ある年代とある地域には大地震が続発していることが明らかに見える．例え

第2章
メキシコと近接地域の大地震

ば1910年代前半にはミチョアカン（MI）地域からゲレロ地域（GU）南部まで8回の地震が発生，1920年代後半にはオアハカ（OA）周辺地域に4回の地震，1930年代中頃にはハリスコ（JA）—コリマ（CO）地域に5回の地震，1940年代前半にミチョアカン地域に2回の地震が連続して起こっている．また第1-7図とも合わせて見れば，1940-50年代にはゲレロ地域（GU）南部，1970-80年代にはミチョアカン地域（MI）とゲレロ地域（GU）南部-オアハカ地域（OA），1990-2000年代には両端のハリスコ（JA）地域とオアハカ（OA）地域で大きい地震の活動が活発であったことが明らかに見える．

このような地震群の時間的関係を定量的に見るため，Santoyo et al.（2005）はχ^2（カイ・スクエア）テスト*と呼ばれる統計的検定（本章用語説明の項参照）を行い，地震発生の間隔がランダムな場合のPoissonポアッソン分布*とは有意に異なることを確かめた．この結果，これらの地震がある期間と場所にまとまって発生するclustering現象*が偶然の結果ではなく，一つの大地震によるストレス変化が隣接地域に大きく作用していることを示すもので，特に5年以内の発生確率が，地震発生が偶然である場合の2.1倍以上であることが注目される（Santoyo et al., 2005）．またこの確率が約1.7倍である30-40年毎の地震発生間隔は，沈み込むプレートによるこの期間のストレスの増加がこれらの大地震発生に寄与していることを示すものである．

しかし99.2°W-101.2°Wの間のゲレロ（GU）地域北部では1911年以来マグニチュード7クラスの大地震が発生しておらず，Guerrero Seismic Gap（ゲレロ地震空白域）と呼ばれている．将来ここで大地震が発生すれば，マグニチュード8.0-8.4と予想され（Suárez et al., 1990; Singh & Mortera, 1991），300 km離れたメキシコ・シティにも大きい被害を生ずる可能性があるとして現在最も警戒されている場所で，日本列島太平洋側でフィリピン海プレートの沈み込む，東海—東南海—南海地域が現在地震空白域として注目されているのと同様な状態にある．

2.6　大地震のメカニズム

次に，第1-7図と第2-6図にしたがって，メキシコ太平洋岸と次いで中米地

域（第 2-30 図）の Guatemala（グアテマラ）― Costa Rica（コスタ・リカ）地域で発生したプレート境界型大地震のメカニズムを北西から南東へ，さらに同じ地域の中では地震の時間発生順に見ていくことにしたい．これは地域的なテクトニクスと同時に，隣接地域に先に発生した地震が後の地震に影響を及ぼしたかどうかを見るためである．

　ここで述べようとする大地震のメカニズムとは，断層面上でどのようにすべり破壊が起こって大地震が発生するのかを，その際に観測された地震波や地殻変動から推定しようとするものである．メキシコや中米地域でも日本やアメリカの場合とほぼ同様に，これまで多くの研究が行われてきた．地震波によるメカニズムの研究は，世界中に分布している WWSSN*，IRIS*，IDA*，GDSN*，GEOSCOPE* などの観測網の観測点で得られた P 波初動の方向と振幅分布，さらに P 波，S 波，表面波の波形や，震源域に近い強震動観測点で得られた地震波形などから，先ず断層面の傾斜や走向，地震モーメントなどの他，破壊の伝播速度などの量を推定する．このために，これらの断層に関するパラメタのほか，地殻やマントル構造の影響も考慮して，理論的に計算される合成波形と，観測波形の差を多くの観測点で最小になるように決めることを波形インバージョン* と呼び，現在一般的に使われている．さらに観測データが多い場合は，断層面内のすべり量の分布状態や，震源時間関数の形まで推定することも可能になる．すべりの大きい部分はアスペリティ* と呼ばれることもあり，本来は断層面の接触あるいは固着が強い部分を意味するが，地震学では破壊後にストレスが大きく解放され，その周りでは逆にストレスが増加する場所を指す．このようにして推定されたモデルを kinematic fault model（運動学的断層モデル）* と呼ぶ．一方，破壊の伝播速度や震源時間関数，すべり量などは原理的には周囲のストレスなどの力学的な条件によってその相互関係が決まるので，これらの条件を考慮したモデルを crack model（クラック・モデル）あるいは dynamic fault model（動的断層モデル）* などと呼び，または破壊の進行過程を含めて動的破壊過程と呼ぶこともある．これらは第 4 章で研究課題として取り上げることにする．

　一方，最近では GPS 観測が，日本の場合と同様，メキシコや中米地域の一部でも次第に行われるようになり，地震時の地殻変動や地震発生後の余効変

動*も推定されるようになってきた．したがって，これらの観測データからは地震発生の時だけではなく，プレート運動によるストレスの増加や同じ地域に起こった前の地震の影響なども含めた長期的な地震発生のメカニズムを議論することが可能になりつつある．したがってメキシコでも先進的な日本の場合と同様な研究が今後進展することが期待される．

2.6.1　Jalisco-Colima（ハリスコ—コリマ）地域

この地域では，1837年，1875年，1900年1月および5月にMが7.5以上の大地震が比較的短期間に連続して起こった（Singh et al., 1981）．さらに1932年6月3日にはJalisco地震（Ms=8.2）と，半月後の6月18日にはこの震源域の南東側に接してMs=7.8の第2の地震が発生した．この最初の地震はこれまでメキシコ太平洋岸に起こった海溝型大地震のうち，最大級の地震とされている．この2つの連続した地震はいずれもリヴェーラ・プレートとココス・プレート境界付近に発生した（Eissler & McNally, 1984; Singh et al., 1985）．2つの大地震の余震はそれぞれ海岸線に平行方向に長さ約280 km（220 km + 60 km），直交方向の幅約80 kmの範囲に分布している．この余震分布は上の2つのプレートの境界より東南へは伸びていないため，これらの大地震はリヴェーラ・プレートの北米プレート下への沈み込みによるものと考えられる（Singh et al., 1985）．一方，遠方の地点で観測された表面波の振幅から，2つの地震モーメントの合計は 16.4×10^{20} Nmと見積もられている（Wang et al., 1982）ので，余震面積を考慮すれば断層面の平均変位は155 cm程度と推定されている．

これから63年後の1995年10月9日には，再びColima-Jalisco大地震（Mw=8.0）が同じ地域に発生した（第2-6図）．この地震直後からコリマ大学地震観測網RESCOに加え，UNAMによる臨時観測点10点が設置され詳細な余震観測が行われた．この結果，262個の余震は海岸から海溝方向へ20 km，内陸方向へ50 kmの距離まで，海岸線にほぼ平行に170 km×70 kmの範囲に分布している（Pacheco et al., 1977）．この余震域は1932年第1地震の震源域東南部の4分の1と第2地震の全域に重なる．余震域が1932年地震の場合と同様，東側のココス・プレートとの境界を越えては拡がっていないことから，この1995年地震もリヴェーラ・プレートの沈み込みによって起こったものと考え

2.6 大地震のメカニズム

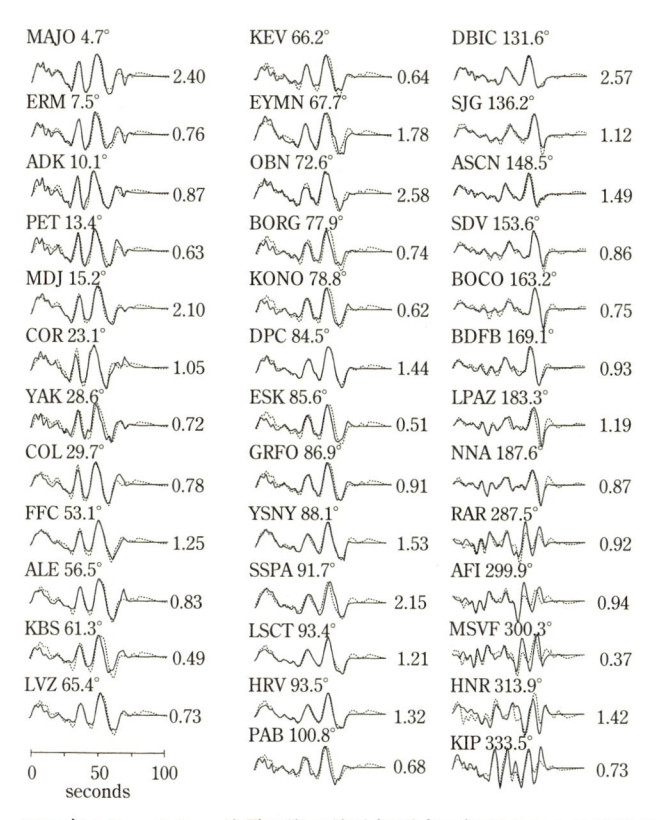

第 2-8 図　1995 年 Jalisco-Colima 地震の際に遠地観測点で観測された P 波波形（実線）と理論波形（薄い点線）（©Mendoza & Hartzell, Bull. Seism. Soc. Am., 89, 1997, p. 1343）
良く一致していることが分かる．

られる．本震の震源位置は余震域の南東端に近い約 40 km のところにあり，3 日前の前震に近い場所である．断層の破壊はここから北西側へ 130 km，南東側へ 40 km，速度約 2.2 km/s で進行した（Pacheco et al., 1977）と思われる．これは遠地地震波の解析の結果（Courboulex et al., 1997）ともほぼ一致する．また広帯域地震観測点で記録された P 波波形（第 2-8 図）のインバージョンによって，地震モーメントは 1.8×10^{21} Nm と見積もられ，さらに断層の浅い部分に最大 4.5 m と 4.8 m の大きいすべり領域と，深さ 8 km 付近の破壊開始領域付近に最大 1.5 m のすべり領域が存在することが明らかになった（第 4-4 図左上側）（Mendoza & Hartzell, 1997）．

第 2 章

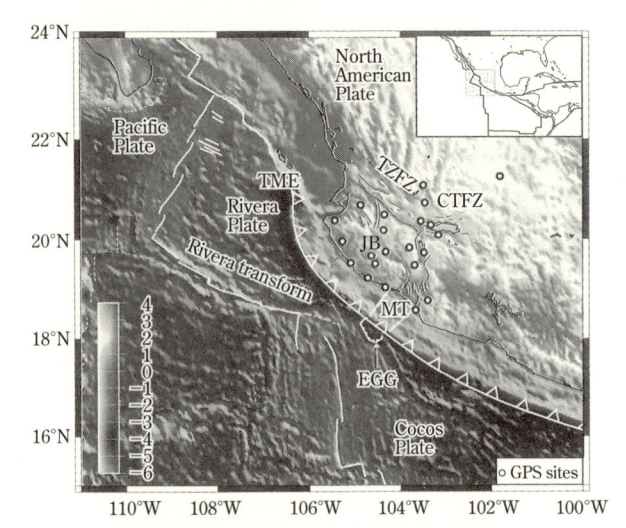

メキシコと近接地域の大地震

第 2-9 図　Jalisco-Colima 地域の陸上 GPS 観測点（○印）（©Hutton et al., Geophys. J. Int., 146, 2001, p. 639）.

　また 10 月 6 日の前震（Mw＝5.8）と 10 月 12 日の最大余震（Mw＝6.0）のメカニズムも遠地観測点で記録された P 波と SH 波の波形を用いて解析され（Escobedo et al., 1998），本震と同様，海溝に平行な走向を持ち，北北西側へ 25°の傾斜を持つ断層面上の破壊によって発生したことが明らかになっている．

　一方，コリマ―ハリスコ地域では第 2-9 図のように太平洋岸から 350 km の内陸部まで 26 点の GPS 観測網が展開され，1995 年地震の 7 ヶ月前から 3 年半後の 1999 年 3 月まで地震前後の地殻変動の水平変位が観測されている（Hutton et al., 2001）．

　これらの GPS 観測は半年または 1 年に 1 回の頻度で行われた不連続な測定である．第 2-10 図には，北米プレート内のコロラド州の観測点を固定点として，地震をはさむ期間（1995 年 3 月-1995 年 10 月）の 11 点の水平変位データと，地震後（1995 年 10 月-1999 年 3 月）までの 23 点の水平変位が示されている．この地震の断層面の大きさを 220 km×120 km と仮定すると，地震時の断層のすべり量は，破壊開始点付近で 1-2 m，これより約 100 km 西北で 4-5 m の値となり，いずれも 21 km 程度の深さにある．この見積もりは，11 点のデータを

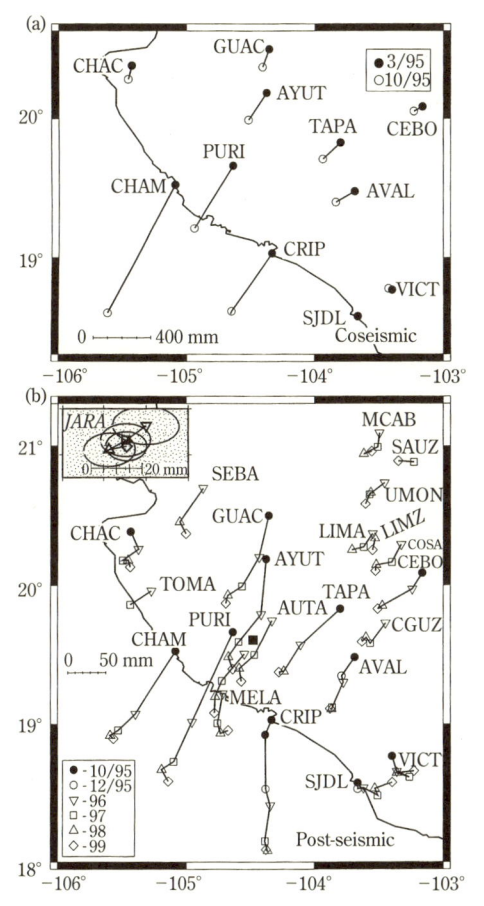

第 2-10 図　1995 年 Jalisco-Colima 地震前後の地殻変動水平変位（©Hutton et al., Geophys. J. Int., 146, 2001, p. 643）．上：1995 年 3 月–1995 年 10 月，下：1995 年 10 月（地震後）–1999 年 3 月．

用いた Melbourne et al.（1997）の最初の結果とほぼ一致する．ただ上のデータには地震前約 7 ヶ月間のプレート沈み込みによる定常すべりと，地震後 7 日間の余効すべりを含んでいる可能性があり，必ずしも地震時のすべりのみとは限らない．また地震波データから推定された第 4-4 図の結果に比べて，浅い場所に大きいすべりが見られないのは，GPS 観測点がすべて陸側にあるため，海側の浅い地殻内のすべりには分解能がないためと思われる．

第2章

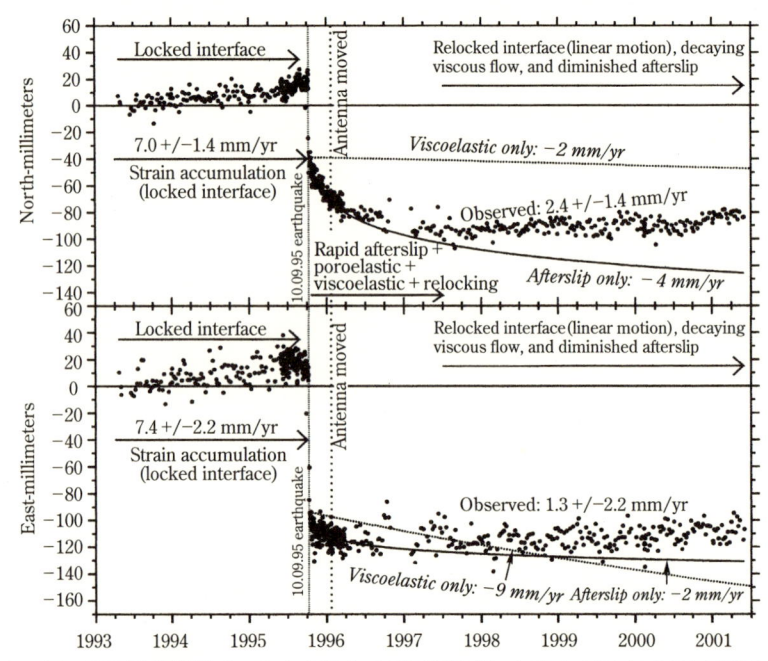

メキシコと近接地域の大地震

第2-11図 GPS連続観測データから見たGOLI観測点における1993年–2001年間の北米プレートに対する相対変位（単位mm）（©Márquez-Azua et al., Geophys. Res. Lett., 29, 2002, pp. 122-3）. 上：南北成分, 下：東西成分.

さらに地震後の地殻変動についても上のGPSデータから解析され，地震後のすべりは地震時のすべり領域とは重ならず，主として深さ16–33 kmの範囲に起こっており，これより浅いプレート境界面は，地震後は摩擦によって固着していると考えられている（Hutton et al., 2001）.

また最近，1995年地震をはさむ1993年4月から2001年6月までの約8年間のコリマ地域のGOLI観測点のGPS"連続観測"データが解析され（Márquez-Azua et al., 2002），地震前と地震後の地殻変動のパターンがさらに明らかになった（第2-11図）.

これによれば，地震前の約2年半の間，変位速度はN46°E +/−12°の方向に10 +/−2.5 mm/yrで，リヴェーラまたはココス・プレートの境界面が完全に固着されており，地震時にはS66°W方向に132 mmの変位があったことを示している．地震後1997年中頃まで変位は徐々に回復するが，このパターンは地

2.6 大地震のメカニズム

殻下部と上部マントルの粘弾性的性質*による回復では説明できず，むしろ単純な対数曲線に合うことから，破壊域で地震後の余効すべりがあったと考えられる．さらに1997年中頃以降のN29°E+/-5°方向への2.8+/-1.2 mm/yrの動きは，ふたたび完全に固着された沈み込むプレートの上盤での歪の蓄積を示すものと考えられる．最近の日本の大地震では，このようにGPSで観測された地震後の余効すべりが何例か報告されているが，メキシコの大地震では最初のことで，注目すべき結果と云える．

これより東南側のコリマ地域では，1806年，1818年，および1941年にMが7.5を超える地震が起こっている（Singh et al., 1981）が，これらはいずれもリヴェーラ・プレートとココス・プレートの境界と思われる地溝帯El Gordo Grabenの東南側に位置している．次いでここで1973年に発生したColima地震（第2-6図）（Mw=7.6）（Lomnitz, 1977）は，その余震分布（Reyes et al., 1979）の状況から，過去の3回の地震と同様，ココス・プレートの北米プレート下への沈み込みによるものと考えられる．この地震の震源メカニズムに関してはP波とRayleigh波の振幅分布からすでに解析されている（Chael & Stewart, 1982）が，最近，新たにWWSSN観測点のP波波形のインバージョンによって，145 km×85 kmに及ぶ断層面上の詳細なすべり分布（第4-3図最上段左側）が推定された（Santoyo et al., 2006）．この結果，震源の約20 km下部に最大約2 mのすべりと，さらに浅い個所に1.7 mの大きいすべり個所のあることが明らかになり，全体の地震モーメントは2.78×10^{20} Nm，破壊継続時間は26秒に及んだことが明らかになった（Santoyo et al., 2006）．

次いで上の1973年Colima地震と1995年Colima-Jalisco地震の震源域の中間に，2003年1月22日Tecomán-Colima（テコマン—コリマ）地震（Mw=7.8）が発生した（第2-6図）．この地震はRivera, Cocos両プレートの境界と思われるEl Gordo Graben付近に起こったが，震源域の西北側の一部は1995年地震の震源域に重なり，その東南端と1973年地震の震源域との間には数10 kmの未破壊域が残されているように見える．この地震に対しては，12個所のIRIS-DMC遠地観測点で記録された長周期P波とSH波に加え，6個所のUNAMの広帯域および加速度観測点で得られた18成分記録（第2-12図）を0.01–0.5 Hzの周波数に対して同時にインバージョンすることにより，85 km×70 kmの断

第 2 章

メキシコと近接地域の大地震

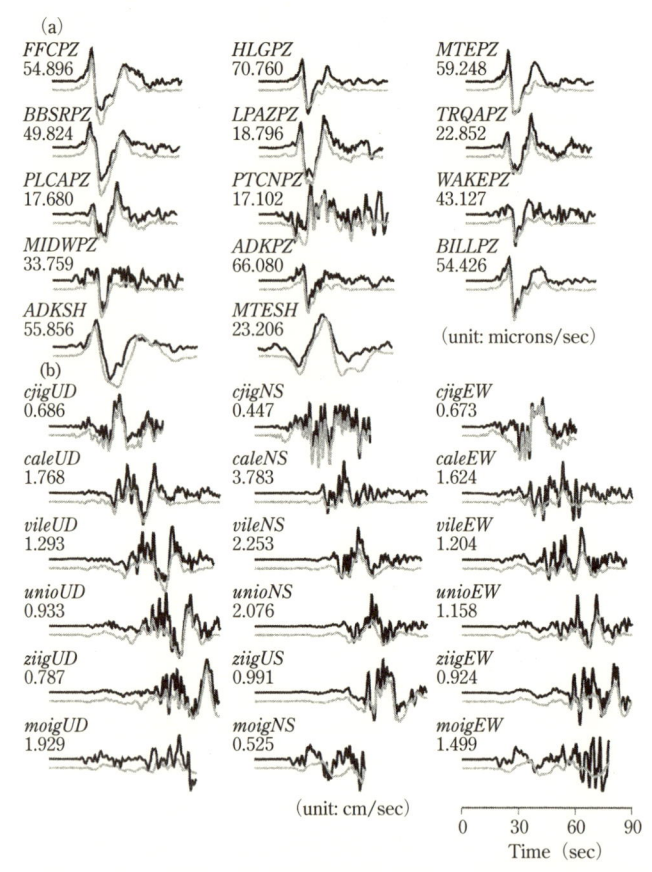

第 2-12 図　2003 年 Colima-Jalisco 地震の観測波形（実線）と理論波形（薄い実線）（©Yagi et al., Bull. Seism. Soc. Am., 94, 2004, p. 1802）．上 5 列 (a)；IRIS-DMC 遠地観測点，下 6 列 (b)；UNAM 観測点．

層面内のすべり分布（第 4-4 図左側 2 段目）が推定された（Yagi et al., 2004）．この結果，深さ 20 km より始まった第 1 段階の破壊は，約 4 秒後の第 2 段階で南東へ 15 km 伝播してここで最初のアスペリティを破壊し，次の第 3 段階では北東へ 25 km 進行してここで 2 番目のアスペリティを破壊したと考えられる．第 1 のアスペリティでの最大変位は 3.4 m，第 2 のアスペリティでは 2.0–2.5 m のすべり変位を生じたことが明らかになり，全体の地震モーメントは 2.3×10^{20} Nm，破壊継続時間は約 30 秒と推定されている（Yagi et al., 2004）．

2.6 大地震のメカニズム

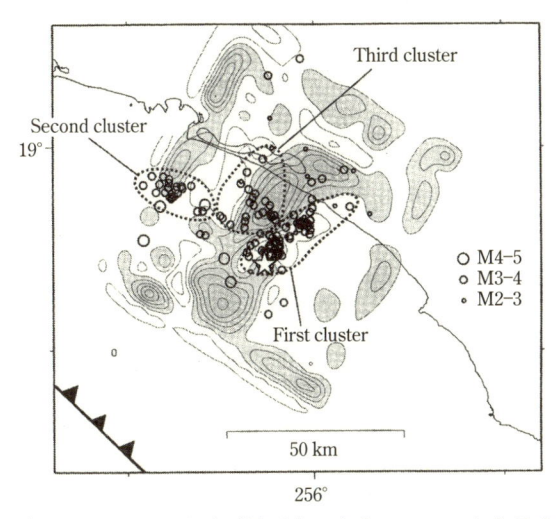

第 2-13 図　2003 年 Colima-Jalisco 地震断層面内の応力パターンと余震分布（©Yagi et al., Bull. Seism. Soc. Am., 94, 2004, p. 1803）．影のついた部分：ストレスの減少地域（コンター間隔 2MPa）．

　コリマ大学地震観測網による観測では最初の 2 週間で 130 個の余震が観測されたが，本震の震源（スター）付近ではこれらの大部分の余震はストレスの増加地域内（白い部分）で東北方向に分布し，ストレスが減少した第 1 のアスペリティの周辺では余震がほとんど発生していないことが注目される（第 2-13 図）．
　さらにこの地震については，メキシコ西部の Jalisco 州を中心とする GPS 観測点 27 個所のうち 10 点の地殻変動データからもインバージョンによってすべり分布の推定が試みられ，深さ 9-40 km，東南―西北走向の 80 km の断層面内に大きいすべりがあり，24 km の深さに最大 2 m のすべりがあったと考えれば説明できることが報告されている（Schmit et al., 2007）．また地震後数日以内には，海岸線の直下付近の断層面内で下部に向かって拡大する余効すべりがあったことや，さらにこの地震と直接関係しないと思われる非地震性のすべりが 1 年間も継続したことなども明らかにされた．さらに 1932 年，1995 年，2003 年の断層面の南東端がいずれも Manzanillo（マンサニージョ）海溝で止まっているように見えることは，この海溝が力学的なバリアとなっている可能性が指摘

51

第2章
メキシコと近接地域の大地震

されている（Schmit et al., 2007）．

2.6.2　Michoacan ミチョアカン地域

　ゲレロ地域の西北側に隣接するこの地域の東端には，1943年に Ms = 7.7 の大地震が起こっているが（Singh et al., 1984），これより以前の地震活動についてはデータが欠落しているため詳しいことは不明である．36年後の1979年には，Orozco 断裂帯の南東セグメントが中央アメリカ海溝 MAT に達する位置で，1943年地震とほとんど同じ場所に Petatlan（ペタトラン）地震（Mw = 7.6）が発生した（第2-6図）．この地震の3ヶ月前からかなりの数の前震が起こり，このうち3回の中規模地震は南東から北西へ移動し，この前震域の北西端で本震が起こった（Hsu et al., 1988）．一方，余震も多数発生し，沈み込むココス・プレートの上面付近に集中して分布している（Valdez et al., 1982）．WWSSNと IDA 観測網で記録された長周期 P 波と Rayleigh 波から推定されたメカニズムは，断層面が陸側へ14°程度傾斜しており（Chael & Stewart, 1982; Singh & Mortera, 1991; Ruff & Miller, 1994），ココス・プレートの北米プレート下への沈み込みを示している．さらに WWSSN と GDSN から得られた P 波波形のインバージョンからは，プレート上面上の深さ2-30 km の 120 km×120 km に及ぶ断層面上で，破壊出発点付近に 0.7 m，さらにこの南東側に 1.2 m の最大すべり領域があること（第4-3図上から2段目左側）と，地震モーメントは 1.5×10^{20} Nm を持つことが明らかにされた（Mendoza, 1995）．

　次いで1981年にはミチョアカン地域中央部に Playa Azul（プラヤ・アスール）地震（Mw = 7.4）が起こった（第2-6図）．このミチョアカン地域は，ココス−北米プレート境界で1911年以来大地震が発生していない地震空白域と見做されていた（Singh et al., 1980a）場所である．この約3ヶ月前には前震と思われる小地震が付近に起こっている．本震直後から展開された4点から成る観測によれば，余震は本震の北側の 40 km×20 km の範囲に分布していることが分かった（Havskov et al., 1983）．WWSSN 観測点の P 波分布から推定された本震のメカニズムは，傾斜角18°で北東方向に傾斜する断層面を示し，この地震がココス・プレートの沈み込みによることを示している．また地震モーメントは 7.2×10^{20} Nm と見積もられており（Astiz et al., 1987），さらに GDSN と WWSSN

2.6 大地震のメカニズム

観測点の波形インバージョンからは，6-23 km の深さにある断層面内の半径約 10 km の範囲で最大 3 m のすべりがあったこと（Mendoza, 1993）（第 4-3 図上から 3 段目左側）が明らかにされた．この地震は次に述べる 1985 年 Michoacan 大地震のトリガーとなった可能性が考えられる（Santoyo, Mikumo, & Mendoza, 2007）（4.1.2 章項参照）．

2.6.3　1985 年 Michoacan 大地震

1985 年 9 月 19 日には，1932 年の Jalisco 地震以来のメキシコ最大の巨大地震（Mw＝8.1）が太平洋岸の Michoacan 州に発生した（第 2-6 図）．この地震は国外では単に 1985 年メキシコ大地震と呼ばれることも多い．2.5 章に述べたように，このミチョアカン地域は，ココス―北米プレート境界で 1911 年以来大地震が発生していない地震空白域と見做されていた場所である．この地震によるメキシコ・シティの死者は約 10,000 人，負傷者 30,000 人以上，412 の建築物が崩壊（第 2-14 図 A, B），3,124 が大きい被害を受け，10 万人以上が住む家を失ったといわれている．これらの被害はハリスコ，コリマ，ミチョアカン，ゲレロ，モレロスなどメキシコ中南部の各州におよび，地すべり，道路沿いの岩石の崩落のほか，震源に近いミチョアカン州の Lazaro Cardenas（ラサーロ・カルデナス）では地面の亀裂や土砂の噴出などの現象もあった．さらに津波も発生し，震源域に近い Zihuatanejo（シワタネッホ）で 3 m，Lazaro Cardenas で 2.8 m，Acapulco で 1.4 m を観測したほか，南米エクアドルでも 60 cm，ハワイで 22 cm などが記録されている（USGS）．

この地震の震源域からメキシコ・シティまでは約 350 km の距離があり，ここは海抜 2,240 m の高地にある．この地域はもとは大カルデラ地帯のメキシコ渓谷の中にできた湖で，500 年前のアステカ時代にはこの湖の中央に首都 Tenotitlan テノティトランが建設されていた（第 2-15 図の想像図）．1521 年のスペインによる侵略後，このアステカの湖は次第に埋め立てられ，現在のメキシコ・シティの中央部分は厚さ数百 m の沖積層の軟弱地盤から成る堆積盆地の上に位置している．

この大地震によって震源域で発生しメキシコ・シティまで伝播してきた地震波は，湖底層の上にある市内中央部の SCT 観測点とやや東部の CDAD 観測点

第 2-14 図 A　8 階建煉瓦造り（壁補強なし）建物被害（©USGS Photographic Library of Mexico City Earthquake, 1985, No. 16）.

第 2-14 図 B　21 階建・鉄筋コンクリート造アパート被害（©USGS Photographic Library of Mexico City Earthquake, 1985, No. 13）.

では強震計によって周期 1-4 秒程度の短周期波（卓越周波数 0.25-0.28 Hz）成分が記録され，SCT の EW 成分の最大加速度は 120 gal，継続時間は 150 sec を超えた．これらの値は，メキシコ・シティ西部丘陵地の沖積層上の溶岩から成る硬い岩盤上の TACY 観測点で観測されたスペクトル振幅と比較すると，8 倍から 50 倍も増幅され（Singh et al., 1988），かつその継続時間は TACY の約 60 sec の 2 倍以上も長い．

しかし一方では，このような短周期波は市外の観測点でも記録されており，また第 2-18 図 A にも見られるように断層面の真上の観測点でも観測されてい

2.6 大地震のメカニズム

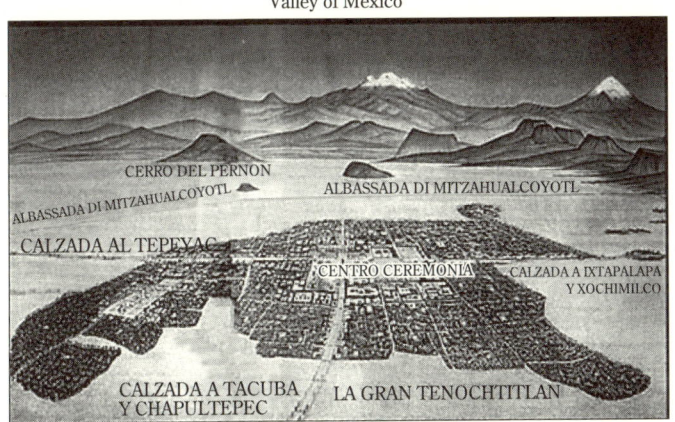

第 2-15 図　メキシコ渓谷の中の広大な湖の中に造られたアステカの都
(東から西を見た想像図：周辺の地形は現在の航空写真より複製)：
島の中央はテノティトランの中央神殿，向側の山脈のうち，積雪のある右側：ポポ
カテペトル火山，左側：イスタシュワトル火山 (http://guadalupe.luxdomini.com/)

るため，この波の発生源は断層面内の破壊進行速度の不規則性にあり，これがメキシコ・シティまでの伝播中は Lg 波*（大陸地殻中を伝播する短周期表面波）として効率良く伝わり，最後にシティ直下の地盤構造によって増幅された可能性が指摘されている (Campillo et al., 1989)．このような増幅現象はすでに 1957 年の地震の時から知られていたが (Rosenblueth, 1960)，今回の 1985 年大地震による被害が特に大きかったのは，この大地震による地震波による震動が市内の多くの建築物の固有周期と共振したため，多数のビルが倒壊したためと考えられている．ここへ到達した地震波が地表と，平均的な厚さ H の沖積層の下面の間を何度も重複反射*する場合，この反射波の周波数 fo と H との間には，fo = β/4H （β：S 波速度）という近似的関係があり，この場所の地盤構造に対しては fo～0.5 Hz の周波数（周期 2 秒程度）が励起されやすく，最も建物と共振しやすいといわれている (Singh et al., 1988).

地盤工学的調査によれば，メキシコ盆地の湖底は，水で飽和した厚さ 10–70 m 程度の薄い粘土層の下に，さらに皿状の構造の沖積層が水平方向に幅 11 km にわたり，平均の深さ約 450 m，最深 700 m 程度の深さまで Chichinautzin（チチナウツィン）と呼ばれる基盤層の上に存在し (Sánchez-Sesma et al., 1998)．盆

55

第2章

メキシコと近接地域の大地震

地全体にわたって複雑な3次元的構造となっている．このためこのような構造を考慮に入れた地震波の増幅効果について多くの数値シミュレーションによる詳しい理論的解析が行われた（例えば，Sánchez-Sesma et al., 1988; Bard et al., 1988; Kawase & Aki, 1989）．このうち Sánchez-Sesma et al. (1988) は，上に述べたメキシコ盆地の湖底下の3次元構造を薄い逆三角形状の表層を持つ2次元構造で近似し，これとほぼ等価な層構造に対して Haskell 法を用い，TACY 観測点の観測波形を入力関数として SCT，CDAD の2観測点に対して入射角 20°の場合の理論波形を計算した．一方，Kawase & Aki (1989) は，やや単純化した2次元構造（幅 10 km，厚さ 1 km の沖積層の東側の上に，幅 5 km，厚さ 0.25 km の粘土層）の存在を仮定し，これに対して，離散境界要素法（DWFEM）*を適用し，固有周波数 0.25 Hz を持つ Ricker 型 wavelet* を入力関数として，SH 波と SV 波が下から垂直入射する場合と，Rayleigh 波が水平に横から入射する場合などについて，理論波形を計算した．これらの2通りの理論計算の結果は，最上部に薄い粘土層の存在を考慮すれば，計算波形の継続時間は 120 sec を超え，その最大振幅も観測波形の振幅に近い値になることを示した．これらの結果から，旧湖底直下の厚さ数 10 m～100 m 程度の粘土層の存在が，S 波およびこの重複反射* によって大きい振幅の表面波を発生させ，この表面波がこの層の両端の間を水平方向に往復したために継続時間が長くなり，この間に建築物の固有周期と共振したことが多くのビルの倒壊をもたらした原因の一つと考えられることが明らかになった．

　1985年9月19日大地震の発生のメカニズムと断層の破壊様式については，数多くの研究が行われている．メキシコ国立大学 UNAM 地震研究グループは地震直後から震源域周辺に精密地震観測網を展開して，多数の余震を観測した．このうち震源を決定した主要な 117 個の余震は 170 km×50 km の範囲に拡がり，西北西の 1973 年 Colima 地震（Mw=7.5）と東南東の 1979 年 Petatlan 地震の2つの余震域の間に分布している（第2-16図）(UNAM Seismology Group, 1986)．さらに2日後の9月21日には第2の Zihuatanejo（シワタネッホ）地震（Mw=7.5）が 19 日の余震域東南東に隣接して発生し，後者の余震域 66 km×33 km の北東側は 1979 年地震の余震域と部分的に重なることも明らかになった．これらの余震分布から，両方の大地震の断層面は MAT 海溝から北東へ 10°–15°

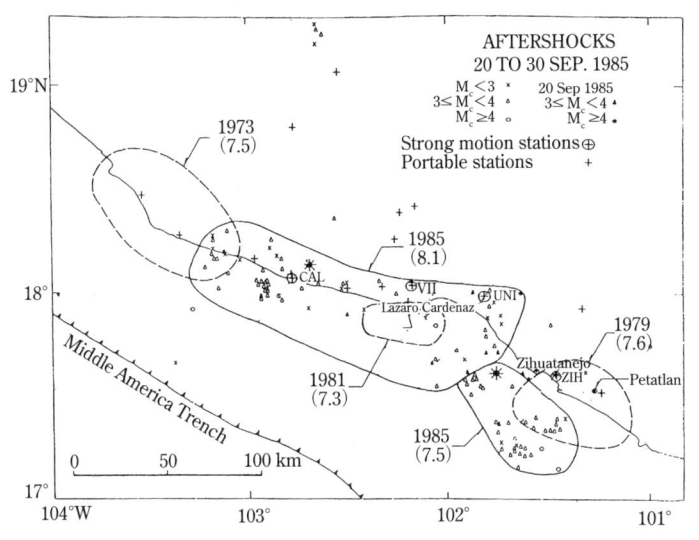

第 2-16 図　1985 年 Michoacan 大地震の震源域（中央の細長い楕円）と余震分布（©UNAM Seismology Group, Geophys. Res. Lett., 13, 1986, p. 574）.

傾斜し，これがこの地域に沈み込むココス・プレートの上面を示すものと考えられる．これらの余震面積といくつかの地震記録から，当初は2つの地震の平均のすべり量は 2.2 m と 3.3 m, 平均応力降下量は 1.9 MPa と 4.3 MPa と見積もられた．また2つの地震の遠地観測点で観測された長周期実体波や表面波の多くの解析（Anderson et al., 1986; Eissler et al., 1986; Ekstrom & Dziewonski, 1986; Houston & Kanamori, 1986; Riedesel et al., 1986; Priestley & Masters, 1986; Astiz et al., 1987; Singh et al., 1988: Singh & Mortera, 1991; Ruff & Miller, 1994）から，両方の地震モーメントは 1.0–1.7×10^{21} Nm および 2.9–4.7×10^{20} Nm と推定されている．またこのうちのいくつかの研究から，最初の地震は継続時間がそれぞれ 12–16 sec の2つの主要破壊から成り，第2の破壊は第1破壊から断層面上で 70–95 km 東南で 25–28 sec 後に起こり，この間を 2.0–2.8 km/s の破壊速度で伝播したと考えられている．一方，震源域の真上にあるゲレロ加速度計観測網（3.4 章）の Caleta de Campos（カレータ・デ・カムポス），La Villita（ラ・ヴィジータ），La Union（ラ・ウニオン），Zihuatanejo の4観測点の記録（第 2-18 図 A 各成分の上側）を積分して得られた変位が，特に最初の観測点では従来見られな

第 2 章

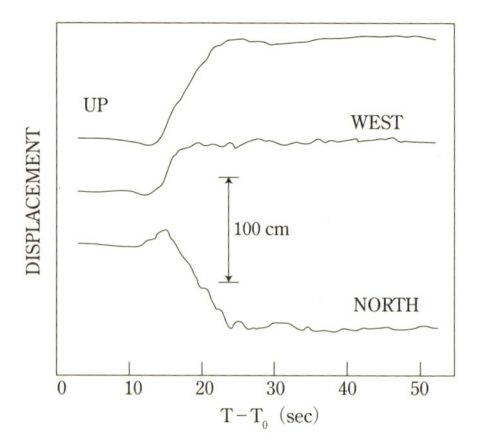

メキシコと近接地域の大地震

第 2-17 図　1985 年 Michoacan 地震の際に Caleta de Campos 観測点で得られた変位波形（ⒸAnderson et al., Science 233, 1986, p. 1043）.

かった階段状のランプ関数* と永久変位* を含む単純な波形を示し（第 2-17 図）（Anderson et al., 1986），クラック・タイプの破壊がスムースに進行する場合に理論的に期待される通りの波形と解釈されている（Yomogida, 1988）. またこれらの変位記録と海岸での隆起量をもとに，長周期側から見た断層面上の変位分布を求めた結果（Mendez & Anderson, 1991）では，破壊進行速度は 2.8 km/s, 断層面内で約 100 km 離れた 2 個所にそれぞれ 4 m と 3 m の変位が大きい場所が見出されている.

　さらに，余震観測から推定された断層面の大きさを参考にして，これらの近地地震記録と多数の遠地長周期 P 波波形（第 2-18 図 A, B）を同時にインバージョンした結果（Mendoza & Hartzell, 1989）から，第 2-19 図に示すようなさらに詳細なこの地震の破壊過程が明らかになった. この解析から，北北東方向に 14°の角度で傾斜する断層面が長さ 180 km, 深さ方向には 6-40 km の間で 140 km の拡がりを持ち，破壊は 17 km の深さの MIC から始まり 2.6 km/s の速度で南東へ伝播したと考えられる. この結果，震源（破壊開始点）付近の 80 km × 55 km の範囲では最大 6.5 m のすべりがあり，これから南東に 70 km 離れた場所で最大 5 m のすべり，さらに 27-39 km の深い場所の 30 km × 60 km の範囲に最大 3 m のすべりがあったと推定されている. これらが主要アスペリティである.

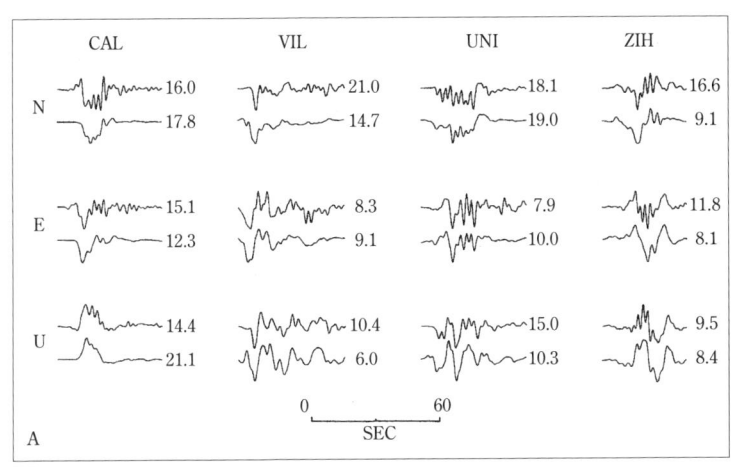

第 2-18 図 A　1985 年 Michoacan 地震の際に断層面の真上の 4 強震観測点で観測された速度波形記録（上）と理論地震波形（下）（©Mendoza & Hartzell, Bull. Seism. Soc. Am., 79, 1989, p. 665）.

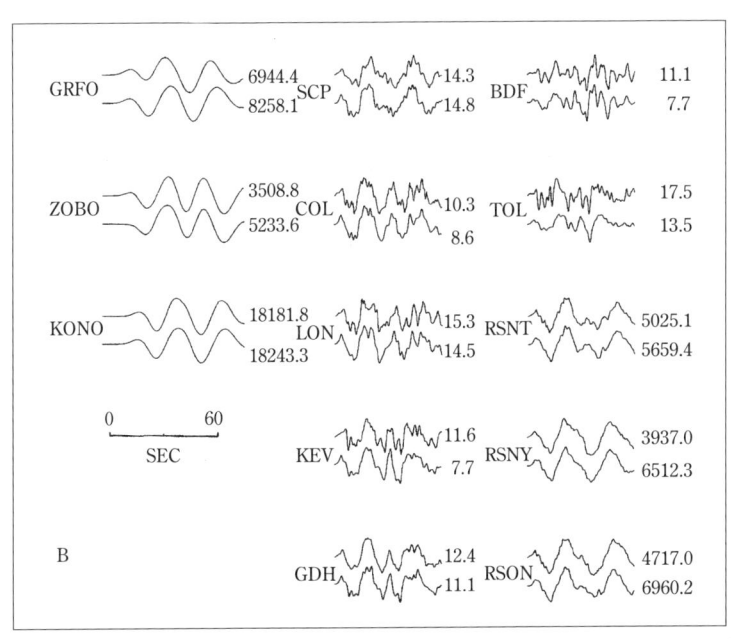

第 2-18 図 B　1985 年 Michoacan 地震の際に遠地観測点で観測された速度波形記録（上）と理論地震波形（下）（©Mendoza & Hartzell, Bull. Seism. Soc. Am., 79, 1989, p. 665）.

第 2 章

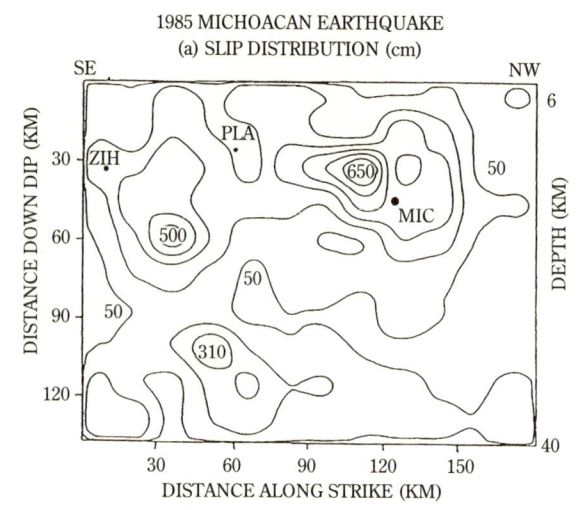

メキシコと近接地域の大地震

第 2-19 図　波形インバージョンから推定された 1985 年 Michoacan 大地震の断層面上のすべり分布（©Mendoza & Hartzell, Bull. Seism. Soc. Am., 79, 1989, p. 664）
（コンターの単位：cm）：MIC がこの地震の破壊開始点で，破壊はここから SE 方向（図の左方向）と断層面下部に伝播した。

また 9 月 21 日に起こった最大余震の Zihuatanejo 地震についても P 波と SH 波から同様な解析が行われ，最大変位 1.7 m と 2.0 m の領域が断層面の内部に認められている（Mendoza, 1993）. このようなすべり分布と破壊進行過程はのちに動的破壊の立場からも詳しく研究された（Mikumo et al., 1988）(4.1.2 章項参照). この後 1986 年 4 月 30 日には第 1 の地震の余震と思われる大きい地震（Mw=6.9）がミチョアカン地域の北東端の深さ 21 km に発生，地震モーメントは 2.0–3.1×10^{19} Nm と見積もられている（Astiz et al., 1987）.

2.6.4　Guerrero-Ometepec（ゲレロ―オメテペック）地域

Guerrero 地域のうち北西側の Michoacan 地方に接する部分は，先に述べた通り，1911 年以来大地震が発生していない地震空白域として認められているが，東南側の Acapulco-San Marcos（サン・マルコス）−Ometepec（オメテペック地域）は活発な地震活動で知られている．なかでも 1890 年（M=7.2），1907 年（Ms=8.0），1937 年（Ms=7.5），1950 年（Ms=7.3），1957 年（Ms=7.2），1962 年（Mw=7.2；6.9），1982 年（Mw=6.9；7.0）の地震（第 2-6 図）が特に大

きい（Nishenko & Singh, 1987a; Gonzalez-Ruis & McNally, 1988）．1962 年と 1982 年の地震はいずれも doublet* 型連発地震として起こっている．これら 7 個の本震の震央位置は当時の観測精度から必ずしも正確ではないが，相対的位置は一応信頼できるものと思われる．これらの余震分布から，1937，1950，1957 年地震の破壊域の海溝に沿った方向の長さはそれぞれ 70-90 km と見積もられており，1957 年地震の場合には Acapulco などで観測された津波の波形データからも裏付けられる（Ortiz et al., 2000）．一方遠地観測点の長周期 P 波からこれらの地震の深さは 15-20 km と推定されており，いずれもココス・プレートの北米プレート下への沈み込みによるものと考えられる．このうち 1937 年と 1950 年地震の破壊域は殆ど重なるため，先の地震が震源域内の最初のアスペリティを破壊し，後の地震が 13 年後に残された第 2 のアスペリティを破壊したと解釈されている．さらに 1937-1982 年の地震はほとんど 1907 年地震の破壊域内の発生しているため，これらの地震はいずれも 1907 年大地震の遅れ破壊とみなすこともでき，ココス・プレートの収束による Ometepec 地域の大地震の再来間隔は 1950-1907 あるいは 1957-1907 と考えるのが妥当と云われている．このことはこれらの地震モーメントが $(0.6-3.3) \times 10^{20}$ Nm の範囲内にあり，その合計が 1907 年地震のモーメント 5.9×10^{20} Nm に近いことからも裏付けられると主張されている（Nishenko & Singh, 1987a）．

　このうち 1982 年の 5 時間を隔てて起こった doublet* 地震（双子地震）については，P 波（Beroza et al., 1984）と表面波（Astiz & Kanamori, 1984）によって震源パラメタが推定されているが，前後 2 つの地震の地震モーメントはいずれも 2.8×10^{19} Nm で，かつ断層面の傾斜，走向，すべり方向はほとんど同じであるにかかわらず，破壊継続時間がそれぞれ 6 秒と 10 秒で有意に異なることが指摘されている．この 1 つの原因としてはストレス状態の変化が挙げられているが，他方それぞれの余震のクラスターの間に隙間があることから地殻構造に不連続が存在するのが原因との解釈もある（Yamamoto et al., 2002）．また先に述べた浅い逆断層型大地震の前にはいずれもやや深い正断層型地震（$M > 6.5$, $h > 60$ km）が先行することが注目される（Gonzalez-Ruis & McNally, 1988）．

　さらに，1957 年震源域と 1950 年震源域の間に 1995 年 Copala（コパーラ）地震（$Mw = 7.3$）が発生した（第 2-6 図）．この地震はメキシコ太平洋沿岸に展開

第2章

メキシコと近接地域の大地震

された加速度計および広帯域地震計の両方の観測網（3.3章および3.4章）で初めて観測された地震である．このためこれらの観測網のデータに，遠地観測点の地震波波形データを加え詳しい震源過程の解析が行われた（Courboulex et al., 1997）．このうち遠地と広帯域地震波の解析には，2つの余震波形を経験的グリーン関数（EGF）*として用いて震源時間関数を推定し，一方，加速度波形には理論的グリーン関数を用いた直接インバージョン法を適用している．この結果，この地震の断層の破壊は深さ16 kmより始まって浅い方向と深い方向の両方へ伝播し，破壊面積は35 km×45 kmに及んだこと，最大のすべり変位は震源の南10 kmの付近で4.1 mに達し，平均変位と応力変化はそれぞれ1.4 mと1 MPa，破壊に要した時間は10-12秒であったことなどが明らかにされた．この地震の発生によって，San Marcos-Ometepec地域は1907年大地震以来ほとんど埋められた形となった．

ここゲレロ地方を中心とした地域では，最近の1998年以降，地震波を発生しない"ゆっくり地震"あるいは"ゆっくりすべり現象*(SSE)"がGPS観測によって発見され（4.5.1章項），これが将来の大地震発生に結びつくのかどうかも現在大きな研究テーマになっており，最後の第4章に詳しく述べることにしたい．

2.6.5　Oaxaca（オアハカ）地域

このOaxaca地域も以前から地震活動の活発な場所として知られており，1800年代にはM>7.4の大地震が1845，1854，1870，1872，1882，1894，1897の各年に起こっている（Singh et al., 1981）．その後も1928年には3月（Ms＝7.5），6月（Ms＝7.7），8月（Ms＝7.4），10月（M＝7.6）の4回の地震が連続して発生，さらに1931年（Ms＝7.6），1965年（Mw＝7.8），1968年（Mw＝7.1），1978年（Mw＝7.8）の各地震が起こった（第2-6図）（Nishenko & Singh, 1987b）．このうちm_b>4の余震分布から1965年地震の震源域はこの地域東部の105 km×46 km，1968年地震の震源域は西部の50 km×82 kmの広い範囲を占め，中央部は暫くの期間空白域として注目されていた地域である（Kelleher et al., 1973; Ohtake et al., 1977）が，その後1978年にここに大地震（Mw＝7.6）が発生した（第2-6図）．その後の詳しい研究（Tajima & McNally, 1983）によれば，1965年地震

2.6 大地震のメカニズム

の領域では本震発生前少なくとも 20 ヶ月間は小地震の活動がなく，1968 年地震の領域では 1 年前から前震タイプの活動が継続し，1978 年地震の震源域では 43 ヶ月間静穏期が継続した後，4 ヶ月前に m_b = 4.7 の小地震が 1 回だけ発生したことが明らかになっており，それぞれ大地震発生前の小地震の活動パターンは異なっている．また長周期表面波の解析（Chael & Stewart, 1982）から，1965 年の地震（Mw = 7.5）の震源の深さは 25 km，断層面の傾斜 14°，地震モーメント 1.7×10^{20} Nm，平均の応力降下量 1.2 MPa，平均すべり量 1 m，一方，1968 年地震（Mw = 7.3）の震源の深さは 21 km，断層面の傾斜 12°，地震モーメント 1.0×10^{20} Nm，平均応力降下量 0.9 MPa，平均すべり量 0.7 m と推定され，いずれもプレート上面の逆断層地震と考えられている．

一方，メキシコ地震観測網と臨時観測から，1978 年地震の余震は東西方向に約 80 km，南北方向に約 65 km の範囲に分布する（第 2-20 図 A）ことが確かめられた（Singh et al., 1980b）．また WWSSN とメキシコ観測網によって得られたメカニズム解（Stewart et al., 1981）は，断層面が北東方向に 14°傾斜し，余震の深さ分布の傾向にほぼ一致する（第 2-20 図 B）ことを示し，この地震もココス・プレートの沈み込みによって発生したことが明らかになった．また P 波や表面波の多くの解析から，1978 年の地震モーメントは $(1.6$-$3.2) \times 10^{20}$ Nm の大きさを持つことも確かめられた（Ward et al., 1980; Reichle et al., 1980; Masters et al., 1980; Stewart et al., 1981; McNally & Minster, 1981; Chael & Stewart, 1982）．その後，WWSSN 観測点 10 個所の P 波波形のインバージョンから断層面内のすべり分布が求められ，破壊出発点付近で最大 7 m に近いすべりと，南東の深い部分に 1.5-2.0 m のすべり集中域があり，2 つのアスペリティが破壊されたことが明らかになり（Mikumo et al., 2002），この地震が比較的単純なメカニズムで発生したことが裏付けられた．その後この地域には現在まで Mw>7 を超える大地震は起こっていない．

第 2 章

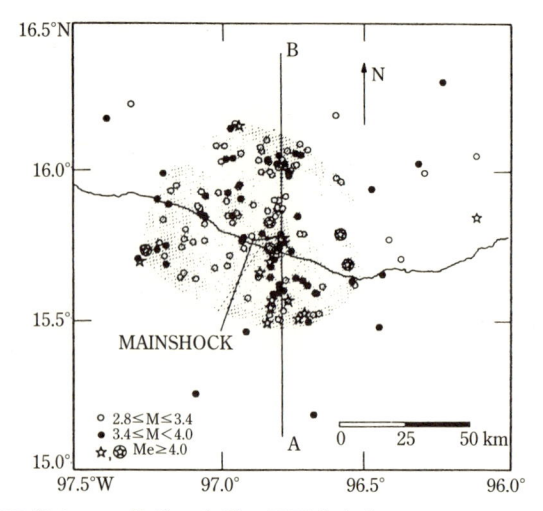

メキシコと近接地域の大地震

第 2-20 図 A　1978 年 Oaxaca 地震の余震の平面分布（©Singh et al., Science, 207, 1980, p. 1211）．

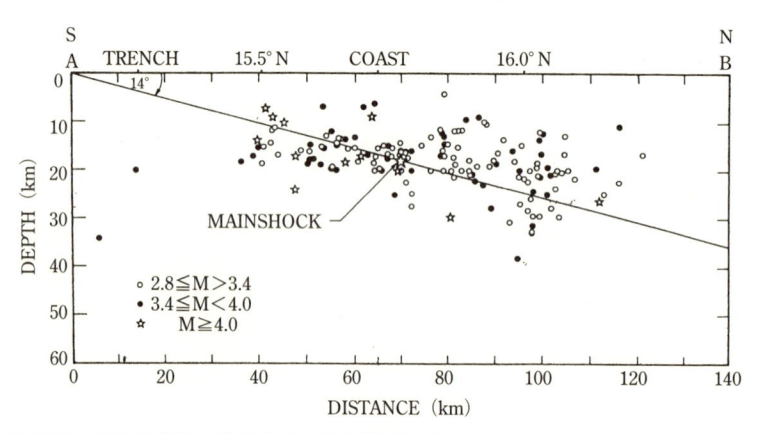

第 2-20 図 B　1978 年地震の余震分布の南北断面図（©Stewert et al., 1981, J. Geophys. Res. 86 (B6), 1981, p. 5059）．

2.6.6　Tehuantepec-Chiapas（テワンテペック—チアパス）地域

　Tehuantepec 海嶺（第 2-6 図右下）が中央アメリカ海溝 MAT と交差する Tehuantepec 地域（94.2°-95.2°W）は，ココス—北米—カリブ海プレートの三重会合点に近く，これまで大きい地震は観測されていないため，この海嶺は

64

もともと地震を起こさない非地震性と考えられていた（Singh et al., 1981）．ただ従来オアハカ東部と考えられてきた1897年地震（M=7.4）は，1928年および1965年地震（前出）の震源域よりかなり東方で震度が大きかったため，このTehuantepecセグメントの一部で発生したことも考えられる（Nishenko & Singh, 1987b）が，この地域が地震空白域である可能性も残っている．これよりさらに東南の地域では，過去に1902, 1903, 1942, 1950, 1970, 1993の各年に比較的大きい地震が発生しているが（White et al., 2004），観測データが少ないこともあり，これらの各地震についての詳しいことは良く分かっていない．

2.6.7 プレート内地震

Michoacan-Oaxaca地域には，沈み込むココス・プレート上面だけでなく，プレート内部にも深さが30 kmを超える大きい地震が起こっており，かなりの被害を生じた場合がある．このうち主な地震を次に挙げた（第2-6図中の星印と第2-27図参照）．

1) 1858年6月Michoacan（ミチョアカン）地震（M～7.7）

地震観測のなかった19世紀のこの地震の正確な震源位置とマグニチュードはよく分かっていないが，当時の詳細な被害記録によればMexico ValleyとMoreliaの内陸部およびColima, Michoacan, Guerreroの沿岸地方各州で，強い震動による教会や家屋の倒壊，破損，地割れなどが報告されており，最大震度は改正メルカリ震度階*のVIII-IXに相当すると推定されている（Singh et al., 1996）．この時の震度分布をその後の大地震の場合と比較した結果，この地震は後に述べる1994年地震に類似する正断層地震ではないかと考えられている．

2) 1931年1月Oaxaca（オアハカ）地震（Ms=7.8, H=40 km）

この地震は太平洋沿岸地方に比較的近い内陸部直下に発生し，Oaxaca州全域に多数の家屋倒壊，地すべりなどの大きい被害を与えたが，沿岸地方の被害は少なかったようである．当時の遠地観測点で観測されたP波の初動分布と波形から推定されたこの地震のメカニズムは，北向きに56°で傾斜する断層面を持ち，地震モーメントは$(2.3-5.0)\times 10^{20}$ Nmと推定されている（Singh et al.,

1985). このことからこの地震は沈み込むココス・プレートの内部に起きた正断層地震と考えられる. この地震と 1928 年に起きた 4 回の Ms＞7.4 の浅い大地震（2.6.5 章項参照）との関係は必ずしも明らかではない.

3) 1973 年 8 月 Orizaba（オリサバ）地震（Mw＝7.0, H＝80 km）

　この地震は海溝からかなり遠くメキシコ湾に近い内陸部に発生し, Orizaba 地方（メキシコ・シティ東方約 170 km, 第 1-5 図）で多数の建物被害を生じたほか, 約 500 名の死者が報告されている. WWSSN 観測網の P 波と表面波のデータから, 震源の深さは約 80 km, 震源メカニズムは down-dip tension 型（張力が下向き傾斜方向に働くタイプ), 地震モーメントは $(3.5-5.7) \times 10^{19}$ Nm と推定されている（Singh & Wyss, 1976）が, いずれの節面が断層面かは明らかになっていない. この地震の余震は観測されなかったようである.

4) 1980 年 10 月 Huajuapan de Leon（ワフアパン・デ・レオン）地震（Mw＝7.0, H＝65 km）

　この地震は Oaxaca 州の内陸部に発生し, 多数の教会, 市役所などの公共建築, 市場, 住宅, ホテルなどの倒壊, 破損など大きい被害を生じ, さらに道路の決壊, 山崩れなどの被害が出たほか, 死者は 53 名と報告されている. 被害は Oaxaca, Puebla, Guerrero の 3 州に及び, この地域の震度は改正メルカリ震度階 VIII, 震央付近の震度は IX に達した. メキシコ地震観測網と WWSSN 観測点のデータから, 震源の深さは約 65 km, 地震モーメントは 3.5×10^{19} Nm と推定されている（Yamamoto et al., 1984）. また地震直後から行われた余震観測によって, 約 300 個の余震の震源が決定された結果, これらの余震は東南東方向に 32 km, これと直交方向に 10 km の範囲に分布している. この余震分布の断面と本震のメカニズムから, この地震は走向 N88°W, 北北東側傾斜 26°の断層面を持つココス・プレート内部の正断層地震と考えられている（Yamamoto et al., 1984）.

5) 1994 年 12 月 Zihuatanejo（シワタネッホ）地震（Mw＝6.6, H＝50 km）

　この地震は海溝より 130 km, 海岸より 30 km 入った Guerrero 州内陸部直

2.6 大地震のメカニズム

下に発生し，Zihuatanejo 市内に若干の被害を生じた．震源の深さは SSN 観測網および広帯域観測網記録の pP-P 時間から 50 km，また遠地地震波形の CMT 解* から down-dip tension 型のメカニズムで，地震モーメントは $1.4×10^{19}$ Nm と推定されている（Cocco et al., 1997）．また近地地震観測網の強震動波形に見られる 2 つの subevents* の時間差から，走向 130°，傾斜 79°の断層面が考えられている．この付近では沈み込むココス・プレートが約 15°の角度からほぼ水平に転じるため，この地震はプレートの底面付近で生じる張力場によって，南西側がすべり落ちた正断層地震との解釈（Cocco et al., 1997）がある一方，走向 313°，東北東傾斜 62°の逆断層型とも考えられている（Quintanar et al., 1999）．

6) 1995 年 10 月 Chiapas（チアパス）地震（Mw=7.2, H=165 km）

この地震は海溝より約 250 km にある Chiapas 州の内陸部に発生し，強震観測網によれば最大 436 gal の加速度を記録した．この地域の観測網で観測された P 波と S 波の到着時刻と波形から震源の深さは約 165 km と推定され，この地域で約 45°の急角度で北東方向へ沈み込むココス・プレート内部に起こった地震と思われる．この地域ではこのような深さの地震が 1927，1945，および 1949 年にも起こっている．Harvard CMT 解によれば，この地震のメカニズムは down-dip tension 型で沈み込むスラブ内のほぼ垂直な正断層によるものと考えられるが，観測された波形から断層の破壊は 3 つの subevents に分かれ，継続時間は約 20 秒，地震モーメントは $5.2×10^{19}$ Nm と見積もられている（Rebollar et al., 1999）．

7) 1997 年 1 月 Michoacan（ミチョアカン）地震（Mw=7.0, H=35 km）

この地震は Michoacan 州の海岸付近で，1985 年 9 月の Michoacan 大地震（2.6.3 章項参照）の震源域直下に発生した（第 2-21 図）．遠地観測点の P 波と SH 波の観測波形と計算波形の比較から，この地震の震源の深さは約 35 km，走向 105°，傾斜 87°の断層面に沿うプレート内部に起こった正断層地震と考えられる．近地の強震観測点 4 点で観測された速度波形のインバージョンから，面積 50 km×30 km の断層面上で破壊が 2.8 km/s の速度で進行し，最大 3 m を超えるすべりを生じたと推定され，応力降下量は 20-28 MPa と見積もられてい

第 2 章

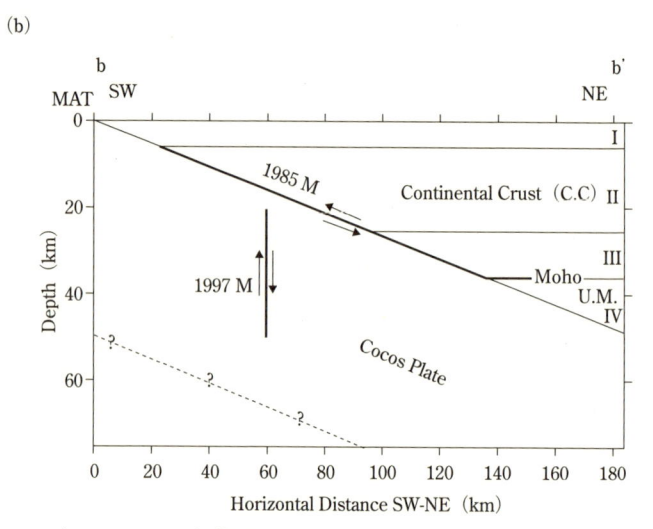

メキシコと近接地域の大地震

(b)

第 2-21 図　1985 年 Michoacan 逆断層型大地震と 1997 年正断層地震の位置（©Mikumo et al., Bull. Seism. Soc. Am., 89, 1999, p. 1419）.

る（Santoyo et al., 2005）．1985 年大地震によってその真下のプレート内部に生じたストレスの増加によって発生した可能性が考えられている（Mikumo et al., 1999）（4.2.3 章項参照）．

7）1999 年 6 月 15 日 Tehuacan（テワカン）地震（Mw＝7.0，H＝68 km）

　この地震は海溝より約 250 km，メキシコ・シティ南東約 200 km の Puebla 州内陸部（第 1-6 図）で，4）の 1980 年地震に近接した場所に発生した．この地震による建築物の被害は Puebla，Oaxaca 両州にまたがり，特に Puebla 市の被害は教会，市役所，病院，学校などにおよび，全壊のほか多数の半壊家屋などが報告されている．震央に近い地方の震度は改正メルカリ震度階で VIII，最も近い強震観測点で記録された最大地動加速度は，上下，水平成分とも 100 gal を超えた．UNAM 地震観測網の観測によれば，震源の深さは約 68 km でプレート内部と考えられ，余震は，4）の 1980 年地震の場合に比べてはるかに少なく僅かに 33 個が観測されたのみである．また近地および遠地観測点の P 波の初動分布と波形解析から，断層の破壊は走向 N64°W，北東側傾斜 42°の断

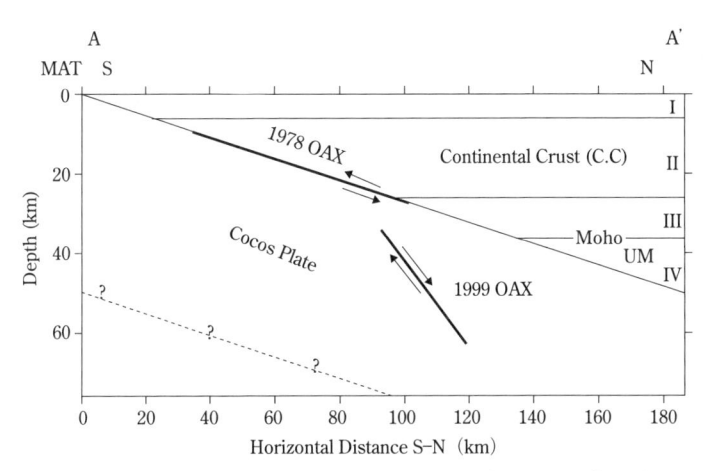

第 2-22 図　1978 年プレート境界 Oaxaca 逆断層地震と 1999 年プレート内正断層地震の位置
（©Mikumo et al., J. Geophys. Res. 107, B1, 2002, ESE5-5）.

層面を持つ正断層と推定されている（Singh et al., 1999a）．また観測波形に記録された 3 つの subevents から，破壊は長さ約 18 km の断層面内を北西方向へ進行した後 73 km の深さで大部分のエネルギーを解放したと考えられ，全体の破壊継続時間は約 10 秒，地震モーメントは 2.0×10^{19} Nm と見積もられている（Yamamoto et al., 2002）．

8）1999 年 9 月 30 日 Oaxaca（オアハカ）地震（Mw=7.5, H=40 km）

　この地震は 7) の 6 月の Tehuacan 地震とは異なり，Oaxaca 州の沿岸直下に発生したが，先の 1931 年地震に比較的近い場所である．この地震による被害は Oaxaca 州に集中し，市内では歴史的建造物，教会のほか，多数のアドベ住宅*（日干し煉瓦で壁を作り支柱がほとんどない住宅）の全壊と半壊が報告されている．震央付近の震度はメルカリ改正震度階で VIII に達し，観測された最大水平加速度は 330 gal を超えた．この地方の数ヶ所の強震観測点と 3 個所の広帯域地震観測点から求められた震源の深さは約 40 km，地震モーメントは $(1.3-2.0) \times 10^{20}$ Nm で，また遠地観測点のインバージョンからは，走向 295°，北北東へ 50-55°で傾斜する節面が断層面とされ，この地震もプレート内部に起こった正断層型地震と考えられる（第 2-22 図）（Singh et al., 1999b）．また観

第 2 章

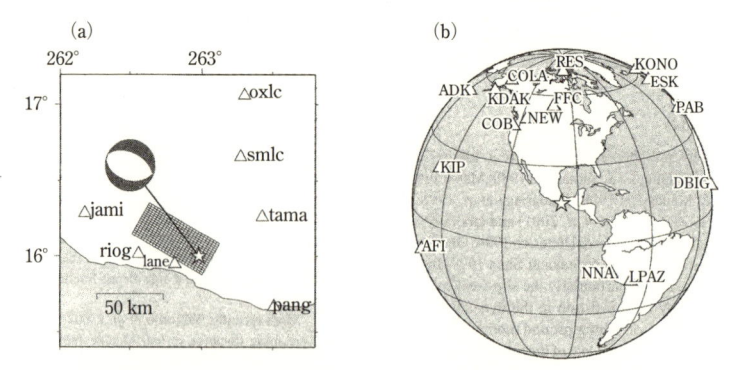

メキシコと近接地域の大地震

第 2-23 図　1999 年 Oaxaca 地震の近地観測点 (a) と遠地観測点 (b) 分布（©Mikumo & Yagi., Geophys. J. Int., 155, 2003, p. 444）.

測された余震の深さは 42 km より浅く，水平方向の拡がりは約 50 km で，これがこの 1999 年地震の破壊面の長さを示すものと思われる.

また一方この地域と周辺の 7 個所の強震観測点で観測された 21 成分波形の非線形インバージョン*から，破壊のライズ・タイムは 1-2 秒，約 3 km/s の速度で東南東から西北西方向へ進行し，断層のすべり量は破壊出発点付近で 1.5 m，これから西北西約 20 km と 40 km 付近で最大 2.5 m に達したとの結果が出されている（Hernandez et al., 2001）.

これに加えて遠地観測点 15 点で観測された観測波形（第 2-24 図）を加えてインバージョンを行った結果，第 2-25 図に示したような断層面内のすべり分布が得られた．これから深さ 38 km と 52 km の間に最大 2.3 m のすべりがあり，さらに 53 km と 60 km の間にもかなり大きいすべりが見られ，もう 1 つは破壊開始点（震源）付近にも大きいすべり個所が見られる．断層面は 36°-40°で傾斜する正断層を示し，地震モーメントは $(1.3-2.0) \times 10^{20}$ Nm と見積もられている（Mikumo & Yagi, 2003）.

上に述べたプレート内部の正断層型地震 2)-8) の位置は第 2-27 図にも示されているが，このうち，1931 年 Oaxaca 地震，1994 年 Zihuatanejo 地震，1997 年 Michoacan 地震，1999 年 Oaxaca 地震は，いずれもその数年から 20 年前に発生した浅い逆断層地震の震源域の直下あるいは断層面の下端に近いプレート内部に発生しており，これら 2 つのタイプの地震の間に何等かの応力伝播*が

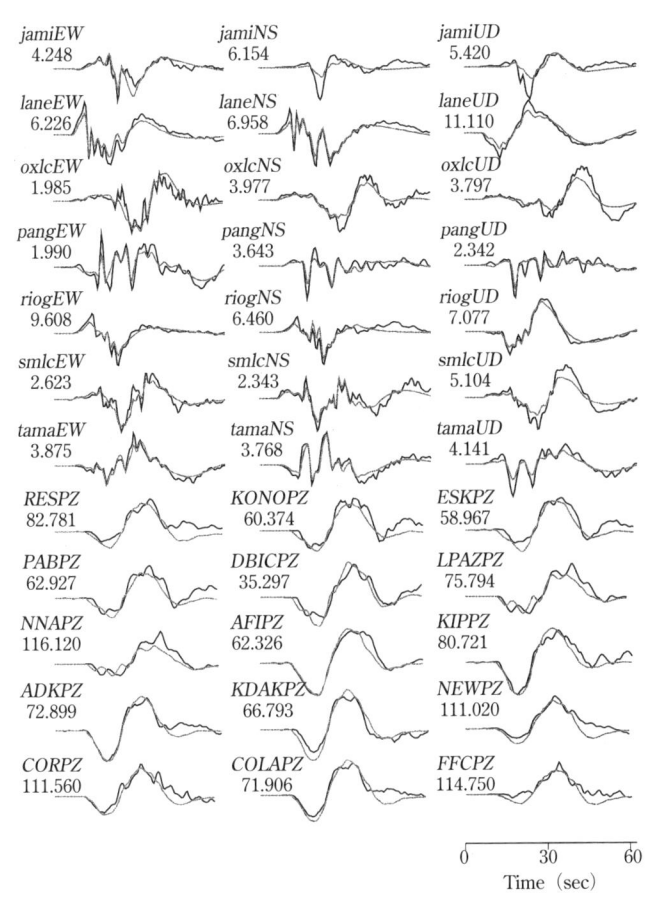

jamiEW 4.248	jamiNS 6.154	jamiUD 5.420
laneEW 6.226	laneNS 6.958	laneUD 11.110
oxlcEW 1.985	oxlcNS 3.977	oxlcUD 3.797
pangEW 1.990	pangNS 3.643	pangUD 2.342
riogEW 9.608	riogNS 6.460	riogUD 7.077
smlcEW 2.623	smlcNS 2.343	smlcUD 5.104
tamaEW 3.875	tamaNS 3.768	tamaUD 4.141
RESPZ 82.781	KONOPZ 60.374	ESKPZ 58.967
PABPZ 62.927	DBICPZ 35.297	LPAZPZ 75.794
NNAPZ 116.120	AFIPZ 62.326	KIPPZ 80.721
ADKPZ 72.899	KDAKPZ 66.793	NEWPZ 111.020
CORPZ 111.560	COLAPZ 71.906	FFCPZ 114.750

0 30 60
Time (sec)

第2-24図 1999年Oaxaca地震の近地観測点（第2-23図(a)）での観測波形（上7列）および遠地観測点（第2-23図(b)）での測測波形（下5列）と，それぞれに対応する理論波形（©Mikumo & Yagi, Geophys. J. Int., 155, 2003, p. 446）．

関係している可能性が考えられる．これについては，研究ノート4.2.3章項で議論する．

2.7 沈み込むプレートの形状

メキシコ西南沖の中央アメリカ海溝から内陸部へ向かって沈み込むプレー

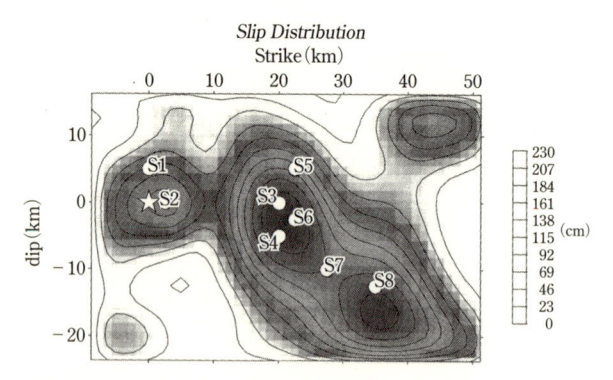

第2章
メキシコと近接地域の大地震

第2-25図　断層面内のすべり分布（©Mikumo & Yagi., Geophys. J. Int., 155, 2003, p. 447）.

トあるいは地震のWadati-Benioff zone*（深発地震帯）の形については，観測された地震の震源精度の問題もあって，比較的最近まであまり明らかではなく，1985年に到って初めてその推定が試みられた（LeFevre & McNally, 1985）．この研究ではメキシコ北西部のJalisco地域から南東のGuatemalaまでをいくつかの地域に分け，各地域に起こった地震の深さ分布とメカニズムを調べた結果，海溝から内陸部へ100-150 kmの範囲では浅い逆断層型地震が多く，200 kmより内陸側では深さが60 km程度の正断層型地震が多いことと，Tehuantepec海嶺を境に深さ分布が変化していることなどが述べられている．たださらに精度の良い地震を選んだ結果，この中央部では最初の沈み込み角度は約15°で，その後，海溝から110-275 kmの範囲ではプレートは深さ約50 kmでほぼ水平となり（Suárez et al., 1990; Singh & Pardo, 1993），またこの上の大陸プレートの下面付近では張力が働いていること，さらにココス・プレートの東南部（Ponce et al., 1992）と西北部（Pardo & Suárez, 1993）に向かって，プレートの沈み込みが急角度に変化していることなどが明らかにされた．

　この後さらにPardo & Suárez（1995）は，この地域に起こった約3000の地震のうち震源精度が一定の条件を充たすm_b>4.5の1100個を選んでJoint Hypocenter Determination（JHD）法*によって震源を再決定し，最終的に207個の信頼できる震源のみを選択した．一方，Global Digital Seismograph Network（GDSN）とWorld-Wide Standardized Seismograph Network（WWSSN）で記録された地震（5.0<m_b<6.1）の長周期地震波P，SV，SHの波形インバー

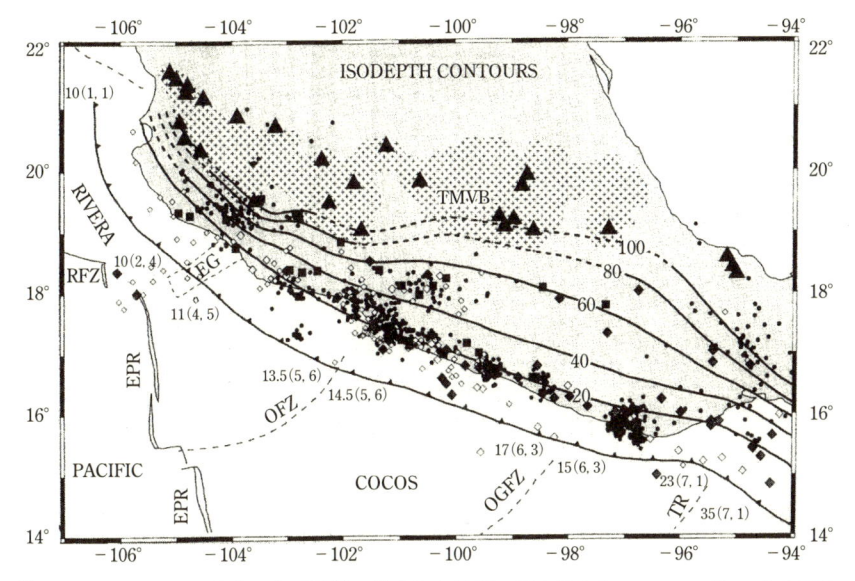

第 2-26 図　メキシコ南部の太平洋岸に発生した地震の深さ分布とココス・プレート上面の等深線（©Pardo & Suárez, J. Geophys. Res., 100, 1995, p. 12, 363）
三角印は TMVB の中の火山群．海溝上の数字はココス・プレートの年代（m. y.）と収束速度（cm/y）を示す．

ジョンによってメカニズムを決定した．第 2-26 図に地震の平面分布と等深線を，また第 2-27 図にはこれから推定される各地域毎のココス・プレートの形状と地震の深さ分布（Kostoglodov & Pacheco, 1999）を示した．ただ第 2-27 図のプレートの下面の位置（したがってプレートの厚さ）は正確ではなく，模式的に示されたものである．第 2-27 図 B の Guerrero 地域断面のうち，海岸線から右へ約 260 km の部分のさらに詳細な構造は第 2-29 図に示されている．

　これらの解析から明らかになったのは，1）プレートの沈み込み角度は 30 km の深さまではほぼ 15°〜30°で一定（A-D），2）リヴェーラ・プレートは西側の Jalisco 地域（A）で北米プレートの下へ，ココス・プレートは南側（D）では中央アメリカのカリブ海プレートの下へ，いずれもかなりの急角度で沈み込んでいること，3）Michoacan 地域ではココス・プレートの傾斜角は東南に向けて次第に緩やかになること，4）Orozco（OFZ），O'Gorman（OGFZ）両断裂帯に挟まれた中央部の Guerrero-Oaxaca 地域（B-C）では，ココス・プレー

第2章

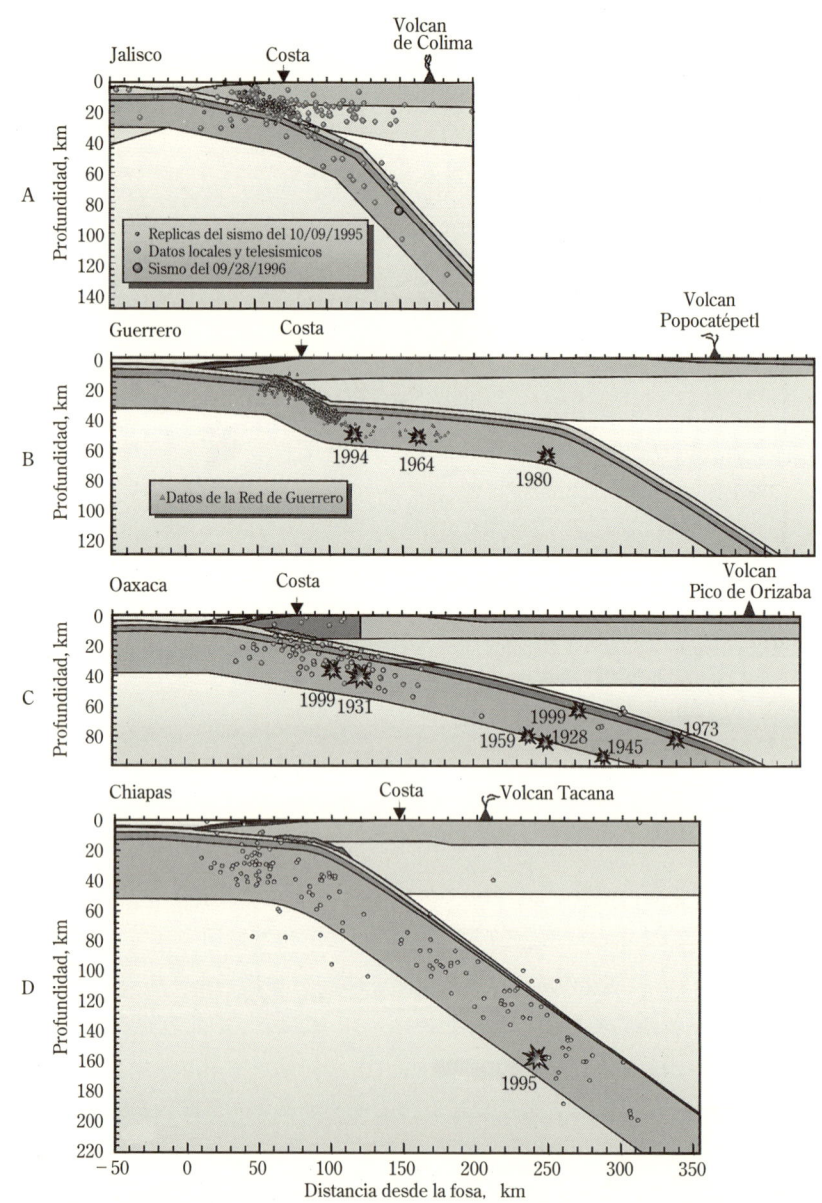

メキシコと近接地域の大地震

第2-27図　沈み込むココス・プレートの断面の模式図と地震の深さ分布（©Kostoglodov & Pacheco, UNAM, 1999）

　上からA：Jalisco地域，B：Guerrero地域，C：Oaxaca地域，D：Chiapas地域の各断面を示す．

トはほぼ水平になり，海溝から 250 km まで伸びること，5）東南部の Oaxaca 南部から Chiapas 地域（D）では，プレートの沈み込み角度は次第に急になり，中央アメリカ下の急角度に連なること，などである．プレートが沈み込こんでいる深さと角度は，プレートの年代や収束速度，海溝沿いの海底地形のいずれにも関係は見られない．また 80-100 km の地震の等深線はメキシコ横断火山帯（TMVB）の南端に沿っており，TMVB がプレートの沈み込みに影響を受けていることを示している．さらに TMVB が中央アメリカ海溝（MAT）と平行しないことは，Rivera, Cocos 両プレートの次第に変化する形状によることも明らかである．

MASE Experiment

　上に述べた沈み込むプレート上面の形状は，震源の深さ分布やメカニズムなどから推定したもので，この地域の地殻—上部マントル中の地震波の速度分布にもとづくプレートの正確な形状ではない．これは従来詳細な速度分布の解析を行えるほど地震波走時の観測精度が十分ではなかったためである．

　最近の 2005 年になって UNAM（メキシコ国立自治大学）とアメリカの Caltech および UCLA の 3 大学の地震研究グループは共同で MASE Meso-America Subduction Experiment（中央アメリカ・プレート沈み込み帯実験計画）と称する観測計画を立ち上げた．これは太平洋岸の Acapulco からメキシコ市を通り，さら東側のメキシコ湾に近い Tempoal（テムポアール）へ南北方向に伸びる約 550 km の観測線上に，ほぼ 5 km 毎に 100 点の広帯域地震計を設置し（第 2-28 図），2007 年までの 2 年間に亘って太平洋岸を含む世界各地に起こった遠地地震の長期連続観測を行って，沈み込むココス・プレートの詳細な構造を明らかにしようとしたものである（Clayton et al., 2007）．

　ここで地殻—上部マントル構造の解析には，多数の遠地地震波形に対して Receiver Function Method* と呼ばれる方法が適用された．この方法は観測された水平成分の波形と上下成分の波形のスペクトルの比を採ることによって震源の影響を取り去り，地殻や上部マントル構造だけの情報を抽出することを目的とするものである．

　この結果，太平洋岸に近い南部地域の下では最初やや低角度で沈み込むス

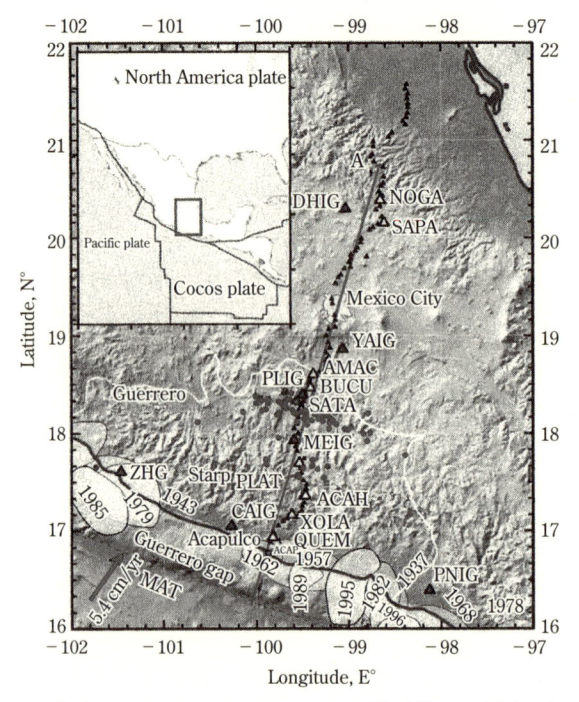

第 2-28 図　MASE 中央アメリカ・プロジェクト測線（線上の黒丸：観測点）（©Pérez-Campos et al., Geophys. Res. Lett., 35, 2008, p. 1）

ラブがあり，中部ではプレートは約 250 km の間ほぼ水平に連続し，また下部地殻とスラブの間に厚さ約 10 km の低速度層が存在することが確かめられた．この層は粘性の低い部分と考えられており，これよりさらに北側では大陸地殻とマントル・ウェッジの間に明瞭なモホ面が見出されている（Pérez-Campos et al., 2008）．さらに多数の遠地地震の 8864 個の走時データを用い 50–650 km の深さに対して 3 次元トモグラフィ解析*（多数の地震波の観測された走時をインバージョンすることにより内部の速度構造を求める方法）を行った結果，このプレートは太平洋岸から約 250 km にある TMVB 火山帯のすぐ南側から，75°の急角度で深さ 500–550 km まで沈み込んでいることが初めて明らかになった（Husker & Davis, 2009）（第 2-29 図）．このうち Guerrero 地域下では，海岸からの距離が 250 km より右側の陸側で，プレートはこの断面に示された角度より

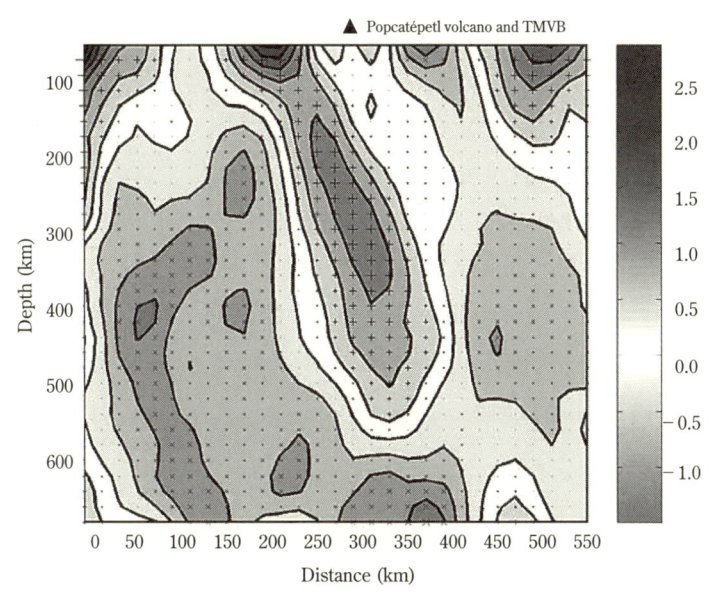

2.8 メキシコに隣接する中米地域の大地震

第 2-29 図 トモグラフィ解析によるメキシコ中部のマントル構造の断面（©Husker & Davis, J. Geophys. Res. 113, B04306, 2009, p. 4）
中央部が速度の速い部分で，沈み込むプレートに相当し，その両側の部分はやや速度の遅い部分を示す．この図は第 2-27 図 B の Guerrero 地域断面のうち，海岸線から右へ約 260 km の部分の詳細な構造を示す．TMVB の Popocatépetl 火山は沈み込むプレートが約 150-200 km の深さの上に位置する．（口絵 7 参照）

さらに急角度で沈み込んでいることになり，この部分では全く地震が発生していないと云われている．いずれにしてもこの最近の結果は，メキシコ中部へ沈み込むココス・プレートの運動，TMVB の成因や地震発生との関係に重要な示唆を与えるものである．TMVB の Popocatepetl 火山が，沈み込むプレートの約 150〜200 km の深さの真上に位置することは，日本列島などのプレート沈み込み帯と火山の位置と同様な関係にあることが注目される．

2.8　メキシコに隣接する中米地域の大地震

中米地域の太平洋岸には，中央アメリカ海溝（MAT）がメキシコ西方沖から東南へ伸び，Cocos 海嶺と会合する Costa Rica（コスタ・リカ）南部沖沿岸まで約 3000 km にわたって存在し（第 1-6 図），ここでこの海溝は Panama ブロッ

第2章

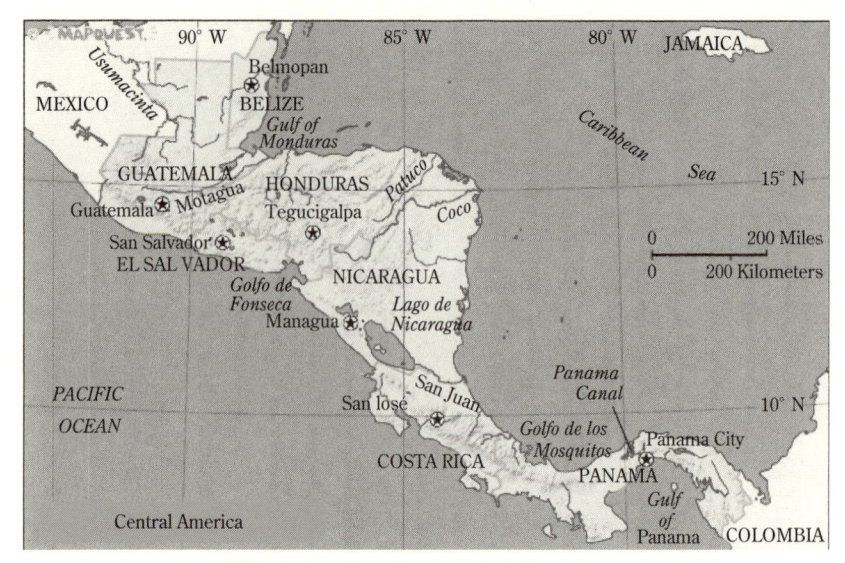

メキシコと近接地域の大地震

第 2-30 図　中米地域地図（Google による）.

クと衝突していると考えられている（Arroyo et al., 2003）．この地域（第 2-30 図参照）の Guatemala（グアテマラ）— El Salvador（エル・サルヴァドール）— Nicaragua（ニカラグア）— Costa Rica（コスタ・リカ）では，メキシコの場合と同様，ココス・プレートの沈み込みによって大きい逆断層型地震と，プレート内部の地震が発生している．

(1) Guatemala（グアテマラ）

メキシコのすぐ東南に隣接する Guatemala では以前から多くの大地震が発生しており，1516 年以降の地震については Rose et al.（2008），1888-1995 年の地震については Ambrasseys & Adams（2001）に詳述されている．このうち 1717 年地震は当時の中米の首都であった Antigua（アンティグア）で改正メルカリ震度 MM-IX に達し，多数の教会や寺院を含む約 3000 の建物が崩壊する被害を受けた．この地震のマグニチュードは現在 $Mw = 7.4$ と推定されている．次いで 1773 年にも Antigua 付近を震央とする大地震が発生，さらに近年の 1942 年にはグアテマラ西部に $Mw = 7.5$ の浅い地殻内地震が起こっている．

最近では 1976 年に $Mw = 7.6$ の地震が Guatemala City 北西 160 km に発生，

2.8 メキシコに隣接する中米地域の大地震

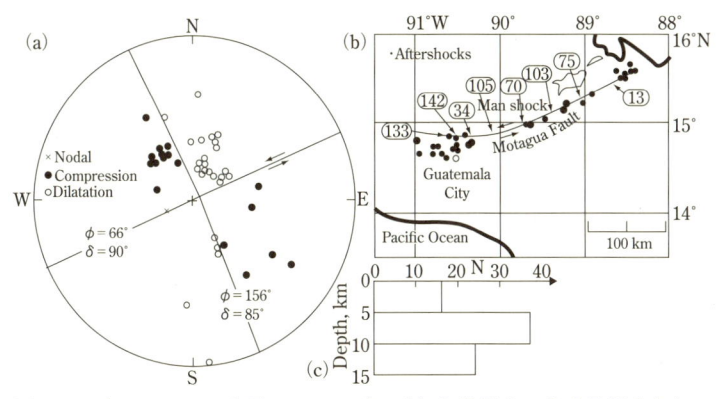

第 2-31 図　1976 年 Guatemala 地震のメカニズム (a) と進行する多重震源 (b) (©Kanamori & Stewart, J. Geophys. Res. 83 (B7), 1978, p. 3428).

死者は 23,000 人を超え，郊外の adobe（アドベ）住宅はほとんど全壊という大きな被害を生じた．地震後の USGS アメリカ地質調査所による現地調査によれば，市北西 25 km に東西方向に約 160 km にわたって Honduras（ホンデュラス）湾に近い Puerto Barrios（プエルト・バリオス）まで伸びる Motagua（モタグア）断層に沿う地形のずれと，市の西方 10 km にこれとほぼ直交する 16 km にわたる Mixco（ミスコ）断層のずれが発見された．この両断層の動きがこの地震によって大きい被害を生じた原因と考えられる．Motagua 断層は北米プレートとカリブ海プレートの境界のトランスフォーム断層と考えられている．一方，遠地観測点の実体波（第 2-31 図）と表面波の解析（第 2-32 図）(Kanamori & Stewart, 1978) からは，約 250 km の長さの断層に沿って破壊が両方向に進行し，地震モーメントは 2.6×10^{20} Nm，断層の深さを 15 km と考えると，平均の断層変位量は 2 m に達すると見積もられており，これは地表で見られた断層変位の約 2 倍になる．さらに実体波の波形から，この破壊の進行は一様ではなく，10 個にも及ぶ sub-events が次々に破壊した multiple shock（多重震源）* とみなされている．さらにこの後，太平洋側では 2007 年に Mw＝6.5 の中規模地震が発生したが，被害は報告されていない．

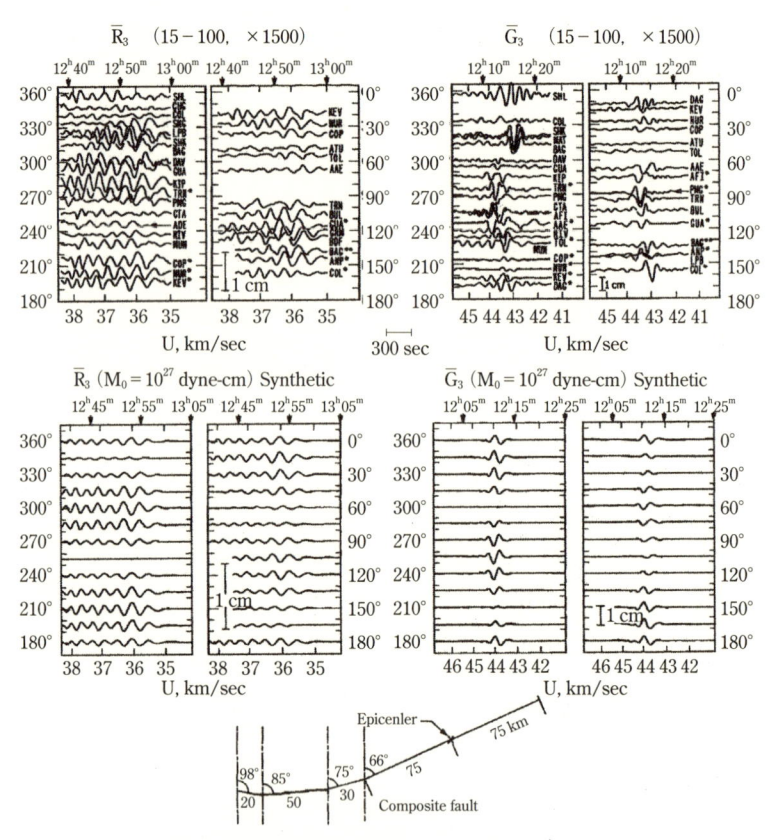

第 2-32 図　1976 年 Guatemala 地震の際に観測された表面波 R_3（レイリー波）および G_3（ラブ波）（上）と対応する理論波形（下）（©Kanamori & Stewart, J. Geophys. Res. 83 (B7), 1978, p. 3429）．R_3，G_3^* は用語の説明の項参照．

(2) Honduras（ホンデュラス）

　ここでは近年には 1999 年に Mw＝6.7 の地震と，2009 年に Mw＝7.3 の地震が起こっている．後の地震の際にはホンデュラス北部地方で若干の被害を生じた．2 つの地震はいずれもカリブ海の沿岸と海中の浅い場所に発生している．2009 年の地震は北米プレートとカリブ海プレートの境界の Swan Island トランスフォーム断層上に発生したもので，この境界での年間の変位速度は 20 mm/y と見積もられている．

2.8 メキシコに隣接する中米地域の大地震

第 2-33 図　2001 年 1 月の El Salvador 地震（Mw＝7.6）によって首都 San Salvador 市街地に生じた大規模地滑り（©USGS, 2001）.

(3) El Salvador（エル・サルヴァドール）

　1982 年に太平洋岸で Mw＝7.3 の地震が深さ約 63 km に発生し，首都 San Salvador（サン・サルヴァドール）で若干の被害を生じた．この地震は沈み込むココス・プレート内部のやや深い場所で発生したため，陸上での被害はあまり大きくなく終わった（Lara, 1983）．遠地観測点で観測された地震波の解析（Lay et al., 1982）では，この地震は正断層型で，地震モーメントは 1.6×10^{20} Nm と見積もられている．

　2001 年 1 月 13 日には Mw＝7.6 の大地震が深さ約 60 km の太平洋岸に発生し，内陸部で，死者 866，負傷者 4,723，家屋崩壊 10 万以上，建築物の損害 15 万以上，地すべり 16,000 個所以上という大きい被害を生じた（Rolland et al., 2002; Rose et al., 2008）．第 2-33 図は市街地で生じた大規模地滑りの様子を示す．この地震は 1982 年地震と同様，沈み込むココス・プレート内部で起こったやや深い正断層型地震で，この後 20 日間に 2,500 回以上の余震が発生し，被害

第2章
メキシコと近接地域の大地震

がさらに拡大した．これから1ヶ月後の2月13日にはMw＝6.6の地震がSan Salvadorの東方30 kmの，深さ10 kmの浅い地殻内に起こった．これはココス・プレートの上に乗るカリブ海プレートの内部に起こった横ずれ型断層の地震である．この2番目の地震でも死者315, 負傷者3,400の他，家屋の損害や地すべりなどの被害を生じた．

このほとんど連続して起こった2つの大きい地震は，発生したプレートも異なり約85 km離れ，深さも30 km以上異なるが，先のプレート内の地震によるストレス変化が次の浅い地震の発生を誘発した可能性も考えられる．

(4) Nicaragua（ニカラグア）

Nicaraguaは中米火山帯の中に位置し，ココス・プレートがカリブ海プレートの下へ沈み込む真上にあるため，記録に残っている限りでも1884年以降9回の大・中地震が発生しており，近年では1931年と1968年にも起こっている．1982年には首都Managua（マナグア）の直下深さ5 kmにMw＝6.2の地震が発生，また1時間以内にM5.0と5.2の2回の余震が起こり，このため死者約5000, 負傷者20,000, 多数の建物が崩壊または半壊という大きい被害を生じた(Lara, 1983)．Managua付近の下ではココス・プレートは東北へ向かって45°の角度で約150 kmの深さまで沈み込んでいるが，震源が極めて浅いため，この地震はむしろカリブ海プレートの南西端付近の歪集中によるものと考えられている．震源域の真上の地表には少なくとも4本の断層が認められ，いずれも北東方向で左横ずれ成分の変位を持つことが確認された．一方，余震のデータからはこのうち1つの断層は深さ8-10 kmに達し，Managua cityの北東約6 kmまで伸びていることが分かった (USGS)．

1992年にはMw＝7.6のさらに大きい地震が太平洋岸の浅い場所に発生し，少なくとも死者116, 行方不明68, 家屋倒壊13,000以上の被害を生じた．ニカラグアの殆どの沿岸地方では地震による震動は弱く，これら被害の大部分は西岸へ来襲した津波によるものである．津波の波高が最大10 mに達した場所や，海岸から1000 mの内陸まで及んだ場所も報告されている．この津波は太平洋のイースター島や，ハワイの他，メキシコや南米エクアドール (1.1 m)やチリまで達した (USGS)．またこの地震の余震は海溝軸に沿い200 km×100

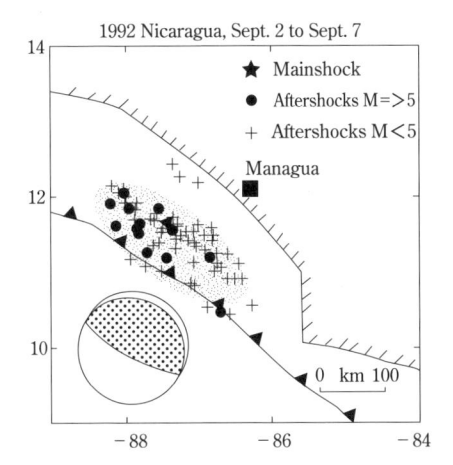

2.8 メキシコに隣接する中米地域の大地震

第 2-34 図　1992 年 Nicaragua 地震の震源域，本震のメカニズムと余震分布（©Kanamori & Kikuchi, Nature, 361, 1993, p. 715）．

km の範囲に及んだ（第 2-34 図）．

　この地震の際に IRIS 観測点 11 個所で記録された長周期（～250s）表面波によるマグニチュード M_w は 7.6 に達したが，20 秒表面波によるマグニチュード M_s は 7.0 で，この大きい差は津波地震*の特徴とも云える（Kanamori & Kikuchi, 1993）．これまで日本の 1896 年三陸，1946 年アリューシャン，1960 年 Peru 地震など，津波を発生させた大地震が起こっているが，今回の 1992 年 Nicaragua 地震は近代的広帯域地震観測網によって捉えられた初めての津波地震といえる．表面波の波形解析から震源時間関数したがって破壊継続時間は約 100 秒にも達し，断層の傾斜は 16°で，走向が中央アメリカ海溝にほぼ平行であることなどが明らかになり，この地震は沈み込むココス・プレートとカリブ海プレートの境界面で発生したゆっくりしたすべりの逆断層地震であったと考えられている（Kanamori & Kikuchi, 1993; Ide et al., 1993）．津波地震発生のメカニズムとしては，1 つはプレートの沈み込みに伴って上盤側の堆積層の上に付加されていたプリズム状の付加体*（accretionary prism）（第 2-35 図左）がすべり落ちた可能性のある 1896 年三陸地震のような場合，もう 1 つの原因はプレート上面に存在する柔らかい堆積物（subducted sediment）がプレートの沈みこみと共にそのまま沈み込む場合（第 2-35 図右）が考えられ，今回の 1972 年地

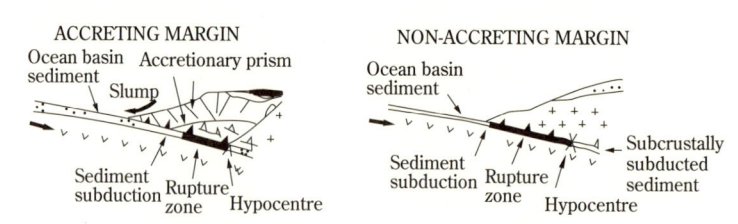

第2-35図　海溝付近の深海堆積層の2つの形態（©Kanamori & Kikuchi, Nature, 361, 1993, p. 716）．左側：プレート上盤側にプリズム状付加体*，右側：プレート上面に堆積物の存在を想定している．

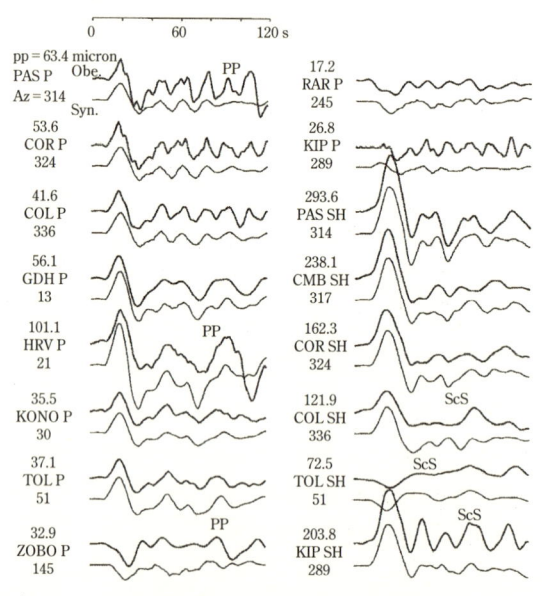

第2-36図　1992年Nicaragua地震の際に観測された長周期P波とSH波の変位波形（上）とモデルによる理論波形（下）（©Kikuchi & Kanamori, PAGEOPH, 144, 1995, Nos. 3/4, p. 650）．
例えば第2-24図と比較すると長周期P波が卓越していることが分かる．

震のメカニズムは後の場合に相当すると解釈されている（Kanamori & Kikuchi, 1993）．

　一方，長周期のP波とSH波の解析からも，地震モーメントはMo＝(3.0～3.4)×10^{20} Nm，破壊はNW方向には1.5-2.2 km/s，SE方向には1.0-1.8 km/sの速度で両方向に進行して，全破壊時間は100～110 sに達したと推定されて

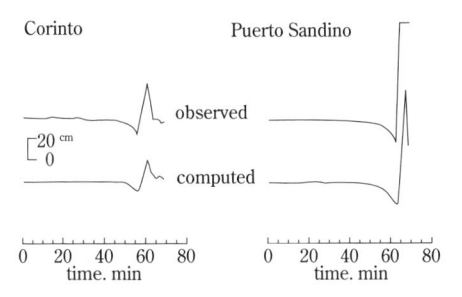

第 2-37 図　沿岸 2 個所で観測された津波波形（observed: 上）と理論波形（computed: 下）
（©Satake, Geophys. Res. Lett., 21(23), 1994, p. 2521）．

いる（Ide et al., 1993; Kikuchi & Kanamori, 1995）．また観測波形には 36 秒後と 79 秒後に 2 つの subevents が記録されており，これらは最初の破壊から北西（NW）方向へ 80 km，南東（SE）方向へ 120 km 隔たったところで起こったものと考えられる．

　上の両方向への破壊進行のパターンは，小地震を経験的グリーン関数*（RSTF）として用いた解析（Velasco et al., 1994）からも確認されている．さらに余震発生面積の長さ 200 km と幅 100 km を考慮すると，本震破壊時の断層の平均すべり変位は 0.5 m，応力降下量は 0.26 MPa（2.6 バール）と非常に小さい値となる（Ide et al., 1993）．この見積もりは断層面積に依存するが，断層の長さと幅の見積もりがやや小さい場合（Kikuchi & Kanamori, 1995）には上の 2-3 倍の大きさになり，いずれにしてもプレート沈み込み帯で起こった通常の逆断層地震の場合に比べて異常に小さい値で，この津波地震の特徴を示すものと云える．

　一方，沿岸 2 個所での津波の観測波形（第 2-37 図）とモデルによる計算波形の比較からは，断層面の幅は 40 km，長さ 250 km と見積もられており，余震分布の幅よりかなり狭く，かつその分布の長さより多少長く，平均変位量は 3 m と推定されている（Satake, 1994）．この変位量が地震波観測による見積もりとかなりの差があるのは，主として断層面積の見積もりの差によるものと考えられ，津波の波源の幅が傾斜する断層面の浅い部分に想定されてやや小さく見積もられていることと，一方では余震が実際に破壊した断層の長さより外側にも分布することにより，面積がやや大きく見積もられているためと思われる．同様な試みは余震面積をもとに，沿岸数ヶ所の津波観測点での波高との比較か

第 2 章

メキシコと近接地域の大地震

らも試みられた (Imamura et al., 1993).

　なおこの後 2004 年には Mw＝7.0 の地震が Managua 西方 85 km の海岸地方の深さ 35 km に発生，また 2005 年にも Mw＝6.6 の地震が約 27 km の深さに起こっているが，被害などの詳細は報告されていない．

(5) Costa Rica (コスタ・リカ)

　中央アメリカ海溝の終端に近い Costa Rica 地域でも，ココス・プレートの沈み込みによる大きい地震が発生しており，1882 年と 1916 年には M＞6.9 を超える地震が起こっている．最近では 1991 年に Mw＝7.6 に達する Valle de la Estrella (ヴァジェ・デ・ラ・エストレージャ) 大地震がコスタ・リカ西部太平洋岸の Limon-Pandora (リモン―パンドラ) 地方の深さ約 20 km に発生し，死者 75，負傷 563，家屋全壊 9,800 の被害を生じた．また 2 m に及ぶ津波が海岸地方各地で観測された．カリブ海沿岸の震央に近い Limon 地域では地面が 1.5 m 隆起し，土砂の噴出や液状化現象*，地面の亀裂などがあった (Jacob, 1991). 余震の発生は 45 km×85 km の範囲に及び，この分布から断層面は北西へ浅く傾斜していることが分かるが，この他にも東部の地殻内の重なり合った逆断層や横ずれ断層にも 2 次的余震を誘発している．この地震の際に観測された広帯域 P 波と長周期表面波の解析から，傾斜角 17°，走向 102°で中心の深さが 10-20 km にある断層面が明らかになり，地震モーメントは 3.8×10^{20} Nm と見積もられている (Goes et al., 1993). 一方 GPS 観測から推定された断層モデルは 58 km×49 km の大きさで最大変位 2.4 m の値が推定されている (Lundgren et al., 1993). これらの観測からこの地震は North Panama Deformed Belt (NPDB) 北パナマ変動帯の北端で，カリブ海プレートがパナマ・ブロックの下へ沈み込むために起こった逆断層地震と考えられることもある (Protti & Schwartz, 1994). またカリブ海沿いの地震モーメントの積算からは平均のすべり率は年間 0.8 cm/y と見積もられる．したがって GPS 観測から得られるココス―カリブ海プレート間の年間 9.8 cm/y に及ぶ相対運動の大部分は，背弧側*の浅い地殻内の短縮を伴う変動で吸収されていると解釈されている (Suárez et al., 1991). また 1999 年には Osa (オサ) 半島北西で Mw＝6.9 の逆断層型地震が発生，種々のメカニズムを持つ余震が多数観測されたが，これらはパナマ断裂帯中の

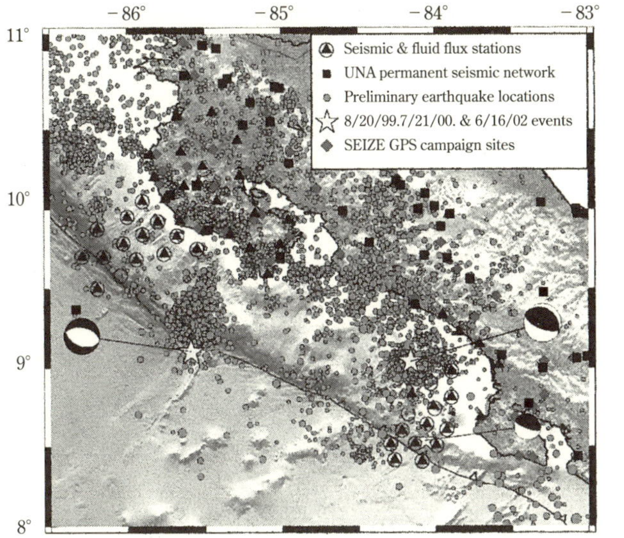

2.8 メキシコに隣接する中米地域の大地震

CRSEIZE Experiment

第 2-38 図　Costa Rica の Nicoya 半島沖の CRSEIZE 計画による地震観測（©Schwartz et al., American Geophysical Union, 2002, S71C11045）

海山と Quepos Plateau（クエポス平原）の沈み込みによるものと考えられている（Bilek et al., 2003）．この後 2004 年に Mw＝6.4 および 2009 年に Mw＝6.1 の浅い地震が San Jose から約 40 km の内陸部に発生した．

　1991-92 年には Costa Rica Seismogenic Zone Experiment（CRSEIZE）と称するアメリカ・グループを中心とする大規模な地震観測が Nicoya 半島を中心とする地域で行われ，6 ヶ月間にわたって 34 点のネットワーク観測点と 14 点の海底地震計（第 2-38 図）．さらに 20 点の通常観測点で観測された 6,000 個の地震のうち 650 個を解析して震源分布や速度構造の研究が行われた（Schwartz et al., 2002）．この結果，震源分布から沈み込むココス・プレートとこの上のカリブ海プレートの間の浅い境界面が明らかになるとともに，Cocos, Nazca 両プレートの会合点（CNS）から東太平洋海嶺（EPR）へ移る付近で，この境界面が急激に浅くなることが示された．また海溝から 73-100 km にある Nicoya 半島の南側では，震源は深さ 12-26 km の浅い部分に分布する（第 2-39 図）（Dixon

第 2 章

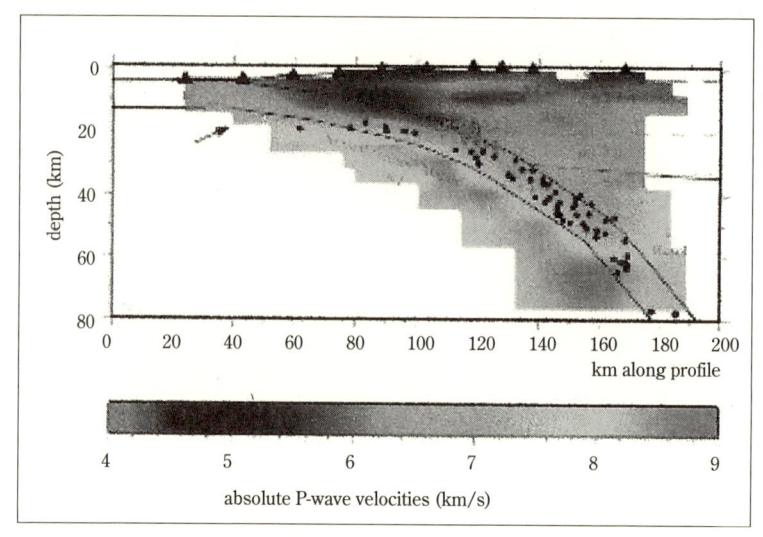

メキシコと近接地域の大地震

第 2-39 図　Costa Rica の Nicoya 半島付近の P 波トモグラフィによる地殻構造断面図（©Dixon et al., American Geophysical Union, 2004, S51B0157）
約 70 km の深さまでプレートの沈み込みが見える．

et al., 2004) することも明らかになった．一方，Cocos 海嶺がパナマ・ブロックの下へ沈み込む南側の Osa 半島の下では，最近の観測によって海溝から 50-55°の急角度で 67 km の深さまで沈み込むプレートが認められ，この上のパナマ・ブロックでは深さ 40 km まで異常に深い地殻内地震が存在すること (Arroyo et al., 2003) なども明らかにされている．

2.9　メキシコ東方のカリブ海北辺地域

メキシコ東方に近接する Caribbean plate（カリブ海プレート）は，北側を北米プレート，南側を南米プレート，西側を Cocos および Nazca プレートに接しているが，このうち北側の北米プレートとの境界は年間約 20 mm/y の左横ずれ運動が卓越するトランスフォーム断層とみなされている．この境界は西側の Guatemala の Motagua 断層から Honduras を経て Cayman trough（カイマン海溝），Jamaica, Cuba（キューバ）南東，Hispanôla（イスパニョーラ）島北側を通り，Puerto Rico（プエルト・リコ）- Virginia 諸島へと続いている（第 2-40 図）．

2.9 メキシコ東方のカリブ海北辺地域

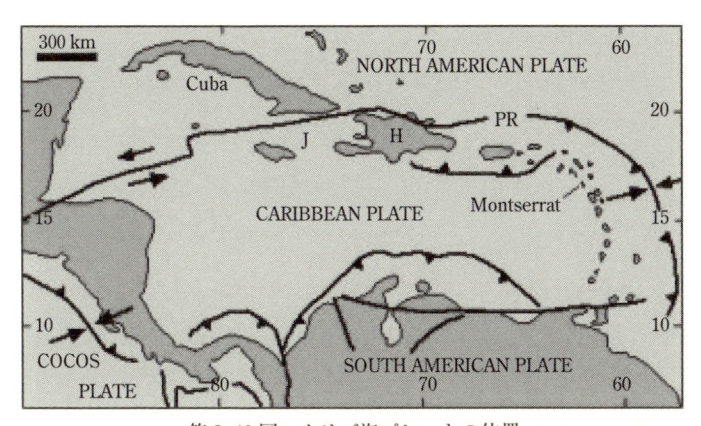

第 2-40 図　カリブ海プレートの位置
上側の黒線が北米プレートとの境界．J：Jamaica, H：Hispanôla；西側 Haiti および東側 Dominica, PR：Puerto Rico（Google による）．

なおこのカリブ海プレートの東端は北米プレートと南米プレートに接しており，この下へ南北両アメリカ・プレートが沈み込んでいると云われているが，その境界はあまり明らかではない．このプレート境界の中央部では以前から次のような大地震が続発している．

A. 1692 年 6 月 7 日 Jamaica 地震（M〜7.5）

　この地震は 1662 年 6 月 7 日，当時 Jamaica の仮の首都で，西インド諸島で繁栄していた都市 Port Royal 付近で発生した（USGS, 2009）．1950 年代に行われた遺跡調査で，港の海底から 11：43 で停止したフランス製懐中時計が発見され，これがこの地震の発生時刻を示すものと思われている．この地震による強い震動で，Jamaica 島の砂上に建てられていたこの都市のおよそ 2/3 の建物は液状化によって砂中に沈降し，2 分以内に海面下に水没したと云われている．この地震による直接の死者は住民 6,500 人中約 2,000 人に達し，さらに数日以内に負傷や病気で多数が死亡したとの記録がある．この地震後には大規模な地すべりが起きたほか，270 m〜1.6 km も海面が後退し，さらにその後高さ 1.8 m の津波が到来したと報告されている．Jamaica 島はカリブ海プレートの北辺と，Cayman（カイマン）海溝の拡大によってできた長さ約 1,100 km にも及ぶ Gonăve（ゴニャーヴェ）・マイクロ・プレートの中に位置しており，この地震

89

のメカニズムは西南西—東北東（WSW-ENE）方向の断層に沿う左横ずれによるものと考えられている（DeMets & Wiggins-Grandison, 2007）．

B. 1770年 Port-au-Prince 地震（M～7.5）

この地震は Hispanôla 島西部の当時フランス領だった Haiti（ハイチ）の首都 Port-au-Prince のすぐ西側に発生し（Scherer, 1912），この地震によってこの都市と西方 Maragoáne までの大半の建物が倒壊した．さらに Port-au-Prince 直下と，東側の Dominica 共和国へ到る渓谷沿いの地域では大規模な液状化が起こり，先の 1751 年地震では倒壊せず残存した建物も含む多数の建物が崩壊したと云われる．この建物倒壊による直接の死者は 200 名程度であるが，地震後の混乱による食料不足と飢餓，疫病などによって 15,000 人を超える死者があったとのことである（O'Loughlin & Linder, 2003）．さらにこの地震による津波が発生し，Gonăve 湾から西岸へ津波が来襲したと云われている．この地震は Port-au-Prince 付近から Saint-Domingo を通る Enriquillo（エンリキージョ）断層の動きによって発生したものと考えられる．また 1842 年には Haiti 北部海岸の Cap-Haïtien 付近にも大きい地震が起こり，多数の建物が倒壊したと云われている．

C. 1907年1月 Kingston 地震（M～6.5）

この地震は 1907 年 1 月，Jamaica 島の首都 Kingston の付近に発生し，ここの殆どの建物が倒壊あるいは半壊という被害を受け，これによって発生した火事は 3 時間にわたって続いたとのことである（Wilson, 2008）．この地震による死者は 800～1,000 人に上り，約 10,000 人が住家を失ったといわれる．この地震の直後，高さ 2 m に達する津波が Jamaica 島北岸に到達したと報告されている（USGS）．

D. 1918年 Puerto Rico 地震（M＝7.3～7.5）

Puerto Rico と Virginia 諸島地域は，カリブ海プレート北辺の東部に位置し，過去 500 年間に，津波を伴った 1867 年地震を含め，10 回以上の M>7 の大地震が起こっている．1918 年地震は 10 月 11 日に Puerto Rico 島の北西岸より

2.9　メキシコ東方のカリブ海北辺地域

約 16 km の海中に発生し，Puerto Rico 海溝に近い断層に起こったものと思われる．この島の西岸では工場を含む多数の建物が倒壊，道路や橋梁が破損したとの報告があり，これから推定される陸上の震度は当時の Rossi-Forel 階* で IX に達したと考えられ，これに相当する地震のマグニチュードは 7.5 程度と思われる．地震後 4-7 分のうちに高さ 5.5-6 m の津波が島の西岸に到来して海岸付近の村落が壊滅したと云われ，この地震と津波による死者は合計 116 人と報告されている．地震後 1 ヶ月の間に 2 回の強い余震が起こったとのことである (Wikipedia).

E. 1946 年 8 月 4 日 Dominican Republic 地震 (Mw～8.0)

この地震は 1946 年 8 月 4 日，Dominican Republic の東北海岸の Samana 付近に発生し，北部の Samana – Santiago – Puerto Plata 周辺に大きい被害を生じた (USGS, 2008)．たまたまこの時は休日の午後で野外にいた人達が多かったため，死者は約 100 名という少数に止まったが，約 2 万人が家を失ったといわれる．この地震の際，各地で地すべりや噴砂現象がみられた．この地震は西側の Haiti から Cuba 東部，東側の Puerto Rico から Virginia 諸島まで有感であった．また大きい津波が発生し，北岸の Nagua では波高は 2.5 m から 5 m に達した場所もあり，津波による溺死者は合計 2,550 名に達したと報告されている (O'Loughlin & Linder, 2003)．本震の直後，Mw～7.6 の大きい余震が発生した．また 2003 年 9 月には Mw～6.4 のかなり強い地震がドミニカ共和国北岸の Luperon 付近に起こっている．

F. 2010 年 1 月 12 日 Haiti 地震 (Mw＝7.0)

この地震は本書執筆中に発生した．したがって以下の情報はこの地震のその時点でのデータによるものである．

2010 年 1 月 12 日に Haiti の首都 Port-au-Prince 西方約 25 km の Léogăne 付近に深さ約 13 km を震源とする Mw＝7.0 の強い地震が発生し，1 月 24 日までに Mw＝5.0 以上の 12 回を含む 52 個の余震が観測された (USGS, 2010)．Haiti 政府の発表によれば，2 月 12 日までの 1 ヶ月間に死者約 22 万人，負傷者約 30 万人に上り，100 万人が家を失ったといわれ，過去最悪の地震被害を生じ

第2章
メキシコと近接地域の大地震

た．また大統領官邸，国会議事堂，教会，多数の公共建築のほか，25万の住宅と3万の商業施設が倒壊したことが明らかになった．この地震による震度は改正メルカリ震度階（MM）で，Port-au-Prince 中心部で IX，周辺部で VII-VIII に達した他，東側のドミニカ共和国 Santo Domingo や Puerto Rico，西側の Jamaica，Cuba などで III を記録している（USGS）．

この地震は，北米プレートとカリブ海プレートの境界付近に存在する左横ずれ断層系の1つである Enriquillo-Plaintain Garden（EPGFZ）断層（Paul et al., 2008）上に発生し，長さ65 km にわたり平均変位1.8 m のずれを生じたとのことである（USGS, 2010）．また，この地震の発生過程については多くの解析が行われ，遠地観測点で観測された実体波の波形インバージョン（USGS，八木，山中，東大地震研究所強震動グループ，M. Vallée, J. Charléfy）から，また InSAR*干渉画像のインバージョン（橋本，国土地理院グループ）により，それぞれ断層モデルが推定されている．これらの結果には多少の差があるが，地震モーメントは $(2～5) \times 10^{19}$ Nm，余震分布から推定される断層の長さは約 40 km，深さ約 20 km，最大すべり量は断層中央部で 3.8-5.9 m，主破壊の継続時間は 14-16 秒と見積もられている．ただ InSAR による最近のさらに詳細な解析（Hashimoto et al., 2011）によれば，この断層の北側の扇状地が隆起し，南側の山地が沈降していることから，地震はこの断層の横ずれ運動によるものではなく，42°で北側へ傾斜する別の逆断層の動きによるものとし，最大の変位は深さ10-20 km で約4 m との解釈もある．

Haiti と Dominica 共和国にまたがり，Hispanôla 島の南側を通る Enriquillo-Plaintain Garden（EPGFZ）断層と，その北側を通る Septentrional Orient 断層は，カリブ海プレートと北米プレートの年間約 20 mm/yr におよぶ相対運動の半分ずつを受け持っていると考えられていた（Dolan & Paul, 1998）．この両断層は西側でカイマン海溝に合流するが，この2つに挟まれた細長い地域に東西の長さ約 1,100 km に及ぶ Gonăve マイクロ・プレートを形成している．この中の Jamaica 島には 20 個所に GPS 観測点が設置されているが，この観測から Jamaica はカリブ海プレートに対しては年間 8 mm/yr，北米プレートに対しては年間 11 mm/yr の左ずれ変位が認められ（DeMets & Wiggins-Grandison, 2007），これが Gonăve マイクロ・プレートの存在を確かめることとなった．

これまでこの地域に発生した地震のメカニズムはいずれも左横ずれ運動を示しており，GPS観測の結果を裏づけるもので，上に述べた，1692，1751，1770，1907，1946年の大地震と，今回の2010年Haiti地震はいずれもこのような状況の中で発生したものと云える．

第2章 用語の説明

改正メルカリ震度階 Modified Mercalli seismic intensity（MM）：地震の際にある地点での地震動によって感じた震動の程度を表現するのに用いられる段階を震度階と称する．G. Mercalliは1883年に，それまでの10段階のRossi-Forelの震度階を12段階に修正し，さらにその後，H. O. WoodとF. Neumannは1931年これをさらに修正して，現在の改正メルカリ震度階（MM震度階）を作った．これは現在欧米諸国では広く使用されているが，日本では現在7+(2)段階の気象庁震度階が用いられている．MMX(10)-XI(11)は気象庁震度7クラス，MMVIIIが気象庁震度5クラス程度に相当する．

^{14}C 年代測定法 radio carbon dating：放射性炭素年代測定法とも呼ばれ，炭素14は，約5,730年の半減期で減っていく性質をもっているため，これを利用して試料中の炭素同位体12/14比から年代を推定する．ベータ線計測法とAMS法がある．

B. P.：Before Presentの略で，例えば5,500 B.P. は現在を基準に5,500年前を意味する．

地震モーメント seismic moment Mo：地震の断層面の長さL，幅W，平均すべり変位量D，震源域付近の地殻あるいはマントルの剛性率μによって決められる量で，Mo = μDLWで与えられる．

モーメント・マグニチュード moment magnitude Mw：地震モーメントを基準としたマグニチュードで，Mw = (2/3) (log Mo-16.1)で表現され，主に近年の大きい地震のマグニチュードを示すのに用いられる．

地震の時空間分布 time and space distribution of seismicity：ある地域の多くの地震発生の時間順と場所を示すのに用いられる．

χ^2 カイ・スクエアーテスト χ^2 -test：観察された事象の相対的頻度がある頻度分布に随うか，ある頻度分布が理論的に期待される分布と同じかどうか，2つの事象が互いに独立かどうか，等を調べる統計的検定法．

ポアッソン分布 Poisson distribution：単位時間あたりに発生するある事象の確率分布．

clustering 現象：ここでは地震が時間的あるいは空間的にまとまって起こる現象．

WWSSN：World-wide Standardized Seismic Network：1964年以後アメリカによって設立された約120点の観測点を持つ世界標準地震観測網で，固有周期1秒の短周期地震計と，固有周期15秒または30秒の長周期地震計各3成分を備え，地震波のアナログ記録を行い，長期間利用された．

第 2 章

メキシコと近接地域の大地震

IDA, GDSN, GEOSCOPE：いずれも広帯域地震観測システムで，波形データがディジタル形式で入力される．

IDA：International Digital Accelerometers の略で，国際ディジタル加速度計観測網．

GDSN：Global Digital Seismic Network の略で，世界ディジタル地震観測網．

GEOSCOPE：フランスが建設した世界地震観測網で現在 25 観測点を有し，センターはパリに置かれている．

IRIS：Incorporated Research Institutions for Seismology の略で，地震観測データの取得，管理，分配などを行う大学連合．

アスペリティ asperity：断層面の接触あるいは固着の程度が強い部分で，断層が動いて地震が発生した際にすべりが大きい部分を指す場合が多い．

運動学的断層モデル：本文 2.6 章参照．

波形インバージョン：本文 2.6 章参照．

動的断層モデル：本文 2.6 章参照．

動的破壊：本文 2.6 章参照．

クーロン破壊応力変化：本文 4.2.1 章参照．

余効変動 afterslip：地震後に震源域周辺で起こる地殻変動で，GPS 測定や歪計などで観測されることがある．

粘弾性的性質 viscoelasticity：完全な弾性のほかに粘性を併せ持つ物体の性質で，プラスティックなどの高分子物質の性質．Maxwell モデルや Kelvin-Voigt モデルなどで表現される．

重複反射 multiple reflections：地震波が伝播速度の速い層から遅い層などへ入射した場合に，その内部で繰り返し反射してトラップされる現象．

Lg 波：大陸地殻中を伝播する短周期表面波．

実体波 body waves：地球内部を伝播する地震波のうち P 波と S 波およびその変換波．

離散波数境界積分法 Discrete wavenumber finite element method（DWFEM）*：弾性体中を伝播する弾性波の波数を複素数として取り扱い，放射される波を波数積分で表現した上，有限要素法によって問題を数値的に解く方法．

Ricker wavelet：波源から放射される弾性波または波群の形を時間領域で表現するためによく用いられる簡単な数学的表現．

ランプ関数 ramp function：時間の経過とともに階段状に増加する関数．

永久変位 permanent displacement：時間が経過しても元の状態に戻らず，残留する一定の変位．

doublet：時間的に連発して起こる大きさがほぼ同じ双子地震．

subevent：断層が破壊する際に主破壊のほかにいくつも起こる小破壊．

CMT 解：Centroid Moment Tensor Solution の略で，観測された長周期の地震波形からセントロイド（主要な地震波を放出した位置）と，規模（モーメント），モーメント・テンソル各成分の値を求めること．これによって地震を起こした断層のタイプが推定できる．世界的には Harvard CMT（GMCT と改称），日本では気象庁 CMT 解などが用いられて

第 2 章　用語の説明

いる．
アドベ adobe 住宅：日干し煉瓦などで壁を作り支柱が殆どない住宅．
非線形インバージョン nonlinear inversion：いくつかの未知のパラメタを分離して独立に求められる場合には線形インバージョンを行えるが，これらが線形の 1 次結合でない場合には，それからの外れを逐次近似して計算することが必要になり，この場合を非線形インバージョンと呼んでいる．
応力伝播 stress transfer：1 つの破壊によって生じた応力の変化が近接した場所へ及ぶこと．
Benioff zone：海溝の下の浅い場所から大陸側の深い場所へ斜めに連続する帯状の地震分布を指し，深発地震帯と呼ばれることもある．1930 年代に日本の地震学者・和達清夫が初めて発見し，その後 H. Benioff も別の地域で同様な分布を発見したので，正確には Wadati-Benioff zone と称すべきものである．1960 年代後半には，これが海溝から大陸下へ沈み込む海洋プレートを表すことが明らかになった．
Joint Hypocenter Determination（JHD）：震源の位置を精度良く決定する方法の 1 つで，各観測点で記録された P 波初動時刻とある基準観測点での時刻の差から，ある地下構造にもとづいて多数の地震の震源と観測点補正を同時に決定する方法．
m_b; **body-wave magnitude**：実体波（P 波または S 波）の振幅を基準としたマグニチュード．
MASE 計画：本文 2.7 章節参照．
Receiver function method：観測された地震波の P 波または S 波から震源の影響を取り去り，地球内部の地殻やマントル構造を詳細に研究するため，それぞれの波の水平成分と上下成分の周波数成分のスペクトル比をフーリエ逆変換してレシーバー関数を得る．到来方向の異なる多数の地震波を解析して，地殻内部の不連続面の位置や傾斜，さらには下部マントル中の速度不連続面の推定などの成果を挙げてきている．
トモグラフィ解析 tomographic inversion：複数の地震の際に，多数の観測点で観測された地震波の伝播時間を用いて，地球内部の 3 次元速度構造を推定するための解析（もとは医学用語）で，これまで世界各地で解析が行われている．
多重震源 multiple shocks：断層の破壊が次々に複数の震源から始まること．
R_3, G_3：Rayleigh 波，Love 波のうち，震源から観測点へ到る径路が，最短径路を通る波を 1，地球大円上の反対側経路を通る波を 2，最短経路 1 を通り，さらに地球上を一周する波を 3 で表している．R_3, G_3 は 3 番目の波．
津波地震 tsunami-genic earthquakes：プレート沈み込み帯に堆積層などが存在する場合，断層のすべりが通常の地震に比べて遅いため，津波を効率よく発生させる地震．
付加体 accretionary prism：海洋プレート上面の堆積物が，大陸プレートに沈み込む際に，はぎ取られて大陸プレート上にプリズム状に付着したもの．
経験的グリーン関数 empirical Green's function：大地震の断層モデルの解析の際，理論的なグリーン関数の代わりに，地下構造の情報をすでに含んだ余震などの小地震の観測波形をグリーン関数として用いる方法．
液状化現象 liquefaction：強い地震動を受けた場合，地下水を多く含む砂質地盤では間隙水圧が上昇して有効応力が消失するため，砂が液状を呈する現象．

第2章

メキシコと近接地域の大地震

背弧側 back-arc：弧状列島などの背後の大陸側を指す．
CRSEIZE 計画：本文第 2.8（5）章参照
InSAR：Interferometric Synthetic Aperture Radar 合成開口レーダーによる干渉画像を用いたリモート・センシング技術．レーダー衛星から地球へ向けて発射される電波が，地表面で反射され再びその衛星へ戻った時の信号の強さの変化と位相差を捉えて，地表面の変位を検出することができる．

　上の第 2 章で述べた大地震の発生様式やメカニズム，さらには被害については，第 5 章にまとめとして，日本列島周辺に発生した大地震の場合と比較しながら要約する．

第3章
メキシコの地震関係研究機関と観測網

　冒頭に述べたように，筆者が最初に到着したのはメキシコ・シティにある CENAPRED（メキシコ国立防災センター）であるが，1年半勤務した後，今度は UNAM（メキシコ国立自治大学地球物理研究所）へ移り，ここで約12年半を過ごすことになった．この章では，この2つの研究機関と観測網を中心として，その他の関係機関についても触れてみたい．

　ちなみにこの両機関はメキシコ・シティ南西部に位置するが，Ajusco（アフスコ）火山群中の Xitle（シトレ）火山が約1670年前に噴火した際，流出した溶岩が厚く堆積した層の上に建てられている．そのため，1985年 Michoacan 大地震の際にもほとんど被害がなかったとのことである．

3.1　CENAPRED（メキシコ国立防災センター）

　CENAPRED（CENTRO NACIONAL DE PREVENCION DE DESASTRES）は，日本政府の援助によりメキシコ内務省の一部局として1990年5月に設立された国立防災センターである．国際協力，研修などの行政部門と，地質災害，地震計測，耐震構造実験，気象災害などの研究部門を持ち，JICA はこのうち，強震動観測，耐震構造実験技術などの分野に対して，「地震防災プロジェクト」

97

第3章

メキシコの地震関係研究機関と観測網

として技術協力援助を行ってきた．筆者はこのプロジェクトの強震動観測・評価分野の短期専門家として1992年5-6月予備調査のためCENAPREDに滞在し，次いで長期専門家としてここで1992年10月から1994年4月までの間，観測網の整備，強震動観測データの解析，大地震の震源過程の解明と強震動予測などの仕事を受け持つことになった．

　CENAPREDの強震観測網は1990年5月に設置が開始されて以来順次整備され，筆者が着任した時には，太平洋岸のAcapulcoからメキシコ市へ至る測線上の5観測点と，メキシコ市内に10観測点が設置され，日本製のSMAC-MD型加速度計*による強震動観測が行われていた．前者はattenuation line（減衰測線）と呼ばれ，太平洋沿岸地域に起こる地震によって生じた地震波がメキシコ市へ到達するまでにどの程度減衰するかを調べることを目的とし，後者のメキシコ市内の観測点は，地盤状態の差による地震波の増幅度（サイト効果）と，これによる建築物への影響を調査することを目的としていた（第3-1図）．これらの観測点で観測された地震波データはA/D（アナログ―ディジタル）変換された後，ディジタル・データとして現地収録される一方，減衰測線のうち2観測点からは電話回線により，またメキシコ市内の10観測点からは無線テレメータによってCENAPREDへ伝送され，ここでこれらのデータの収録と処理解析が行われた後，保管されることになっていた．

　しかし筆者が滞在した期間中，地震波が到達した際に起動するトリガー方式集録装置の遅延メモリーの不足や，絶対時刻精度の不確実さ，データ変換および収録容量の不足など，さまざまの観測システム上の問題があり，これらの問題の解決と改善作業に多くの時間を費やした．当初は，強震動データの解析や，観測点の配置が十分でない地域での機動地震観測*や，大地震が発生した場合の各地の早期震度評価システムの開発なども考えていたが，技術面と予算の制約や時間不足もあり，残念ながらこの方面ではほとんど成果を挙げられないまま，1年半の滞在期間が終了することになった．

　一方，太平洋岸一帯には，UNAM工学研究所によってすでに設置されたゲレロ地域強震加速度計観測網（3.4章節に後述）があり，また最近ではメキシコ市内にも多数の観測点がこの研究所によって設置されているので，今後のCENAPREDの強震観測はこの研究所と協力しながら継続していく道が考えら

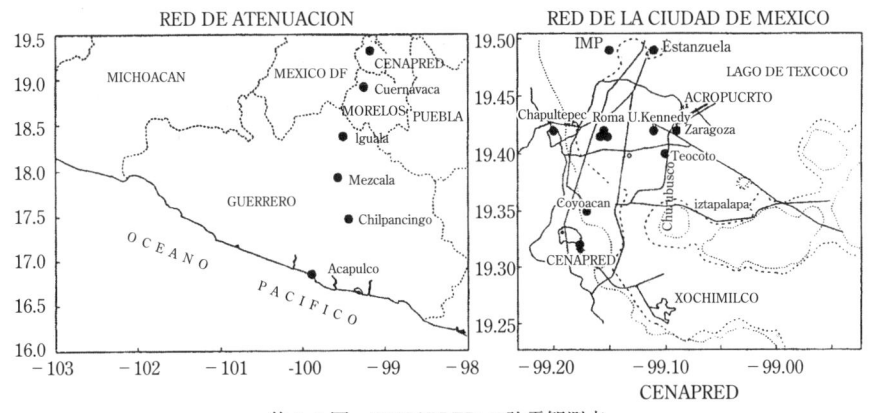

3.1 CENAPRED（メキシコ国立防災センター）

第3-1図　CENAPREDの強震観測点
左 Attenuation Line，右　メキシコ市内．

れる．また後に述べるように，1994年12月にメキシコ市東方約60kmのPopocatépetl（ポポカテペトル）火山の活動が始まってからは，USGS（アメリカ国立地質調査所）の援助により高精度火山観測システムがCENAPREDへ導入され，この火山一帯の地震活動データがCENAPREDで集中処理されるようになって，ここは火山観測センターの役割も担うことになった（第3-2図）．

同じ時期にCENAPREDに滞在した関連分野の日本人専門家には，吉村浩之（大分大学——2004年逝去），川瀬博（現・京大防災研），谷口仁士（現・立命館大），正木和明（愛知工大）の諸氏がおられた．この期間中1992年6月にアメリカ・カリフォルニア州南部のLandersにMw=7.4という強い地震（Haukson et al., 1993; Wald et al., 1994; Olsen et al., 1997）が発生したため，川瀬さんと現地へ飛んで断層の調査を行った．この地震の約3時間後，すぐ近くに直交する走向の共役断層*にBig Bear Lake地震（Mw=6.4）が発生（USGS, 1992），また数時間後からカリフォルニア州の広い範囲で微小地震が起こり始め，遠くは北西に約720kmも離れたClear Lake周辺（サン・フランシスコ北方約130km）でも活発な地震活動が始まるというこれまでにない現象が現われた．それで1962-63年に研究員として滞在したパサデナのカリフォルニア工科大学（Caltech）地震研究所を訪れて地震波記録を調査した後，南カリフォルニア大学（USC）やカリフォルニア大学サンタ・バーバラ（UCSB），さらにカリフォルニア大学バーク

第3章

メキシコの地震関係研究機関と観測網

第 3-2 図　Popocatépetl 火山地震活動観測点（©CENAPRED）.

レイ（UC Berkeley）や，メンロ・パークにあるアメリカ地質調査所（USGS）を訪問して，旧知の研究者達と，これらの広域にわたる地震活動の活発化のメカニズムを議論した．最初の Landers 地震による静的なストレスは，距離が比較的近い Big Bear Lake 周辺ではある程度の増加が考えられるが，それほど遠くへは及ばないと思われるため，地震波の到達による動的なストレスの増加によって小地震が励起されたという"dynamic triggering"*の考え方がその後 Gomberg ら（1995，1996）アメリカの地震グループによって提出された．

翌年2月には谷口さんとバハ・カリフォルニア州にある CICESE（国立エンセナーダ科学研究・高等教育センター）（3.6章節に後述）を訪問する機会があり，このセンターの研究状況の詳しい説明を受けた．メキシコ中部の太平洋岸の地震とは異なり，日本の内陸部と同様な，Baja California（バハ・カリフォルニア）州北部の活発な内陸部地震活動（前述 2.4 章節）と多くの活断層の分布との関係に注目が集まった．

また1994年1月にはロス・アンジェルス北西に Northridge（ノースリッジ）地震（Mw=6.6）（Wald et al., 1996）が発生したため，CENAPRED の研究員 Carlos Gutierrez と現地調査に出張し，強震動による建築物の被害状況を調査し，カリフォルニア工科大学地震研究所とアメリカ地質調査所パサデナ支所

(USGS Pasadena)を訪問して，強震動観測記録や各種の地震学的データを収集した．この地震はカリフォルニア州内陸部に発生した逆断層タイプの地震で，1971年に発生したSan Fernando（サン・フェルナンド）地震の断層とは地殻上部で立体的にほぼ直交する珍しい地震であった（USGS, 1964）．

3.2　UNAM-IGEF（メキシコ国立自治大学地球物理研究所）

1994年7月からJICAの地震学長期専門家として，また1998年9月からはスタッフとして，メキシコ国立自治大学地球物理研究所に勤務することになった．

UNAM (UNIVERSIDAD NACIONAL AUTONOMA DE MEXICO)

メキシコ国立自治大学の"自治AUTONOMA"は，メキシコ国立大学が1925年に政府直轄から独立した時に付けられた名称で，このうち地球物理研究所IGEFは1949年にそれまでの地質研究所から分離独立した比較的新しい研究所である．この研究所は，宇宙空間物理，地磁気・物理探査，自然資源，地震・火山の4研究部のほか太陽輻射，地球化学，アイソトープ分析など7つの研究室と，SSN (Servicio Sismologico Nacional) と称する国立地震サービス部などから成っており，総勢約110名を有する，大学付属の有数の研究所である．当時の所長はGerald Suárez（のちにウィーンにあるCTBT包括的核実験禁止条約・国際センターへ出向）で，筆者が滞在した地震・火山研究部（のちに2部に分離）には，教授・准教授に相当する主席・副主席研究員と准研究員が18名，技術員4名，大学院生12名，SSNには観測・解析技術員・事務担当を含めて約12名が在籍していた．当初の地震・火山研究部の主任教授はShri Krishna Singhで，このほかにCinna Lomnitz, Gerald Suárez, Servando de la Cruz, Vladimir Kostoglodov各教授ら，海外にも名前が知られたメンバーが揃っていた．ここは筆者の出身である地球物理学の研究所でもあり，また大学付属なので，かなり自由な雰囲気で仕事ができそうであった．

なお，この研究所から分離したCentro de Geociencias地球科学研究センターがメキシコ市から車で3時間のQuerétaro（ケレタロ）市のキャンパスにも設立

され，UNAM から移動した地震学研究者が数名，IGEF と連携しながら活動している．

ここで筆者が担当したのは，メキシコ太平洋岸の大地震発生メカニズム，特にプレート沈み込みによる大地震の断層の動的破壊過程と強震動予測の研究に加え，平常時の地震活動の時間的・空間的変化の観測・研究，プレートを含む地殻・上部マントル構造の研究などで，このための計算プログラムの開発や計算実行の技術指導と，地震学に関する講義とセミナーなども担当した．UNAM で行った地震学のセミナーと 8 回の連続講義（英語）は，大学院生と関係研究者約 25 名を対象としたもので，次のようなテーマを取り上げた．

1. セミナー
    1) 波形インバージョンにより推定される大地震の断層の破壊過程
    2) 断層の動的破壊の際のすべり継続時間と断層面の摩擦特性
2. 講義
    1) 1995 年 1 月 17 日・神戸大地震の地震学的およびテクトニクス的観点
        (a) 観測結果の総括，(b) 本震の発生過程
    2) 大地震発生および火山大爆発による大気気圧波の励起：観測結果と理論
    3) 均質および不均質構造中の断層の動的破壊に関する理論と数値モデル化
    4) 大陸地殻内の断層破壊と応力回復過程および地震発生層
    5) 大地震の運動学的震源モデルより動力学的断層破壊過程への変換
    6) 断層の摩擦特性とすべり継続時間
    7) 地震活動の空間的・時間的変化の数値シミュレーション

この研究所へ移って間もなく 1994 年 12 月メキシコ市南東約 60 km にあるポポカテペトル火山が中規模噴火を起こし，それ以来活発な活動が継続したため，火山活動監視のための地震観測にも協力することになった．これらの火山地震活動観測のための仕事として，高感度地震観測網を設置するために必要な観測機器と火山活動監視装置を選定してこの購入を JICA に申請し，これが承認された後はこれらの機器の導入にも協力することになった．火山地震活動そのものの研究は Servando de la Cruz をはじめ，このために随時来訪された横

山名誉教授のほか，火山研究部の研究グループと CENAPRED のグループが共同してあたった．

1998年には UNAM と東大地震研究所の間で，準リアルタイム・システム*の構築とシミュレーションによる強震動の予測を目的とする共同研究計画が持ち上がり，日本側・菊池正幸教授，メキシコ側 Shri Krishna Singh 教授を代表者として，"Prompt Assessment of Earthquake Source and Strong Motion"（震源と強震動の即時評価システムの開発）と称する国際学術研究計画が成立した．この計画により 2000年1月には菊池さんを団長とする日本側一行7人がメキシコへ到着，UNAM と CENAPRED で講演後，メキシコ側研究者とメキシコのプレート沈み込み帯の地殻・マントル構造やここに発生する大地震の震源過程，強震動や観測点のサイト効果などについて議論し，また観測データの収集・交換などを行った．この後2月にはメキシコ側3人が日本を訪問し，東大地震研究所でセミナーに参加して講演した．さらに同年9月には共同研究第2陣の3人，翌 2001年1月には第3陣の2人の研究者が日本より来訪し，UNAM 地球物理研究所でセミナーやデータ交換，メキシコ側院生の指導，研究者との共同研究の意見交換や成果について議論を行った．最後に同年10月にメキシコ側研究者4人がふたたび東大地震研究所で行われた Real-Time Seismology のセミナーに出席して講演し，研究代表者の菊池さんとの意見交換を行ってこのプロジェクトは終了した．このプロジェクトが双方の"即時評価システムの開発"に大きく寄与したかどうかは今後の評価に委ねるほかはないが，これ以外の基礎的分野例えば地震発生過程の研究などの共同研究が進展したことは間違いなく，その後のこの分野での協力関係に道を拓いたものと云える（日本側共同研究者の氏名は最後の謝辞のところに記載した）．

3.3 UNAM-SSN 地震および GPS 観測網

UNAM の地震観測網は先に述べた SSN が担当しており，メキシコ中部から南部をカバーする通常観測網，メキシコ盆地周辺観測網，および広帯域観測網の3つがある．通常観測網は当初15点の観測点を持っていたが現在は9点，メキシコ盆地観測網は通常観測点の1部とその後の増設を含め現在は11点と

第3章

メキシコの地震関係研究機関と観測網

第3-3図 UNAM-SSN 広帯域地震計観測点分布.

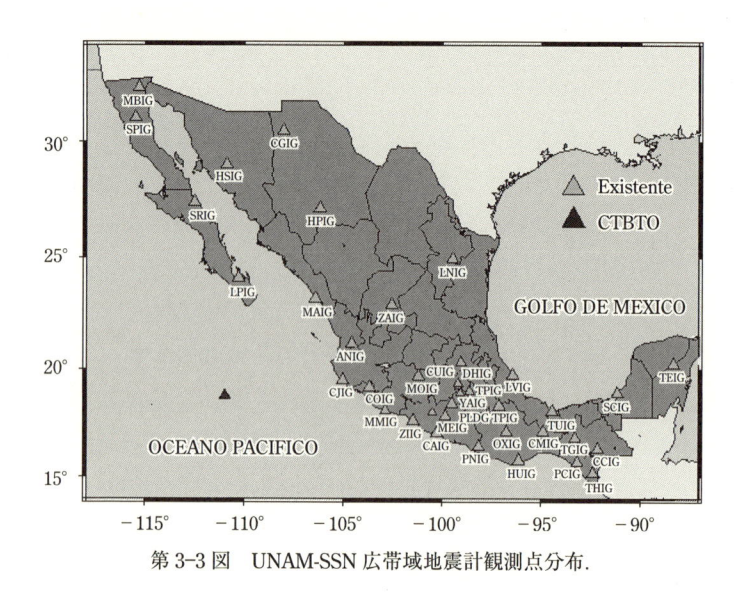

なり，いずれも固有周期1秒の従来型短周期地震計による観測データをテレメータによって SSN へ伝送しており，ここでこれらの地域の平常時の地震活動をモニターしている．しかしメキシコ全土の面積は日本の5倍以上もあるため，広範囲の活動をモニターすることは無理で，上の両地域とその周辺に発生するマグニチュード 3.5-4.0 以上の地震を対象としている．現在，最も力を注いでいるのは広帯域地震観測網で，メキシコ各地をカバーすることを目標としており，筆者が入った1994年当初は18点が設置されていたが，現在はさらに拡大して北部カリフォルニア湾岸から太平洋沿岸地域—メキシコ湾岸—Yucatan（ユカタン）半島まで36観測点が稼動している（第3-3図）．

各観測点には，3成分 STS2 型広帯域地震計が設置され，0.01-30 Hz の周波数帯で地震波速度を記録し，これとともに FBA-23 型3成分加速度計も併設され地震波加速度も同時に観測されている．これらのデータは衛星通信，インターネット，あるいは電話回線などで SSN へ伝送され，24ビットの Quanterra ディジタイザーに収録される．平常時のデータは 20, 1, 0.1 Hz の3種のサンプリング・レートで収録されているが，中規模から大地震発生の場合には，速度と加速度の両方の 80 Hz サンプリングしたデータが収録・保存されることになっ

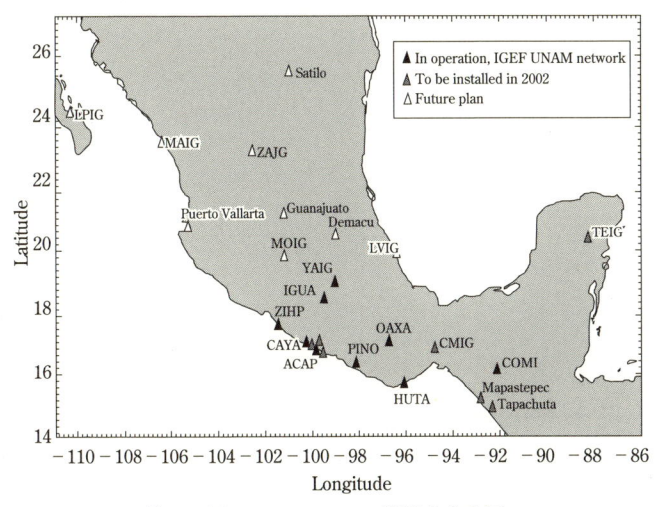

3.3. UNAM-SSN 地震および GPS 観測網

第3-4図　UNAMのGPS観測点分布図.

ている．また刻時にはGPS信号が利用され，高精度の刻時を保っている．このうちFBA-23型加速度計とディジタル収録装置の一部，さらに機動観測用CMG-40T広帯域地震計などはJICAの供与によるものである．

筆者のメキシコ滞在中，1995/09/14 Copala（Mw＝7.2），1995/10/09 Colima-Jalisco（Mw＝7.9），1997/01/11 Michoacan（Mw＝7.2），1999/09/30 Oaxaca（Mw＝7.4），2000/08/09 Michoacan（Mw＝7.0），2003/01/23 Tecomán-Colima（Mw＝7.6）など，マグニチュード7.0を超える大地震が中部太平洋岸に起こり，特に1995年と2003年の地震は震源域に近い場所ではかなりの被害を出した．これらの地震は広帯域観測網で観測波形が完全に収録されている．これらの地震の発生機構については後に述べるように詳しく研究することになった．その研究内容については第4章で詳しく紹介したい．

一方，地殻変動を監視観測するためのGPS観測点は，当初は僅かにAcapulcoなど太平洋岸の数ヶ所のみであったが，1998年以降この周辺のGuerrero（ゲレロ）地方でSSE（ゆっくりすべり現象）（4.6.1章項）が初めて発見されてから急速に整備が進められ，現在は中部太平洋沿岸地域を中心にメキシコ全土で26点となっており（第3-4図），なお数点が増設される計画である．このうち16点は広帯域地震観測点に併設されており，これらのGPSデータは地

第3章
メキシコの地震関係研究機関と観測網

震データとともに SSN へ直接伝送されている．この GPS のデータは後に述べるように，メキシコのプレート沈み込み帯で発生するゆっくり地震 SSE の検出とそのメカニズムなど地殻活動の研究（4.6.1 章項参照）に大いに役立つことになる．

3.4　UNAM-IING（工学研究所）およびゲレロ加速度計観測網

　上の SSN に属する地震観測網とは独立に，UNAM 工学研究所 Instituto de Ingenieria (IING) は，アメリカの Nevada（ネヴァダ）大学地震研究所の協力で，1985 年から独自の加速度計観測網を太平洋岸のゲレロ地方に展開し，この地域の 30 観測点の硬い地盤上で地動加速度を観測している（Anderson et al., 1994）（第 3-5 図）．各観測点では当初 12 ビット A/D 変換をした後，ディジタル・カセットにデータを収録していたが，現在では 19 ビット A/D 変換を行ったデータを，GPS による刻時とともに半導体メモリー*に集録し，良好なデータが記録されている．研究者はこのデータを「メキシコ強震動データ・ベース」(http://www.seismo.unr.edu/guerrero) と CD-ROM の両方でデータを得ることができる．この観測網はいわゆるゲレロ地震空白域に起こる大地震による強震動をごく近距離の near-field* で観測することを目的にしたもので，2004 年までに M>4 以上の約 3600 個の地震をほぼ完全に記録している．これまで得られた加速度記録の大部分は，最大値 100 gal 程度であるが，Mw = 7.5 の地震の際には 140 km 離れた地点で 780 gal を記録した例もある．1985 年 9 月の Michoacan 大地震（Mw = 8.1）の直前に設置された 4 つの観測点では，この地震の断層面の真上の波形（第 2-17 図）を見事に記録した．ただこの時断層面の真上で記録された最大加速度はそれほど大きい値ではなく，むしろ Caleta de Campos 観測点での地動変位（加速度記録から 2 回積分して得られる波形）が約 1 m にも及ぶ静的な隆起変位を示したのが特徴的であった（Anderson et al., 1986）．

第 3-5 図　ゲレロ加速度計観測網（UNAM-IING）．

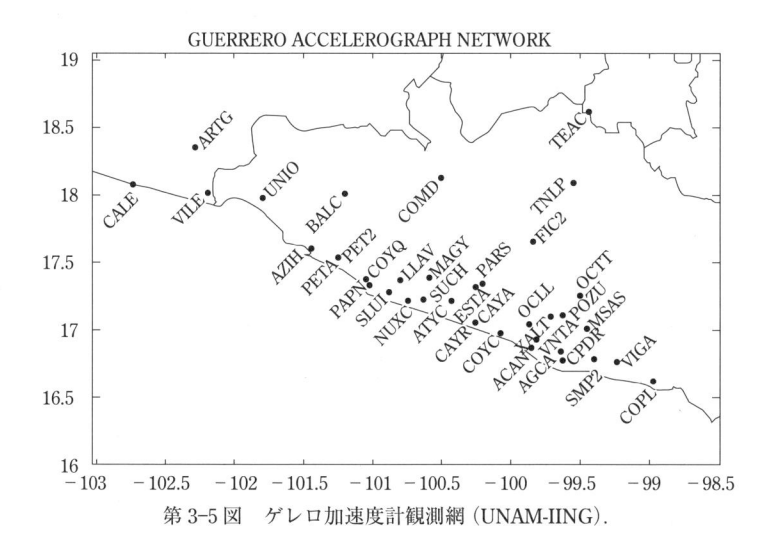

3.5　CIRES（メキシコ地震計測センター）：早期地震警報システム

　Centro de Instrumentación y Registro Sismicos（CIRES）はメキシコ特別連邦区に属しているが，上のUNAM観測網とは独立に，ゲレロ州の太平洋沿岸地域に沿って横幅300 km の範囲に約25 km 間隔で12点（のちに15点に増設）に加速度計を設置しており（第3-6図），これによって約350-400 km 離れたメキシコ・シティに早期地震警報を出すことを目的として，SAS（Seismic Alert System）と呼ばれるシステムを稼動させている（Espinosa-Aranda et al., 1995; Espinosa-Aranda & Rodriguez, 2003）．

　このシステムは，太平洋岸で発生した地震による大振幅のS波がメキシコ・シティに到達するまでに最短でも70-80秒を要することを利用しようとするもので，考え方は日本のUrEDASシステム*（Nakamura et al., 1985）を基本としており，日本の気象庁の緊急地震速報システムよりかなり早く実用化に乗り出したものである．各観測点にはシリコン―ピエゾ電気抵抗型の3成分加速度センサーと，100 Hz サンプリング-10ビットのデータ収録ボード，ラップトップ型マイクロ・コンピュータおよびVHF無線搬送装置を備えている．第3-6図のように地震発生後2観測点以上でP波とS波を観測すると，S波到着以後S-P

第3章

メキシコの地震関係研究機関と観測網

```
CENTRO DE INSTRUMENTACION Y REGISTRO SISMICO, AC
SEISMIC ALERT SYSTEM
EVENT RECORDED ON SEPTEMBER 14, 1995, IN GUERRERO, OT-06: 04; 35, 8, M-7,3 Richter
```

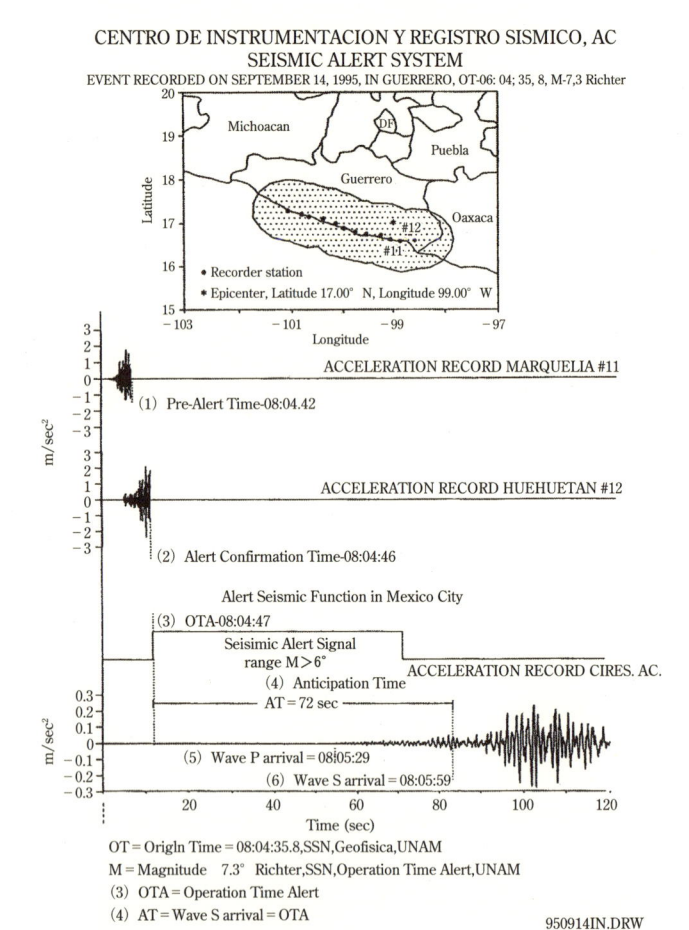

第3-6図　CIRES の SAS 早期地震警報システム（©Espinosa-Aranda et al., Seism. Res. Lett., 66, No. 6, 1995）
　　図中で上の2本が2つの観測点で記録された加速度波形．2番目の波形がS波の到着でピークに達した時間に，信号が Acapulco の中央局へ発信され，大きい地震と判定されて警報がメキシコ・シティへ送られた．最下段はメキシコ・シティの加速度波形で，警報の受信後，72秒後にS波初動が到着，さらにそれから10数秒後に大振幅の表面波が観測された．

時間の約2倍の時間間隔（通常6-8秒）の間のエネルギーを加速度波形から計算し，さらにこの積算エネルギーの時間的増加率を見積もり，システムに保存された過去の地震の場合と比較して，地震マグニチュードを $M<5$, $5<M<6$, $M>6$ の3段階に分類する．それが $M>6$ と判定された場合は，この情報は

Acapulco付近の中央局よりメキシコ市当局へ直ちに無線で伝送され，さらに商業ラジオ局を通じて各関係機関，学校，地下鉄などへ伝達されるが，5<M<6の場合は関係当局と特定のラジオ局だけへの通知に限定される．

このSASは1991年8月に発足して以来すでに18年が経過したが，この間2004年7月までに46回の限定警報と11回の一般警報が出された．稼動状況を検証した結果(Iglesias et al., 2007)では，この46回のうち，11回は限定警報の発令は妥当であったが，他の27回は出す必要はなく，また11回の一般警報のうち3回だけが実際にM>6の基準に達していたとされている．また一般警報を出すべき時に発令に失敗した場合と，実際には地震が発生しなかったのに誤報を出した場合がそれぞれ1例づつあったことが報告されている．このような状況を改善するために，現在次のような方法が提案されている．先ずメキシコ盆地の旧湖底層では0.2–1.0 Hzの周波数帯の波が増幅されやすいため，この波によるメキシコ市内の基準観測点での最大加速度$Acu>2$ galとなる場合を想定する．次に市内から半径約310 kmの距離にほぼ同心円上に分布する野外観測点での加速度の平均値RMS $Arms$とAcuの関係をあらかじめ求めておき，これらの観測点で上の周波数帯でフィルターした加速度をS波到着時から10秒間検定して$Arms>2$ galとなった場合に警報を出すことにすれば，このシステムの成功率が大幅に改善されることが明らかになった(Iglesias et al., 2007)．この方法は比較的簡単であるが，大地震の発生地域がほぼ限られており，しかも警報の対象とする場所がメキシコ・シティ1個所なので，この方法を日本などの他の地域に適用するのは難しいであろう．

3.6 CICESE (エンセナーダ科学研究・高等教育センター)

Centro de Investigación Cientifica y Educación Superior de Ensenada (略称CICESE) はメキシコ太平洋岸北西部の都市Ensenada (エンセナーダ) にある国立の理工学系研究所で，物理学 (特に光学，光電子工学)，海洋学 (特に海面変動学)，固体地球物理学などの分野を包含し，大学院修士・博士課程学生を含め研究者200人以上を有する大研究所である．地球物理学分野では地震学の研究者も20名程度在籍している．地震学のグループは，メキシコ北部地震観測網

第 3 章
メキシコの地震関係研究機関と観測網

Red Sismica del Norte de Mexico (RESNOM) と称する地震観測網を北米・太平洋両プレートの中間の Baja California バハ・カリフォルニア内陸地域に展開し，この地域の地震活動を研究している．観測点は 13 点で，通常の短周期地震計を使用している．観測点の分布状況から，観測される地震の殆どは M>3 に限られ，2002 年 1 年間に震源が決定された地震は 1021 個となっている．地震活動は主としてバハ・カリフォルニア北部の 4 地域に分かれ，これらの地域に分布する 8-9 本の活断層周辺で発生している（2.4 章節）．

3.7　RESCO（コリマ大学地震観測網）

この他には，太平洋岸コリマ州にあるコリマ大学地震観測網 RESCO (Red Sismica de Universidad de Colima) があるが，この観測網は 10 点から成り，本来はコリマ火山の火山地震活動の観測を目的とするものである．1995 年 10 月の Colima-Jalisco 地震（Mw＝7.9）と 2003 年 1 月の Tecomán-Colima 地震（Mw＝7.8）の 2 つの大地震に際しては，これらの余震活動の震源決定や時間的推移の研究にも大きい役割を果たした（Pacheco et al., 1997; Yagi et al., 2004）．

3.8　メキシコの学会組織

メキシコの地震学や地球物理学関係の学会は，この分野の研究者の数が少ないこともあって，UGM (Union Geofisica Mexicana) メキシコ地球物理学会と称する単一の学会があり，毎年秋に 1 回太平洋岸のリゾート都市 Puerto Vallarta（プエルト・ヴァジャールタ）で開催される．この学会は AGU (American Geophysical Union) アメリカ地球物理学連合に似た組織であるが，参加者は上に述べた関係機関の研究者が大部分で，150～200 名程度である．これらの研究者の多くは毎年秋のサン・フランシスコの AGU にも出席して成果を発表することもある．

3.9 中米地域の地震観測機関

2.9 に述べた中米各地域には次のような地震観測研究機関があり，常時活動している．なおこの地域の地震活動は USGS アメリカ地質調査所によっても観測されており，USGS の web-site からも検索することができる．

(1) Guatemala（グアテマラ）

INSIVUMEH（Instituto Nacional de Sismologia, Vulcanologia, Meteorologia e Hidrologia; グアテマラ国立地震・火山・気象・水文研究所）

(2) El Salvador（エル・サルヴァドール）

SNET（Servicio Nacional de Estudios Territoriales；エル・サルヴァドール国立国土研究機関）SNET@snet.gob.sv

(3) Nicaragua（ニカラグア）

INETER（Instituto Nicaragüense de Estudios Territoriales；ニカラグア国土研究所）

(4) Costa Rica（コスタ・リカ）

OVSICORI-UNA（Observatorio Vulcanologico y Sismologico；コスタ・リカ火山・地震観測所 http://www.ovsicori-una.ac.cr）

RSN（Red Sismologia Nacional, Universidad de Costa Rica；コスタ・リカ大学国立地震観測網）

以上，主としてメキシコおよび一部の中米の研究機関と，その観測・研究体制を概観した．メキシコと中米地域にまたがる観測・研究体制が成立しつつあることが理解されたと思う．次章ではこれらの研究機関と協力しながら，筆者が行った研究を紹介する．

3 章　用語の説明

SMAC-MD 型加速度計 SMAC-MD type accelerometers：強震計の名称．強震計にはいくつかのタイプがあり，日本で今日まで広く用いられているタイプで，種々の記録方式がある．

機動地震観測 mobile seismic observations：既設の地震観測網以外に，大地震の際の余震観測など機動的に行われる観測．

共役断層 conjugate faults：同じ応力によって生じた共役関係にある隣接した断層で，走向は互いに直交する場合が多い．

dynamic triggering：ある地震によって大振幅の地震波が到達した場合，震動中の波によるストレスの変化が原因で小地震などを励起する現象と解釈されている．

リアルタイム・システム real-time system：リアルタイム（実時間）内に即座に対応が可能なシステム．

SSE ゆっくりすべり現象 slow slip events：通常の地震とは異なり，断層のすべりが遅い現象で，最近，GPS 観測などによって見出された（第 4.6.1 章項参照）．

半導体メモリー semi-conductor memory：半導体素子によって構成された記憶装置で，物理操作を必要とする記憶装置に比べ，高速，高密度，低消費電力の特徴を持つ．

near-field：震源に比較的近い場所を意味し，震源域の拡がりの 2～3 倍程度までの距離を指すことが多い．

UrEDAS システム：旧・国鉄鉄道技術研究所の中村豊博士グループが開発した早期地震警報システムで，最初に P 波を検知すると，震央やマグニチュードをある経験式に基づいて算出し，大振幅の S 波が到着する前に警報を出すシステム．

モーメント解放量 moment release：地震モーメント（2 章用語の説明を参照）と同じ意味．

第 4 章
研究ノート

　メキシコ滞在中に筆者が当初の目的とした課題のうち，平常時の地震活動の時間・空間的変化や，地殻・上部マントル構造の推定などについては，日本の場合とは異なり，このために必要な観測データが十分ではないために除外し，それに代わって実際に着手した研究テーマを次に挙げた．

1. メキシコや日本内陸部で発生する横ずれ断層型大地震の動的破壊過程
2. メキシコ中部太平洋沿岸地方で，プレートの沈み込みに伴って起こる海溝型逆断層大地震の動的破壊過程と，これから発生する強震動の予測
3. これらの大地震間のストレスの相互作用と次の地震発生に及ぼす影響
4. これらの断層の動的破壊の応力降下時間と臨界すべり量や，破壊エネルギーと断層近傍で開放されるエネルギーなど断層に関する物理量の推定
5. メキシコ太平洋岸ゲレロ地域の地震空白域に発生したゆっくりすべり SSE と，非火山性微動 NVT の研究

　ここで筆者が目指したのは，種々の異なったテクトニクスの外的環境のもとで，断層の破壊がどのように始まり，どのように進展するのか，この動的な破壊過程が運動学的に推定された断層モデルをどの程度説明できるのか，またこ

第 4 章

研究ノート

れが可能になれば，いくつかの大地震の断層モデルからストレスの相互作用に関する情報や，破壊発生に関する重要な物理法則を導き出せるのではないかということにあった．この章ではこれらの研究を順次述べることにする．

4.1 大地震の断層の動的破壊過程

1980年代に始まった地震波の波形インバージョンによって，世界の数多くの大地震の断層モデル，つまり断層の変位やモーメント解放量の分布のほか，破壊伝播の様子などが明らかになってきた．これらは 2.6 章節にも述べたように，運動学的モデルにもとづくものであるが，一方では力学的条件を考慮した，断層内を伝播するクラックの理論的研究も徐々に行われるようになってきた．

断層の動的破壊に関する研究の始まりは，比較的最近の 1987 年頃，京大時代に筆者の研究室の大学院生であった平原和朗さん，宮武隆さんの 2 人と協力して行った，水平成層構造あるいはさらに不均質な地殻構造を持つ完全な 3 次元モデルの中を伝播するクラックの問題である (Mikumo et al., 1987)．このような構造の中での境界条件の数値計算が些か複雑なこともあって，世界的に見てもこれまで殆ど手が付けられていなかったが，大地震による強震動の予測にはやはり欠かせない問題である．地殻の浅い場所には普通低速度層が存在するが，このような場合には，ここでの破壊伝播速度が遅くなるとともに断層変位が予想以上に大きくなり，特に断層が地表に達する場合には，この効果が特に大きくなることが明らかになった (Mikumo et al., 1987)．これはよく起こる内陸部の横ずれ型大地震の場合には，普通の運動学的断層モデルによる地動の変位や速度の予測よりは，かなり大きくなり得ることに注意が必要と思われる．

4.1.1 横ずれ断層型大地震の動的破壊過程

こうしてクラック・モデルによる動的な破壊の伝播過程などを調べている内に，次のステップとして，観測波形のインバージョンから推定される運動学的な断層パラメタとの関係を明らかにすることが必要になってきた．波形インバージョンからは断層面内各点でのすべり変位と破壊開始時間が求められるが，一方クラック・モデルからは普通，断層面内での破壊伝播時間とその時々

の断層強度と応力降下量の推移が計算できる．したがってこの2つのモデルの対応関係が明らかになれば，これらの運動学的，動的パラメタがすべて推定できることになる．

このための1つの方法は，福山英一さんと1990年の伊豆大島地震（Mw＝6.9）の共同研究の際に採った方法（Fukuyama & Mikumo, 1993）である．先ずクラック・モデルの中に適当な初期応力と断層強度を与え，断層各点でのすべり時間関数やすべり量と破壊開始時間を計算し，これらの量を初期値として各観測点で得られるはずの理論波形を計算し，次に実際の観測波形との差を最小にするようにインバージョンを繰り返すやり方である．もう1つは宮武さんが1979 Imperial Valley 地震（Mw＝6.5）や1984年長野県西部地震（Mw＝6.8）の研究に用いた方法（Miyatake, 1992a, b）で，先ず波形インバージョンから求められた各点の破壊伝播開始時刻を固定し，これをクラックの破壊基準とする．つまり，クラックが伝播してきた場合，この時刻まではこの点は破壊しないとし，この直前の応力をこの点の断層強度と考える．ただこの方法では，精度が計算に用いたグリッド間隔と時間ステップに依存するので，見積もられた値は実際の断層強度の下限と解釈すべきものである．次にインバージョンから得られたすべり量から，3次元空間の静的平衡条件を解いて静的応力降下量を計算し，この両者からふたたびクラックの動的伝播の計算をしてすべり量を確かめる．

さらに先に進むためには，波形インバージョンから得られた断層内各点のすべり量と動的破壊のすべり量の比を採り，この比を先に得られた応力降下量に乗じて動的破壊の計算を実行し，両者のすべり量の差の二乗和が最小になるまで計算を繰り返す．こうして断層の動的破壊過程が波形インバージョンから得られた結果をほぼ満足する結果が得られることが分かり，これから後の研究の進展につながることになった．

1993年1月の宮武さんの CENAPRED への来訪を機会に，1984年にカリフォルニア州で起こった Morgan Hill 地震（Mw＝6.2）の断層破壊過程を共同で研究することとした．この中規模地震の時には，断層に近いいくつかの観測点で高精度の強震観測データが得られており，このデータをもとに Beroza & Spudich (1988) が非線形の波形インバージョン*を行って，すべり量と破壊フロントの伝播時間の分布について良い結果を出していた．これをもとに宮武さんの方法

第4章

研究ノート

を適用して動的破壊過程を推定したところ，断層の深さ 10 km のところに応力降下量が 14 MPa を超える場所や，深さ 14–17 km の最深部に 4–5 MPa の降下量の場所がある一方，すべりが小さい浅い場所に，−1.5 MPa 程度のマイナスの応力降下つまり応力増加を生じる場所が見出された (Mikumo & Miyatake, 1995)．当時はこのような例が他には殆どなかったので，このマイナスの応力降下量の1つの解釈として，速度硬化的*摩擦特性を持つ場所が断層面の浅い場所に存在する可能性を考えた．しかしこのようなことは温度が350–450℃より増加する地殻下部の半脆性領域より深い場所では起こり得ても，浅い場所ではちょっと考えがたいように思われた．また一方地表面近くの浅い場所では断層面の厚いガウジ層が速度硬化特性を引き起こす可能性があるという説もあった．しかしこの後，多くの地震が解析されるにつれて，このようなマイナスの応力降下は，深さにかかわらず断層面のなかですべりが小さい場所ではよく見られ，運動学的には"すべり欠損"*などと呼ばれるようになった．周りに比べてすべりが小さい場所では，応力集中が起きて最初の状態より逆に増加することもあり得るので，マイナスの応力降下領域が存在しても別に不合理とは考えられない．

一方この地震では，Beroza & Spudich (1988) の波形インバージョンから，断層面上の変位の立ち上がり時間ライズ・タイムが 0.2–0.3 秒という予想外に短いことが推定されていた．これまでライズ・タイムは一般的には断層面の幅やすべり量によって決まると考えられていた時代である．Heaton (1990) は多くの地震の場合，断層面上のライズ・タイムが断層面全体の大きさから見積もられる値より一般的にかなり短いことを見出し，実験室で見出された断層面の速度弱化*の摩擦特性が断層面上を進行するパルスの幅を短くするという考えを強く主張していた．

ここで筆者は，Beroza と組んで，クラック・モデルに立って別の見方をすることを試みた (Beroza & Mikumo, 1996)．方法は先に福山さんとの共同研究で採った方法に近く，力学的拘束条件を与えて強震動波形のインバージョンを行うものであるが，先の Beroza & Spudich の結果を初期モデルとし，すべり時間関数の形とライズ・タイムの分布をあらかじめ仮定しない．このようなインバージョンを繰り返して得られた結果は，Mikumo & Miyatake (1995) の場合

よりさらに応力降下の空間分布のコントラストが強く，中央部の深さ9 kmのところでの最大応力降下量は22 MPa，他の場所でも12 MPaという大きさに達し，また浅い場所の広い部分では-2.0 MPaを越えるマイナスの応力降下すなわち応力が増加することが分かった．この場合の理論波形と観測波形の一致の程度はさらに良くなり，求められたすべり時間関数のライズ・タイムは0.2-0.5秒という分布が得られた．このことはHeaton (1990)によって観測された短いライズ・タイムが，応力降下量の分布と断層強度の分布が短いスケールの不均質な分布をしているために生じたことを示すもので，断層面の摩擦特性によるものでは必ずしもないことを示唆している (Beroza & Mikumo, 1996)．上に述べたこれらの結果は，まとめてIASPEIやAGUの学会に報告し，おおむね賛成が得られた．

　一方，これまでに推定された，いくつかの地震の断層の破壊過程をまとめてみると，断層強度（応力のピーク値－初期応力）と動的応力降下量（初期応力－最終応力）の比をSで表せば，この大きさには次の4つの場所があることが分かってきた．先ず断層の破壊は強度が小さい場所からから始まり，ついでSが小さい弱いアスペリティへ移り，これがSのやや大きい強いアスペリティを破壊し，最後にはSがかなり大きいバリアに達して停止するか，あるいは時間をかけてバリアを最終的に破壊するといったパターンが一般的に見られる (Mikumo, 1994)．このことから，断層の動的破壊過程を議論する際には，このパラメタSの役割が重要であることが明らかになった．

4.1.2　横ずれ型分岐断層の破壊

　近年の観測によれば，地殻内の断層の破壊が，複雑な形状を持つ既存の活断層に沿って進行することが明らかになってきた．例えば屈曲した断層面や，地表の断層線に不連続な飛びがある場合，分岐した断層の場合，平行あるいは直交した断層の場合など，世界各地でこのような例が報告され始めた．例えば，1979年Imperial Valley地震 (Archuleta et al., 1984)，1992年Landers地震 (Aochi & Fukuyama, 2002)，1999年Izumi, Turkey地震 (Harris et al., 2002)，2002年Denali, Alaska地震 (Oglesby et al., 2004)などの場合である．メキシコ内陸部では1912年Acambay地震（2.4章節）の場合にそのような可能性はあるが，古い

地震なので確かなことは分からない．これらの複雑な断層の破壊の進行に関しては，2次元あるいは3次元の媒質中の動的破壊の問題として，最近では多くの理論的研究や数値シミュレーションが行われるようになった（例えば Harris et al., 1991; Kase & Kuge, 1998; Harris & Day, 1999; Aochi et al., 2000; Kame et al., 2003).

日本内陸部では1891年濃尾地震の際に出現した全長80 kmに及ぶ断層が，根尾谷断層南部で梅原断層と岐阜－一の宮線の2方向に分岐して進行した可能性がいくつかの研究で指摘されている．Mikumo & Ando (1976) は，Matsuda (1974) による各セグメントの断層変位の測定値をもとに，3次元の転位理論*を用いて周辺の上下・水平変位を計算してこれらの測量値と比較し，さらに当時の岐阜と名古屋で記録された地震波形などとも比較した結果，岐阜－一の宮線の下に潜在断層*の存在を示唆している．ここでわれわれ (Fukuyama & Mikumo, 2006) は，国土地理院のデータをもとにこの地域の最大主歪の大きさと方向を考慮して最大，最小，中間主応力の大きさを仮定し，また断層の各セグメント毎の応力降下量の範囲を与えて，臨界すべり変位 (4.3章節) $Dc = 1$ m の仮定の下で，あらためて自発的動的破壊の進行のパターンを求めることを試みた．数値計算には境界要素法*を用いているが，この場合の破壊の出発点は，Mikumo & Ando (1976) の結果をもとに温見断層の北端付近と考え，岐阜－一の宮潜在断層が存在する場合と存在しない場合の両方の場合を検討した．この結果，根尾谷断層南端付近に弱い地質的な不連続あるいは短い潜在断層*が存在すれば，断層破壊は岐阜－一の宮線へ容易に伝播し，梅原断層とともに分岐断層となり得ることが明らかになった．

なおこれとともに，1891年の大地震の際，当時の東京の中央気象台で得られた地震記録と，離散波数法*による合成波形を比較した結果，この歴史地震のモーメント・マグニチュードが見積もられ，$Mw = 7.5$ 程度であることも明らかになった (Fukuyama, Muramatu & Mikumo, 2008).

4.1.3　海溝型逆断層大地震の動的破壊過程と強震動の予測

2.6章節に述べたように，中部メキシコ太平洋岸では，ココスとリヴェーラの2つの海洋プレートが北米大陸プレートの下へ沈み込んでいるために，海溝

型逆断層大地震が頻発している．1985年 Michoacan 大地震が 300 km 以上も離れたメキシコ・シティに大きい被害をもたらしたのは，メキシコ盆地の弱い堆積層の地盤に起因するところが大きいが，それとともに逆断層型地震の破壊過程そのものにも原因があり，このような大地震による強震動を予測するためには，この過程を解明することが重要な課題である．

ここでは宮武さんと共同で，このようなプレート境界面で起きる逆断層型大地震の破壊過程をクラック・モデルの立場から追求しようとした (Mikumo & Miyatake, 1993)．横ずれ型断層地震の場合との大きい違いは，広大なプレートの上面にある傾斜断層が，水平成層構造*を持つ地殻・上部マントルの中にあるので，これらを含む完全な 3 次元モデルを扱わなければならないことである．先ずこのモデル空間内の各点ではすべての時間で 3 次元の波動方程式*を満たし，かつこれら各点間の距離と時間間隔はこの方程式の安定条件を満たすことが必要になる．さらに地表面では鉛直応力*と剪断応力*はすべて 0，モデル内の各層の上下ではこれらの応力と変位が連続という境界条件*を満足しなければならない（第 4-1 図）．断層が傾斜しているため座標軸の採り方が些か厄介になり，断層面上の各エレメントのサイズを縦横 2 方向に等しく取ると，モデル内の鉛直方向と水平方向のグリッド・サイズ*が断層面の傾斜角によって異なることになる．これは波動方程式を差分法*で解くとき，傾斜角が浅い場合には若干の誤差を生じることになるが，地表面とモデル内の成層構造は水平なので，ここでの境界条件を導入するにはやはり基本座標系が水平と鉛直方向であるほうが便利である．

一方この断層面のすぐ上とすぐ下では，面に平行でかつ逆向きの剪断応力が働き，破壊が始まると初期応力が短時間（4.3.2 章項の Tb に相当する）ですべり摩擦応力へと降下する．この間，この面に垂直な応力と変位の垂直成分も連続であることが必要である．また断層面から発生した波動が，設定したモデル空間の端の境界面（ここでは横 4 面と底面）で反射してモデル内部の波動に与える影響を避けるために，これらの境界面には人為的な吸収境界条件*を導入する．以上が 3 次元モデル中の傾斜断層に起こるクラックの動的破壊過程を規定する基本的考え方である (Mikumo & Miyatake, 1993)．

このような条件下での計算の結果，断層の最深部から発生したクラックは，

第4章

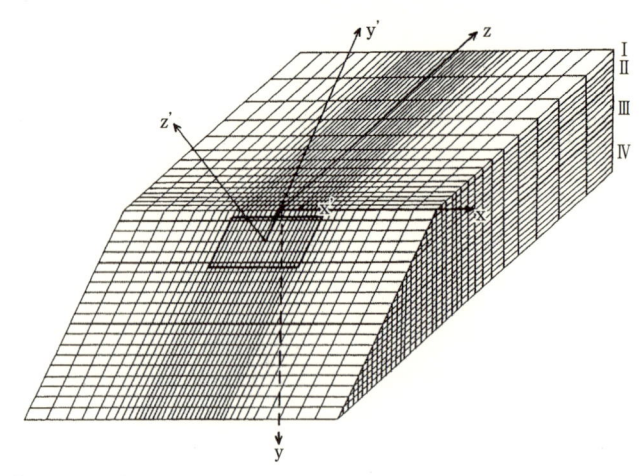

研究ノート

第4-1図 沈み込むプレート上面の傾斜断層面上を伝播するクラックの数値シミュレーションの際の3次元モデル（©Mikumo & Miyatake, Geophys. J. Int., 112, 1993, p. 483）
上から見た下盤側の断層面を示す．

断層面に沿って横方向よりは上方向に速く伝播することや，断層面上の最大変位は断層面の深さに依存し，地表面に近いほど変位が大きいことなどが明らかになった．特に断層面の浅い端が地表まで達した場合にこの効果は著しくなり，地殻が均質な場合と比較すると，浅い場所に速度の遅い層がある場合ほど，全体の断層変位が大きくなる．横ずれ断層の場合と著しく異なるのは，断層面の上盤すなわち hanging wall side* の変位が，下盤すなわち foot wall side* の変位よりかなり大きいことで，これは断層面の位置が浅い場合ほど，また断層の傾斜角が浅いほど，この差が大きくなることが明らかになった（Mikumo & Miyatake, 1993; Mikumo, 1993）．これは断層面から発生した地震波が自由表面すなわち地表面で反射して元の断層面へ戻る影響が大きいことを示している．以上の現象は直ちに地表面で観測される地震波の変位や速度に反映されるため，逆断層地震の場合には，断層上盤側では下盤側より被害がはるかに大きくなることが明らかである．このような場合の例としては，かなり以前に1945年日本の三河地震（M=6.8）の場合について，半無限弾性体中の逆断層の問題として解析解にもとづいて指摘されたことがあり（安藤・川崎，1973），さらには

1961年北美濃地震や1972年San Fernando地震などの例が挙げられる．これらの結果を1992年5月にCENAPREDで開催された地震防災に関する国際会議で，クラック・モデルから推定される傾斜断層直上の強震動の予測の問題として提出した．

次に本来の目的である，メキシコの太平洋沿岸でプレートの沈み込みによって発生する逆断層型大地震を対象として，宮武さんと院生のMiguel Santoyoと取り組むことにした (Mikumo, Miyatake & Santoyo, 1998)．ここで先ず対象としたのは，1973年から1986年の13年間に連続して発生したマグニチュード7.0を超える6個の大地震；1973 Colima (Mw=7.7)，1979 Petatlan (Mw=7.6)，1981 Playa Azul (Mw=7.4)，1985/9/19 Michoacan (Mw=8.1)，1985/9/21 Zihuatanejo (Mw=7.6)，1986 (Mw=7.1)である．これらの地震の深さや断層面の走向，傾斜，地震モーメントなど幾何学的要素はすでに以前の点震源モデルによる研究 (2.6.3章項) から推定されており，さらに断層面上のすべり分布についてはMendozaやHartzell (1989-1997) によって，遠地観測点で観測された地震波と，特に1985年の大地震については近地観測点での強震動波形も含めて，波形インバージョンから推定されていた (2.6.3章項)．

次いでこれらの波形インバージョンの結果を説明する動的断層破壊過程のクラック・モデルを追求することにした．今の場合，巨大な断層を対象とする膨大な計算時間を節約するために，モデル空間の大きさ，地殻と上部マントル構造と断層面の大きさ，時間間隔と破壊終了までの時間を，スケール則*を満足するようすべて実際の1/10に採った．このような場合の計算から見積もられる応力降下量は1/10に補正することが必要になる．また断層面の傾斜角はプレートの沈み込み角度の14°にとっている．

一方，断層面上の各点での剪断応力降下量*の初期値としては，すべり量の分布をもとに，半無限弾性体中の歪と変位のOkadaの関係式 (1992) から静的降下量をあらかじめ計算する．次にこれを第一近似値としてクラック・モデルの中で動的破壊によるすべり量分布を計算し，波形インバージョンによるすべり量分布との差の二乗和を最小にするようにこの計算を繰り返す方法をとった．これは，実際の地殻・マントル構造が半無限弾性体ではないのと，静的応力降下量*と動的応力降下量*が原理的には異なるためで，"最初に仮に与えた

第4章

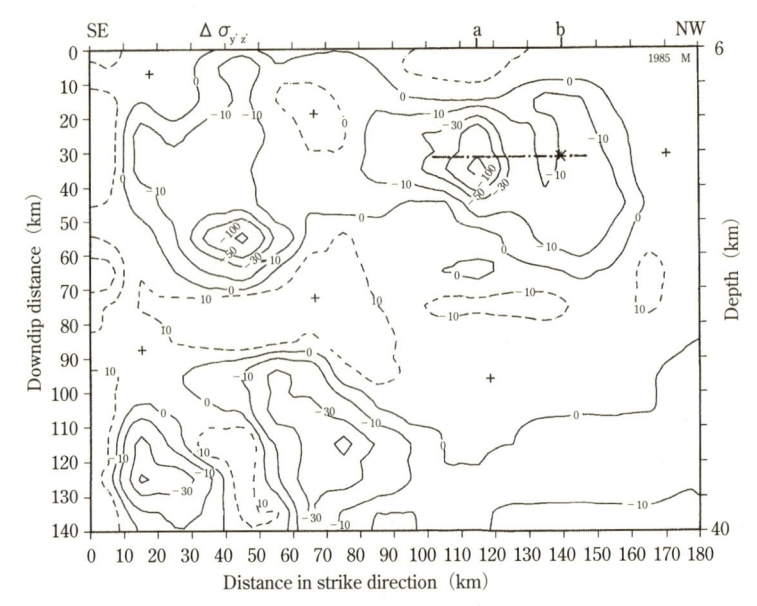

研究ノート

第4-2図　1985年Michoacan地震の動的破壊過程シミュレーションで得られた最終応力降下量の分布（©Mikumo et al., Bull. Seism. Soc. Am., 89, 1999, p. 1422）
図のコンター間隔はbar（= 0.1 MPa）単位．点線部分は応力増加域を示す．左側縦軸は傾斜断層面に沿う距離（単位km）．

値はあくまで単純な仮定による粗い近似値"と解すべきものである．こうして破壊が進行するとともに，時間と場所の両方の関数としてその時点でのすべり分布と応力分布が次々に得られることになるが，次の第4-2図は動的破壊が終了した時点での最後の応力降下量*分布を示している．

　こうして推定した1985年Michoacan大地震の破壊過程は，出発点に近い深さ約10-18 kmのところで10 MPa（100 bar）という大きい応力降下量で最大のアスペリティを破壊して強い地震波を発生させた後，東南へ進みさらに8 MPa（80 bar）の応力降下で第2の大きいアスペリティを破壊し，さらに深さ約30 kmのやや深いところでも4 MPa（40 bar）の応力降下を生じさせたという結果である（第4-2図）．第1と第2のアスペリティの周辺でも1.0-1.5 mのすべり変位があるが，この場所での応力降下量は0.3 MPa（3 bar）から最大1 MPa（10 bar）程度，またこれらと深さ30 kmのアスペリティの間では，マイナスの応

力降下つまりは応力が増加したことになる（Mikumo et al., 1998）.

第4-2図の応力変化の分布と，第2-19図の波形インバージョンから得られた断層面上のすべり分布を比較すると，両者の空間分布のパターンは全体としては良く対応しており，このような海溝型巨大地震の場合の断層破壊過程が明らかになったのはメキシコでは最初のことである．しかし波形インバージョンによる解析では，断層面内の破壊の伝播速度と，面内各点でのすべり継続時間（ライズ・タイム）をそれぞれ一定と仮定しているが，実際には一定ではない．力学的条件を考慮した断層破壊理論にもとづくクラック・モデルでは，第4.3章節に述べるように，破壊の進行は，周辺の初期応力や断層面の強度，すべり摩擦応力，臨界すべり変位などの他，幾何学的形状などに支配され，その進行速度もライズ・タイムも断層面内の位置と，途中の時間経過とともに変わることになる．それにもかかわらず，運動学的なモデルによる上の波形インバージョンが一応合理的と思われる結果を与えていることは，クラック・モデルの中で最終すべり分布を説明するように計算を繰り返しているためである．さらに近似の度を高めて，断層理論から期待されるような高次のモデルを得るためには，第4-2図から得られた応力変化分布や，破壊進行速度の変化，断層面内各点でのライズ・タイムをもとに，さらに波形インバージョンを繰り返すことが必要である．したがって，今の段階では，第2-19図も第4-2図も第一近似の結果と解釈することが望ましい．

次いで2日後に発生した最大余震Zihuatanejo地震の破壊は，本震の断層面の東南端に近いところから始まり，深さ12-26 kmの間の半径約30 kmの範囲で最大2 mのすべり変位を生じた．この余震の最大破壊は応力降下量約2 MPaで，深さ約16 kmと22 kmの2部分に分かれる．これより前に断層面の東南端で起こった1979年Petatlan地震は，深さ15 kmを中心とする半径約40 kmの範囲で1 MPa程度の応力降下により最大1.2 mのすべりを生じ，1981 Playa Azul地震は，深さ6 kmから20 km，大きさ60 km×70 kmの比較的狭い範囲で最大9.4 MPaという大きい応力降下により，最大3.5 mのすべりを起こしたと考えられる．上に述べたこの4つのMichoacan地域内の大地震は，沈み込むプレート内の隣接するセグメントを次々と破壊したように見える（Mikumo et al., 1998）．ここで推定したのは断層面内の剪断応力の変化のみで，断層周辺

第 4 章

研究ノート

の応力変化を推定するためには，この領域を拡大し，またクーロン破壊応力変化*ΔCFS も推定することが必要になる．4.2.2 章項では，Jalisco-Colima 地域から Michoacan 地域に 1973 年以降 2003 年までに発生した $M_w>7.0$ の 7 個の大地震を対象としてこのような推定を行った（Santoyo, Mikumo & Mendoza, 2007）．

　一方，これらの大地震の破壊領域の拡がりを決める要素については，プレート上面に凹凸などの幾何学的に不規則な境界が存在するためか，あるいは破壊強度が強いバリアがあるためかは結論が出ていない．またこれらの大地震の余震の分布（例えば第 2-16 図，UNAM Seismology Group, 1986）と比較したところ，一般的には応力降下の大きいところでは余震の発生は少なく，その周辺特に応力が増加した場所で多くの余震が発生したことが明らかになった．しかし 1979 年地震の場合（Valdez et al., 1982）にはこの傾向は必ずしも明瞭ではない．

4.2　プレート沈み込み帯での大地震間のストレスの相互作用

4.2.1　プレート上面の逆断層型大地震間のストレス伝播の可能性

　メキシコ太平洋岸のプレート沈み込み帯では，1900 年以降 M＞6.9 の大地震が 46 個も発生しており，世界的にも大地震の活動が活発な地域である．これらの大地震の間に時間的な続発性や空間的な近接性があるかどうかを調べるため，先ず統計的検討を始めることとした（Santoyo, Singh, Mikumo & Ordaz, 2005）．このため，これらの地震によって生ずるクーロン破壊応力 ΔCFS の空間分布を簡単なすべりモデルによって計算し，地震相互間の時間間隔を χ^2 と呼ばれる統計的検定*によってどのような分布に適合するかを調べた．クーロン破壊応力*ΔCFS は $\Delta CFS = \Delta \tau + \mu' \Delta \sigma$ で与えられる量である（Δτ：剪断応力の変化，Δσ：法線応力の変化，μ'：みかけの摩擦係数）．

　この結果 0-5 年の間隔と 30-40 年の間隔が，ランダムな場合の Poisson 分布*から期待される間隔のそれぞれ 2.1 倍と 1.7 倍あることが明らかになったが，第 1 の間隔はおそらく先に発生した地震のストレスの影響を受けたもの，第 2 の間隔はプレートの沈み込みによるストレスの増加を反映している可能性が高

いと推論されている (Santoyo et al., 2005) (第2.5章節参照).

4.2.2　CocosおよびRiveraプレート上面に発生した一連の逆断層型大地震

次にこれらのうち，1973-1985年にCocosプレートの沈み込みによって連続して発生した6個の大地震（Mw＝7.4-8.1）と，1995-2003年にRiveraプレート上に発生した2個の大地震（Mw＝7.5-8.0）の破壊過程を明らかにし，これらの地震によるストレスがプレート面上を海溝に平行な方向へ伝播する可能性を詳細に検討することにした．このうち先の13年間に発生した地震のうち4個については，すでに述べた（Mikumo et al., 1998）が，この時は考慮の対象を破壊断層面上の剪断応力のみに限ったため，今回は上のすべての地震について断層周辺も含めた広範囲のクーロン応力変化 ΔCFS を推定する．また2003年Tecomán-Colima地震（Mw＝7.5）は，先のCocosプレート上面の1973年Colima地震（Mw＝7.6）と，Riveraプレート上面の1995年Colima-Jalisco大地震（Mw＝8.0）の隙間を埋めるように発生した（第2-6図）ため，隣接するこれら両プレート間の相互作用も注目される．この2つのプレートと北米プレートとの相対速度はそれぞれ年間5.2 cm/yrと2.5 cm/yrとされるが，Cocos, Rivera両プレートの境界は必ずしも明瞭ではなく，El Gordo Graben付近と考えられている（第1.2章節参照）．

今回，1973年地震についてはSantoyo et al. (2006), 1995年地震についてはMendoza & Hartzell (1997), 2003年地震についてはYagi et al. (2004)の波形インバージョンの結果を含め，SantoyoやMendozaと共同研究をすることにした (Santoyo, Mikumo & Mendoza, 2007). Cocosプレート境界面上の1973年地震は深さ5-27 km, 140 km×80 kmの範囲の浅い部分に約2 mのすべり変位と，深い部分に最大1.7 mの変位のアスペリティを生じている．一方，Riveraプレート上の1995年地震は深さ3-27 km, 面積200 km×100 kmの浅い部分に4.8 mと4.5 mの大きいすべり変位，破壊出発点周辺では変位1.5 mのアスペリティと，2003年地震の破壊域の一部は先の1995年地震の断層面の東南部に重なり，面積35 km×70 kmの深さ20-30 kmの中央部に3.4 mのすべり変位と，やや

第4章

研究ノート

深い部分に 3.1 m のすべり変位が見られる（第 4-3：4-4 図左側）．

このようにして見積もった各地震のすべり分布をもとに，これらの地震の断層面内と周辺のクーロン破壊応力*の変化を推定した（第 4-3，4-4 図）．この場合の見かけの摩擦係数 μ'（4.2.1 章項参照）は，いくつかの値を検討した後，最終的には 0.4 を採用した．このようにして地震毎に見積もったクーロン応力の変化量を，今度は Cocos プレートの場合には 475 km×240 km，Rivera プレートの場合には 390 km×240 km の広い領域の中で，時間の関数として重ね合わせ，それぞれ最初の地震前の応力状態を基準として表現している（Santoyo et al., 2007）．

第 4-5 図に見られるように，一連の大地震群のなかの最初の 1973 年 Colima

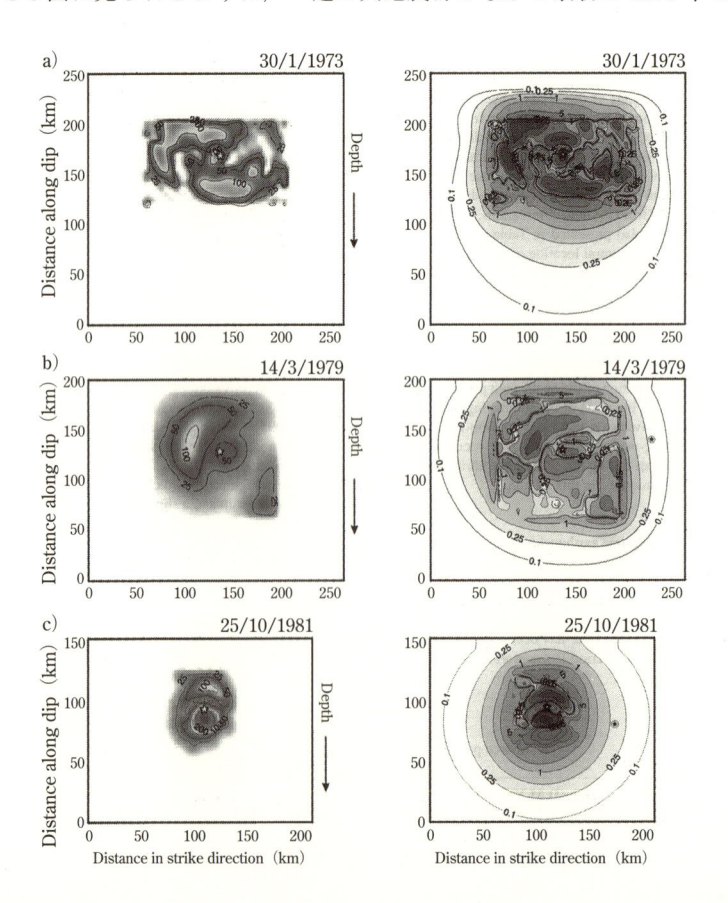

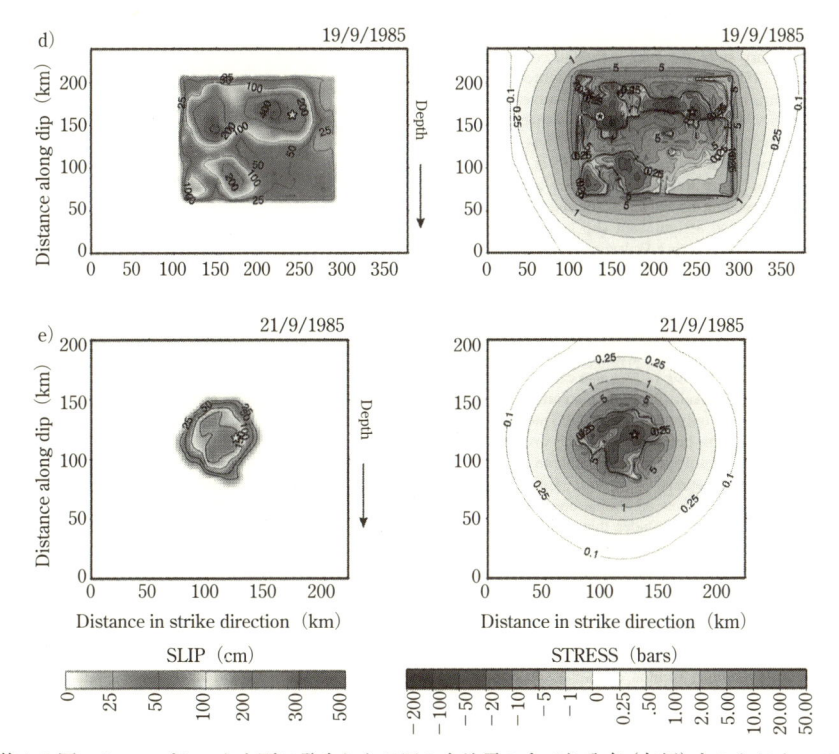

第 4-3 図　Cocos プレート上面に発生した 5 回の大地震のすべり分布（左側）とこれによって生じたクーロン応力変化（単位：bar = 0.1 MPa）：（右側）
（©Santoyo et al., Geofis. Int., 46, 2007, pp. 214–215）.

地震 (a) は Cocos プレートの北端付近で発生し，震源域の南東部のアスペリティを破壊して 4.5 MPa の応力降下をもたらすとともに，北西部のアスペリティを 3.7 MPa 程度の応力降下によって破壊し，この両者の間では 1.9 MPa の応力の増加が見られる．次の 1979 年 Petatlan 地震 (b) は 1973 年地震の震源域の南東端から約 130 km 隔たっているため，前者の影響を受けたとは考えられない．この Petatlan 地震では震源南東約 30 km のところにあるアスペリティが破壊し 1.2 MPa の応力降下が見られた．さらに次の 1981 年 Playa Azul 地震 (c) は，先の 1973 年と 1979 年の 2 つの地震の中間に発生し，この 2 つの地震による応力増加がそれぞれ 0.025 MPa 程度であるため，この両者の影響を受けた可

第 4 章

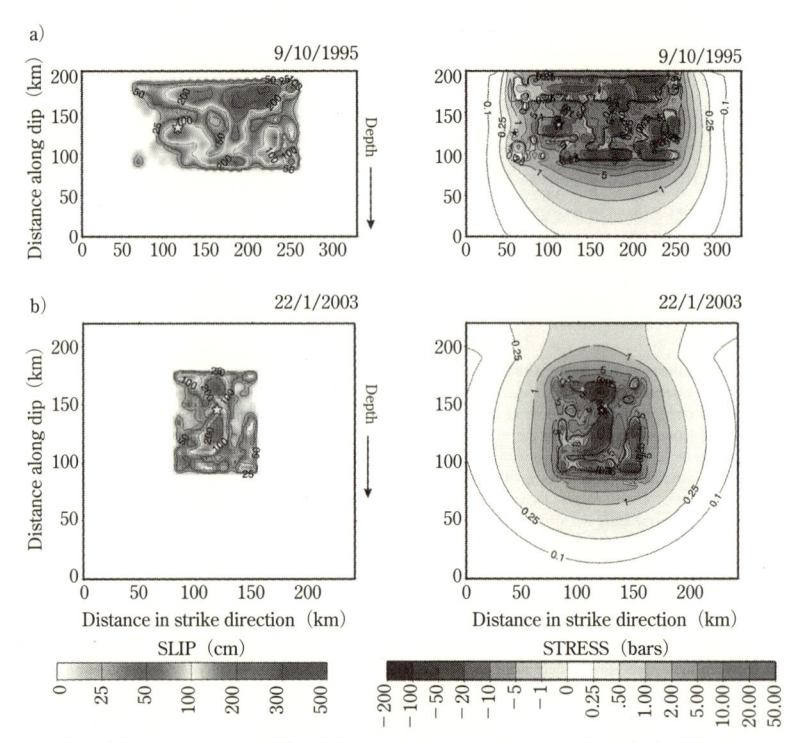

研究ノート

第 4-4 図　Rivera プレート上面に発生した 2 回の大地震のすべり分布（左側）とこれによって生じたクーロン応力変化（単位：bar = 0.1 MPa）：（右側）
4-3 図に同じ（©Santoyo et al., Geofis. Int., 46, 2007, p. 217）.

能性が考えられる．

　1981 年地震による応力降下は比較的狭い領域で最大 18 MPa に達し，周辺に 5.5 MPa という応力増加をもたらしている．次の最大の 1985 年 Michoacan 地震（d）は，直前の 1981 年地震と 1973 年地震による応力増加領域にあるため，この両者の発生によるストレス増加の影響を強く受けて発生した可能性が大きいと云える（第 4-5 図 (d)）．この 1985 年地震では 2 つの大きいアスペリティが破壊し，これらの中央部で最大 12 MPa の応力降下と周辺部で 2.3 MPa の応力増加が見られた．この地震の 2 日後に起こった最大余震 1985 年 Zihuatanejo 地震（e）は，これらの先の地震による応力降下域の内部または応力増加域の先端付近にあるように見える．この震源の位置からは 1985 年 Michoacan 地震の

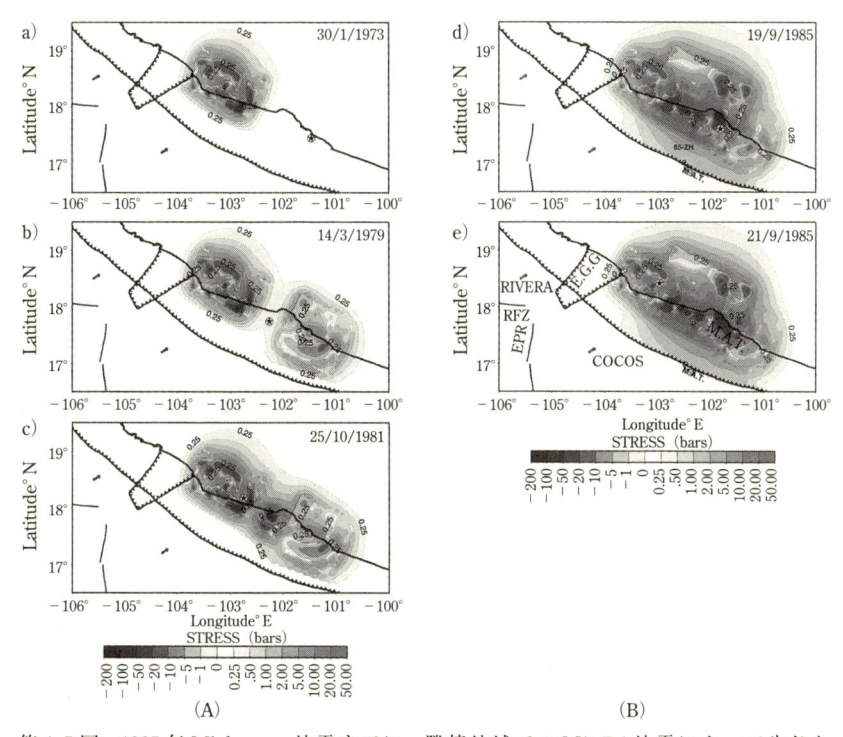

第 4-5 図　1985 年 Michoacan 地震までに，隣接地域での M>7.4 地震によって生じたクーロン応力変化 ΔCFS（単位：bar = 0.1 MPa）(A) 1973-1981，(B) 1981-1985
4-3 図に同じ（©Santoyo et al., Geofis. Int., 46, 2007, p. 221）.

強い影響で発生したとは，必ずしも断定し難いが，応力分布を見積もるもとになった各地震のすべり分布の位置の精度や，この余震と本震の震源の相対的位置の誤差をさらに検討することが必要と思われる．次いで起こった 1986 年余震の震源位置は 1985 年 Michoacan 本震と最大の Zihuatanejo 余震の両者による応力増加域にあり，明らかにこれらの影響を受けて起こったものと思われる（第 4-5 図 (e)）(Santoyo et al., 2007)．以上の事例は，1985 年 Zihuatanejo 地震の場合を除き，次の地震が最大応力増加域の付近で発生した可能性を示唆している．

一方，Rivera プレート上では 1932 年に Mw = 8.2 と Mw = 7.8 の大地震が連

第4章

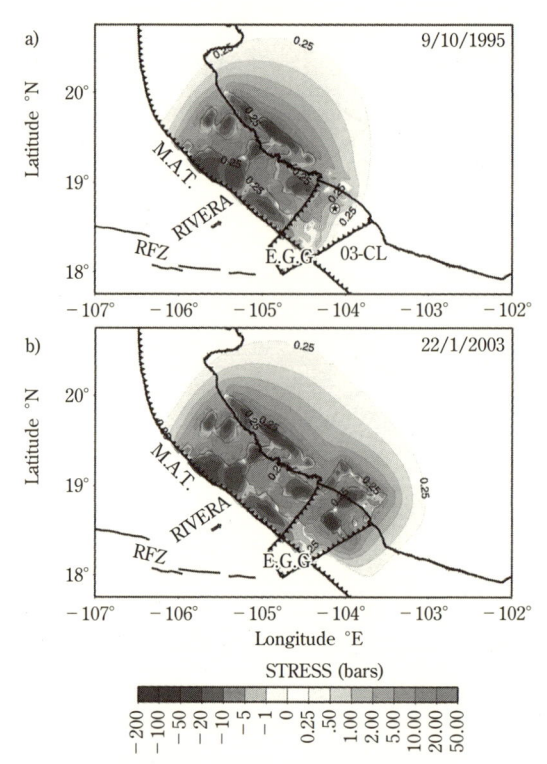

研究ノート

第4-6図 Colima-Jalisco地域の1995-2003年地震によって生じたクーロン応力変化 ΔCFS（単位：bar＝0.1 MPa）
4-3図に同じ．星印：次の地震の震源域を示す（©Santoyo et al., Geofis. Int., 46, 2007, p. 222）．

続して発生しているが，すでに63年が経過しており，これらが1995年地震に影響を及ぼしたとは考えにくい．1995年Colima-Jalisco地震（第4-6図 (a)）は，震源の北西側で中央アメリカ海溝に近い2つのアスペリティを破壊し，それぞれ17 MPaと15.5 MPaという大きい応力降下をもたらし，後者ともう1つの震源に近いアスペリティの間に1.7 MPa程度の応力増加を生じさせた．2003年Tecomán-Colima地震（第4-6図 (b)）はEl Gordo Grabenと呼ばれる，この応力増加域の一部を破壊したことになる．さらにCocosプレート最北西端で起こった1973年地震（第4-5図 (a)）も2003年地震の発生にある程度の影響を与えたことも考えられる（Santoyo et al., 2007）．

しかしながら，上の見積もりにはこの期間中のプレートの沈み込みによる応力の増加と，上部マントルと沈み込むプレート下のアスセノスフェア*の粘弾性による応力の緩和は考慮されていない．ただこれらの地震群全部の発生期間が30年を超えないため，粘弾性の影響はあまり大きくないと考えられる．ただ上の計算はMw＞7.4を超える大地震の発生による応力変化のみなので，もし地震後の余効すべりや地震間にゆっくりすべりSSE（4.6.1章項）があった場合や，この期間中に起こったやや小規模の地震などによる応力変化などの影響の可能性も否定できない．しかし主たる原因は，やはりこれら大地震による応力変化の積算効果と考えて良いのではなかろうか．

4.2.3　プレート上面の逆断層型大地震とプレート内部に誘起された正断層型地震

(A) 1997年1月には，先の1985年逆断層型Michoacan大地震（Mw＝8.1）の断層面の直下で，沈み込むCocosプレート内部に殆ど垂直の正断層型地震（Mw＝7.1）が発生した（第2-21図）．世界的に見て，プレート沈み込み帯の逆断層大地震の後，数日から数年以内に，この破壊域の上部あるいは下部付近のプレート内部で正断層型大地震が起こることはこれまで，東北日本の1938年塩屋沖（Abe, 1977）地震など，いくつかの例が報告されている．この原因の一つとして重いプレートの負の浮力による下方への引張力によるものと解釈されてきた．しかし今回の1997年地震のように逆断層大地震の直下で，しかも垂直な正断層大地震の発生は極めて稀な事例といえる．この原因としては1985年大地震の影響が先ず考えられるので，この逆断層型大地震によるプレート内部のストレス変化を3次元クラック・モデルによって追求することにした（Mikumo, Singh & Santoyo, 1999）．

このため4.1.3章項で用いた方法をプレート内部に拡張し，動的破壊過程終了後のこの内部の各点で地表面に平行方向とこれに垂直方向の剪断応力（μ'＝0）とクーロン破壊応力を計算することにした．この場合の見かけの摩擦係数μ'は0.0–0.6の間の値を取ると仮定している．この結果，1997年正断層地震の周辺では，剪断応力$\Delta\sigma_{yz}$とクーロン破壊応力$\Delta\sigma_{cfs}$が0.3–0.5 MPa増加することが明らかになり（第4-7図），この1997年地震は1985年Michoacan地震の影

第4章

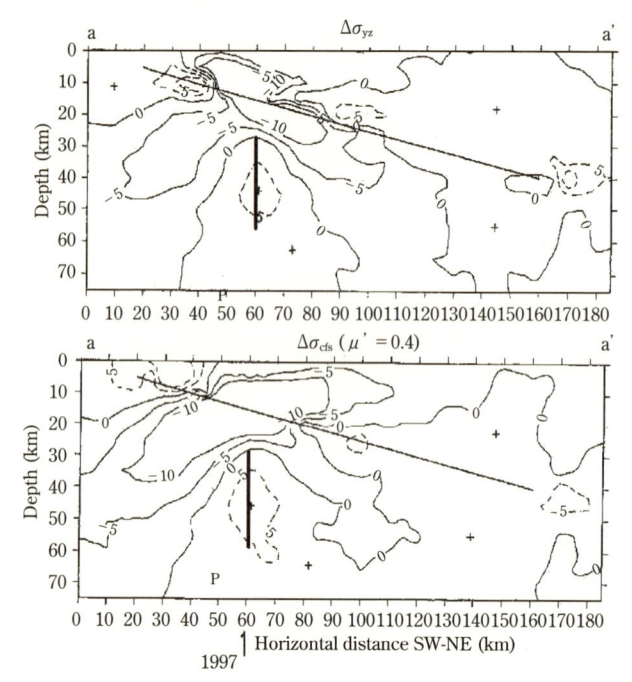

研究ノート

第4-7図 プレート境界面上の1985年Michoacan逆断層地震による応力変化（単位：bar = 0.1 MPa）と1997年正断層地震の位置（縦の黒線）

上：$\Delta\sigma_{yz}$，下：$\Delta\sigma_{cfs}$（$\mu'=0.4$の場合）（©Mikumo et al., Bull. Seism. Soc. Am., 89, 1999, p. 1423）：点線部分が応力の増加域を示す．a-a'は第4-2図のa-a'に沿う断面．

響をを強く受けて発生したものと考えられる．ただこの数値は1985年地震による変化のみであり，12年間の粘弾性的な減衰は含まれていないが，次の(B)の地震の際に見積もった値から，この減衰は上の値を大きく変えるものではないことが分かる．

(B) また1999年には，1978年逆断層地震（Mw=7.8）が起こったOaxaca地域のCocosプレート内の下部付近にやはり大きい正断層地震（Mw=7.5）が発生した（2.6.5章項）．この状況が(A)の場合と異なるのは，今回の1999年正断層地震は1978年逆断層地震より21年を経過して発生しており，しかも1978年地震断層の直下ではなく，断層面がプレート内の下部で傾斜していることであ

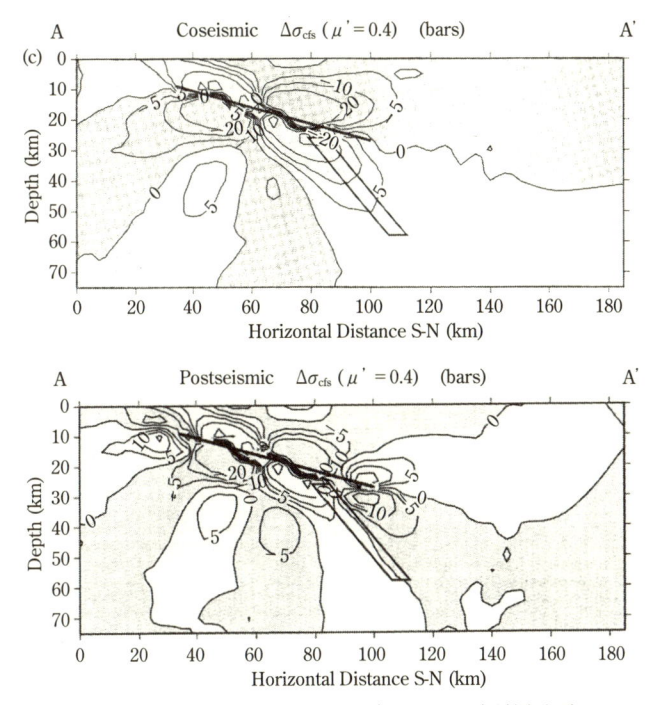

第 4-8 図　プレート境界面上の 1978 年 Oaxaca 逆断層地震による
応力変化：$\Delta \sigma_{cfs}$（$\mu' = 0.4$ の場合）（単位：bar＝0.1 MPa）と 1999 年
正断層地震の位置（平行四辺形の範囲内にある）
（上）地震直後，（下）21 年後（©Mikumo et al., J. Geophys. Res. 107, B1, 2002,
ESE5-6 and ESE5-9）．影の部分が応力減少域，白い部分が応力増加域を示す．
A-A' は第 2-20B 図の N-S に沿う断面．

る（第 2-22 図）．したがってこの正断層地震が先の逆断層地震によるストレス変化の影響を受けて発生したかどうかを判断するためには，地震後のストレスの 21 年間の粘弾性緩和のみならず，この期間中のプレート収束によるストレスの増加を考慮するとともに，また（A）の場合より複雑な幾何学的形状を扱う必要がある（Mikumo, Yagi, Singh & Santoyo, 2002）．

1978 年地震の本震の震源位置や断層面解，地震モーメントなどは当時の WWSSN の観測からかなり精度良く推定されており（Stewert et al., 1981），また余震分布（Singh et al., 1980b）も明らかになっていたが，断層面上のすべり分布までは求められていない状況であった．このため東大地震研究所に保存されて

第4章

研究ノート

いた WWSSN 記録のマイクロ・フィッシュからアナログ波形を読み取って数値化する作業から始めることになった．このうち良好な記録をもつ観測点の波形を選び，共同研究者の八木勇治さんが波形インバージョンを行って，断層面上のすべり分布を推定した．次にこれをもとに 1978 年地震断層の動的破壊過程を計算し，1999 年地震の断層面に平行方向の剪断応力と直交方向の法線応力を求め，1978 年地震時のクーロン破壊応力の変化を求めた（第 4-8 図上）．

次に 21 年間のプレート運動によるストレスの変化を見積もるために，Cocos プレートの Oaxaca 地域での進行速度年間 6 cm/yr×21 yrs の大きさを持つ空間的に一様なバック・スリップ* と呼ばれる，プレート運動とは逆向きのすべりを与えて，1978 年地震の断層破壊領域を固定する方法を採った．またこの期間中のストレスの粘弾性緩和の影響は，下部地殻，上部マントルとプレート下のアセノスフェアとプレートを含む領域に 3 次元マクスウエル粘弾性体* モデルを適用して見積もった．この結果，21 年間の緩和は大きくても 15% を超えないことが明らかになったが，この意外に小さい変化は，プレート自体がほとんど弾性体に近いことによるためと思われる．この結果，1999 年正断層地震が発生した領域では，1978 年地震時とこの後のストレス変化が平均 0.2–0.5 MPa，最大 1.5 MPa の累積増加を示しており，1978 年地震が 21 年後の 1999 年地震の発生を促進する方向に働いたことを強く示唆している（第 4-8 図下）（Mikumo et al., 2002）．1999 年地震がこのような状況で発生したのは，プレート上部の海洋性地殻に含まれていた既存の弱面が長期間の応力によって活性化し，応力腐食* によって破壊したという可能性が一つの仮説として考えられる．

4.3 断層の破壊に伴う応力降下時間と臨界すべり量の推定

4.3.1 従来の研究

断層の動的破壊の様式は，断層周辺と面上の応力分布のみならず，断層面の摩擦の構成則とエネルギーのバランスに強く支配されることが，多くの理論的研究から次第に明らかになってきている．特に地震断層面上の剪断応力がすべ

4.3 断層の破壊に伴う応力降下時間と臨界すべり量の推定

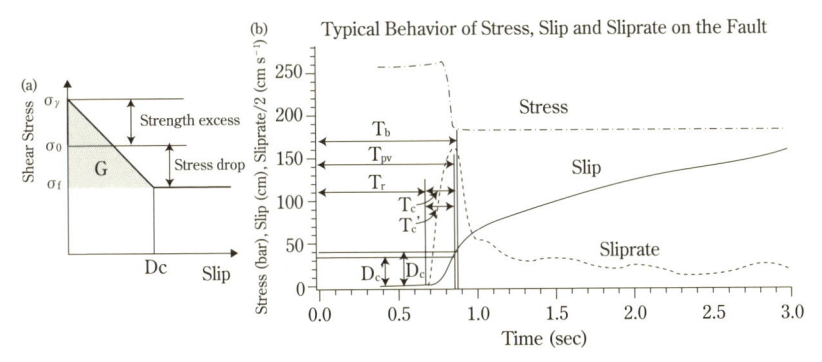

第4-9図 断層の破壊に伴う応力降下時間 Tb と臨界すべり量 Dc の推定（©Mikumo & Yagi, Geophys. J. Int., 155, 2003, p. 209 ； ©Mikumo et al., Bull. Seism. Soc. Am. 93, 2003, p. 269）：左側：Andrews のモデル（1976）．σ_0：初期応力，σ_y：静止摩擦応力，σ_f：動摩擦応力　右側：このモデルによる断層面上のある地点での計算例．Stress：応力変化，Slip：変位，Sliprate：変位速度：この例では Tb〜Tsv，Dc'〜Dc であることが分かる．

りとともに減少して臨界すべり変位という一定値に落ち着くまでの挙動が，破壊エネルギーとして動的破壊やさらには大地震の際の強震動を支配することが認識されるようになった．この概念はもともと 1972 年に Ida（1972）が，伝播するクラックの先端で応力が無限大になってしまうという数学上の特異点* を除くために，破壊先端のすぐ後に癒着帯* の存在を導入したのが始まりである．その後 Andrews（1976）が "slip-weakening model"（応力のすべり弱化モデル*）として一般化してから，広く用いられるようになった．この単純化したモデル（第4-9図左側）では，断層面上のある一点での応力 σ_0 は，破壊フロントが近づくと急速に増加して上限 σ_y（断層の強度あるいは静止摩擦応力）に達し，その後すべりが始まると直線的に減少して摩擦応力の下限 σ_f（あるいは動的摩擦応力）まで降下し，すべり量は臨界すべり変位*Dc に達する．この考え方はその後，3次元の均質弾性体に拡張され（Day, 1982），さらにいろいろな条件下での理論的研究や数値シミュレーションが行われた．この中で特筆すべきは，断層表面の幾何学的形状が種々の波長を持って自己相似的* に分布する場合には，波長に依存したさまざまなすべり弱化のパターンを示すという Matsu'ura et al.（1992）の研究結果である．またこのような特性は岩石実験の結果からも支持されてい

第4章

研究ノート

るが，これらの実験では応力の降下時間が 1/10 msec，臨界すべり変位 Dc は数 μm という小さい値である．また Dc がすべり面の凹凸の波長 (Ohnaka & Kuwahara, 1990) や断層のガウジ層*の厚さ (Marone & Kilgore, 1993) に依存するという注目すべき結果も得られている．一方，実際の地震の場合については Papageorgiou & Aki (1983) が初めて Dc の推定を試みて以来いくつかの研究があり，特に1995年の神戸の大地震の際に Ide & Takeo (1997) が強震動データの波形インバージョンから，断層のやや深い部分で Dc = 50-100 cm，浅い部分で 100-150 cm という値を得ている．ただこれらの地震波の解析結果は観測波形データの分解能や計算上の制約などの問題があることが指摘されている．

4.3.2 震源時間関数から Dc の近似値 Dc' の推定

われわれは，断層の動的破壊過程のパターンを時間領域で表現し，この断層面上の各点での応力，すべり速度，すべり変位の時間的変化を，観測データから得られる量と比較する方法を新たに探ることにした (Mikumo, Olsen, Fukuyama & Yagi, 2003)．応力降下時間 Tb は動的破壊の計算から推定されるのに比べて，すべり速度が極大値に達する時間 Tsv と，Tsv および Tb に対応するすべり Dc' と Dc は，インバージョンから求められる波形から観測量として見積もることが可能なはずである．これについては，速度構造が一様な媒質の場合や，上部地殻が層構造をなすような実際に近い場合について，鉛直断層内で破壊が自然に進行する動的破壊モデルを，2次と4次 staggered-grid*の差分法を用いて種々の予備計算を行った．その結果，Tsv から求めた Dc' は 30% 程度以内の誤差で実際の Dc を推定できる可能性が明らかになった．Fukuyama, Mikumo & Olsen (2003) は，断層面上の境界条件として与えられる剪断応力とすべり速度の関係式から，Andrews のモデルで応力が摩擦応力レベルに降下する時間 Tb の付近 Tsv で，すべり速度が極大値に達すること（第4-9図右側）を確かめてこの方法を理論的に裏付け，実際の観測データに用いることが可能なことを示した．ただこの関係は断層面の終端に近い場所や，断層面上に摩擦強度が大きいバリア*が存在してこの付近で破壊の進行速度が急変する場合や，また応力のすべり弱化が Andrews の仮定から外れて Tb の付近で緩やかになるような場合には，Dc' は仮定した Dc からかなり外れることも明らかになった．

4.3.3 地殻内の横ずれ断層型地震とプレート内の正断層地震の場合

(A) このような検討の後，この方法を 2000 年鳥取西部地震（Mw = 6.6）と 1995 年神戸地震（Mw = 7.2）の 2 つの日本の横ずれ断層地震の場合に適用して，臨界すべり変位 Dc を推定することを試みた（Mikumo et al., 2003）．2000 年地震の場合には，遠地観測点で観測された記録と近地観測点での強震動記録の波形（0.05-0.5 Hz）のインバージョンで得られたすべり分布から，断層面上各点の剪断応力変化とすべり速度の時間的変化の関係を求めた．これから得られた Dc' は 40-90 cm の間に分布し，断層面内の深さには関係せず，むしろすべり最大変位 Dmax との間に依存関係が見られ，誤差を考慮すると 0.27＜Dc'/Dmax＜0.56 の範囲に分布している．また応力降下時間 Tb は 1.2-3.0 sec の間の値に求められる．しかしこれらの見積もりは解析した波の分解能と実際の Dc の上限値との間にあると思われる．この方法を，すでにすべり速度関数が Ide & Takeo（1997）によって求められている 1995 年神戸地震に適用すると，Dc' は 1 点を除いてやはり 40-60 cm の間に分布し，断層面内の深さにはほとんど関係しないことが明らかになった．こうして推定した Dc のすべり変位依存性は，もしこれが実在のものとすれば，すでに指摘されているように断層面内の幾何学的凹凸の波長によるものか，あるいは断層面に挟まれるガウジ層の厚さによるものかも知れない．

(B) 次に同様な方法を，今度はメキシコ沈み込み帯のプレート内部に発生した 3 つの正断層地震（Mw = 7.0-7.5）に適用して，この場合の臨界すべり量 Dc を推定することにした（Mikumo & Yagi, 2003）．1999 年 Oaxaca 地震の場合は，近地観測点での強震動波形と遠地観測点での観測波形のインバージョンの結果から，断層面上各点で，すべり速度関数が最大になる時間 Tsv とこの時刻の変位 Dc' を求め，一方，動的破壊過程の計算から応力降下時間 Tb と臨界すべり量 Dc の関係を用いて Dc' を補正する．こうして推定した Dc' は 40-120 cm の間に分布し，断層面中央部で最大で，破壊開始点付近では 50-70 cm 程度の値を示している．また Dc' の深さ依存性は見られず，やはりすべりの最大変位に関係することを示した．他の 2 つの地震の場合には，精度はそれ程良くないが，応力降下量の大きい場所では Dc' = 100-120 cm 程度であり，先の日本内陸

部の浅い横ずれ断層の場合よりやや大きい結果を示している．

ただ，Yasuda et al. (2005) は，Dc が一様に分布する場合の動的破壊のシミュレーションをもとに，各観測点で観測されるべき仮想波形を計算し，さらにこれらをインバージョンしてすべり速度時間関数と Dc' を計算した．その結果，Dc' のすべり変位依存性は，計算に用いた小断層内を破壊が伝播する影響や，観測波形データの低周波透過フィルタリングによる影響（Spudich & Guatteri, 2004）などが含まれている可能性があることを指摘している．

4.3.4 断層近傍の観測波形からの直接の推定

一方，横ずれ断層近傍で観測された強震動波形から，上の方法を考慮に入れて，直接 Dc' を推定する試みも行われた（Fukuyama & Mikumo, 2007）．この場合，震源時間関数としては動的破壊の場合に近い Yoffe 関数*（Tinti et al., 2005）を用い，断層面から放射される波の Green 関数としては，一定の速度で進行する 2 次元断層から放射される場合を考える．断層近傍での変位成分はこの両者の convolution* として表現できる．この場合，観測から破壊進行速度，ライズ・タイム，最終変位の3つが分かれば，断層面と直交方向でかつ断層に近い距離にある観測点での理論波形を Dc の関数として合成することが可能になる．この方法を 2000 年鳥取県西部地震の際に GSH 観測点（距離約 300 m）で観測された速度波形と，これを積分して得られた変位波形をもとに，震央距離と速度波形が最大値になる時間を比較して，Dc'〜30 cm の値が得られた．これは前節の方法によるものよりはかなり小さい値であるが，フィルターやインバージョンによる影響を含まないものといえる．次に同様な方法を，2002 年のアラスカ Denali 地震（Mw＝7.9）の際，断層から約 3 km 離れた PS10 観測点での強震動波形に適用した結果，Dc'〜2.5 m という大きい値が得られた．この両方の地震の場合を比較すると，Dc'/Dmax はやはり 0.3〜0.4 の間の値で，最大変位に関係する結果となり，4.3.2 章項で述べた方法が，精度の問題があるとしても，それほど間違った結果を与えるものではないことが分かる．ただこの方法は地表の観測点の位置が断層面から離れるにつれて，実際の断層面内の Dc の値を反映し難くなることや，地表面での反射波の影響によって観測波形が乱される可能性があることに注意が必要である．

こうして地震観測から見積もられた slip-weakening distance Dc は，いずれの場合も先に述べたように，実験室内の岩石すべり実験で得られた値よりも10桁近く大きい値である．その後の各種の岩石実験から，摩擦面で溶融が生じた場合，間隙水圧が増加して実効法線応力* が減少する，いわゆる thermal pressurization* が Dc を急激に増加させるという結果が得られている（Hirose & Shimamoto, 2005）．さらに最近の研究によれば，実際の断層の条件下に近い各種のパラメタを与えると，断層の接触面の幅が 10-20 mm 以下の場合には，Dc が数 10 cm から 1 m 程度の値になり，地震波から得られる値にほぼ一致することも確かめられ（Noda & Shimamoto, 2005），観測と実験の間の大きい差もほぼ解決されることになった．

臨界すべり変位量 Dc の推定とともに，もう一つ重要なことは，断層上の応力がどれくらいの時間の間に解放されるかという問題である．上に述べた方法によれば，断層面上の応力降下時間 Tb は，波形インバージョンから得られる面上各点でのすべり速度がピークに達する時間 Tsv に極めて近いため，比較的簡単に観測から見積もりが得られることになる．上に挙げたいくつかの例では，地震前にピークに近づいていた応力は，破壊が始まってから数秒程度の間に開放されて，あるレベルへ落ち着くことが分かる．Dc'/Dmax が 0.3〜0.6 程度であることと合わせて考えれば，2002 年 Denali 地震のような大地震の場合には，これが 10 秒程度であったと考えられる．

4.4 断層面の破壊エネルギーと解放された地震エネルギーの見積もり

この問題に関連して，次に断層面から解放あるいは放射されるエネルギーを見積もることにした．従来は遠地で観測された地震波から伝播経路や地盤の影響を補正した上，エネルギー束* を積分して見積もる方法が広く行われていた．しかし，波形インバージョンから断層上のすべり分布が求められ，また動的破壊の計算から応力分布の見積もりも可能になったため，これらの結果を利用して，断層の破壊エネルギー* とともに断層から解放されるエネルギーを直接推定することを試みた（Fukuyama, 2005; Mikumo & Fukuyama, 2006）．これは従来の方法と異なり，Kostrov (1974) のエネルギー収支則* にもとづく Fukuyama

(2005) の式によるもので，断層面から解放されるエネルギーは，断層付近の変形によって蓄積された歪エネルギーから破壊エネルギーを差し引いた量として表現できる．具体的には，断層の主要なアスペリティ上での最終すべり変位，破壊開始時の応力上昇と最終降下量，および臨界すべり変位から見積もることが可能である．この方法を先の2002年鳥取県西部地震と1999年Oaxaca地震の2つの場合に適用して結果を比較した．この結果，断層近傍で解放された単位面積あたりのエネルギーは$8 \sim 15 \, MJ/m^2$で，2つの地震の場合あまり大きくは変わらない．これに反し，1999年プレート内地震の場合に要する破壊エネルギーは，2002年の地殻内地震の場合の約2倍の$7-13 \, MJ/m^2$に達し，プレート内部の破壊強度が高いことを示唆する．このことは，プレート境界に近い地殻内では比較的低い応力で破壊が起こることと対照的といえる．またいずれの地震の場合も，断層から解放されたエネルギーは破壊エネルギーより有意に大きいことも明らかになった．

4.5 メキシコ太平洋岸のゆっくり滑り SSE と非火山性微動 NVT

4.5.1 大地震空白域での SSE の観測と解析

1990年代になると，日本列島周辺のプレート沈み込み帯で，通常の地震波を発生させずに断層面がゆっくりすべる現象がいくつも発見された．その最初はおそらく傾斜計観測から見出された1989年の東京湾の下のゆっくり地震 slow (or silent) earthquake (川崎, 2006) と思われる．その後このような現象は GPS観測からも発見され，ゆっくりすべり現象*slow slip events (SSE) とも呼ばれるようになった．その継続時間が数日を超えるような SSE は，日本列島周辺では，日本海溝沿いの1992年三陸沖 (Kawasaki et al., 1995; Kawasaki, 2001)，1994年三陸はるか沖 (Heki et al., 1997) に続き，1996年日向灘 (Hirose et al., 1999), 2001-2002年東海地方 (Ozawa et al., 2002), 2002年房総沖 (Ozawa et al., 2002) などのほか数多く発見された (川崎, 2006)．南海トラフ沿いの SSE は数日から数週間継続し，ほぼ6ヶ月ごとに発生しているが (Obara et al., 2004), 次に述べる非火山性の微動 (NVT) (4.5.2章項参照) と同じ時期に起きて，いずれ

4.5 メキシコ太平洋岸のゆっくり滑り SSE と非火山性微動 NVT

も沈み込むプレートの走向に沿って移動することが多い (Obara, 2010). また Juan de Fuca プレートが北米プレートの下へ沈み込むカナダ太平洋沿岸の Cascadia 地域でも，1999 年にこのような SSE が初めて観測され，2 週間ごとに繰り返し発生していることも明らかになった (Dragert et al., 2001; Miller et al., 2002; Rogers et al., 2003). この期間中に発生した間歇的な NVT と合わせて ETS (episodic tremor and slip events) と呼ばれることも多い. その後アラスカ (Ohta et al., 2006) やコスタ・リカ (Brown et al., 2009) などのプレート沈み込み帯でも同様な SSE 現象が観測されている.

メキシコ太平洋岸のプレート沈み込み帯では，1998 年にゲレロ地方の 1 個所の GPS 観測点で定常とは異なる動きが発見されたのが最初 (Lowry et al., 2001) である. 続いて 2001 年 12 月頃から 2002 年 4 月にかけてこの地域中央部の ACAP (Acapulco)，CAYA, IGUA, YAIG の 4 観測点と，またやや遅れて 2002 年 1 月頃から 5 月にかけてこの周辺の PINO, ZHIP, OAXA の 3 観測点 (第 4-10 図) で約 5 ヶ月間にわたって SSE が観測された (Kostoglodov et al., 2003). この GPS 観測の結果 (第 4-11 図) からは，SSE はゲレロ地方の中央部から始まって，2 km/day 程度の遅い速度で北西側と南東側へ伝播したように見える (Franco et al., 2005). 第 2.6.4 章項に述べたように，ゲレロ地方より北西の太平洋沿岸では巨大地震が連続して発生しており，またこの南東部の Oaxaca オアハカ地域にかけても大地震が頻繁に起きている. この間の幅約 200 km のゲレロ地域では 1911 年の地震 ($Ms=7.6$) 以来，大地震が発生せず"ゲレロ地震空白域"と呼ばれ，将来ここで巨大地震 ($Mw=8.1$-8.4) の発生が懸念されている場所である. GPS によって SSE が観測されたのは，この空白域を含み北西—南東方向に幅約 600 km にわたる広大な地域である. 最初この観測結果は forward modeling* によって，深さ方向に 2 枚から成る屈曲した断層面を仮定した 2 次元 dislocation モデルで解析された (Kostoglodov et al., 2003).

次いでわれわれ (Yoshioka, Mikumo et al., 2004) は，この地域に沈み込む Cocos プレート上面の 3 次元的形状と地震発生の深さ分布 (2.7 章節—第 2-26 図) (Pardo & Suárez, 1995) を考慮に入れて，この GPS データをインバージョンと forward modeling の両方から解析し，プレート間カプリング* の量と方向を見積り，さらに SSE の変位分布とこれによる応力変化を明らかにしようとした.

第4章

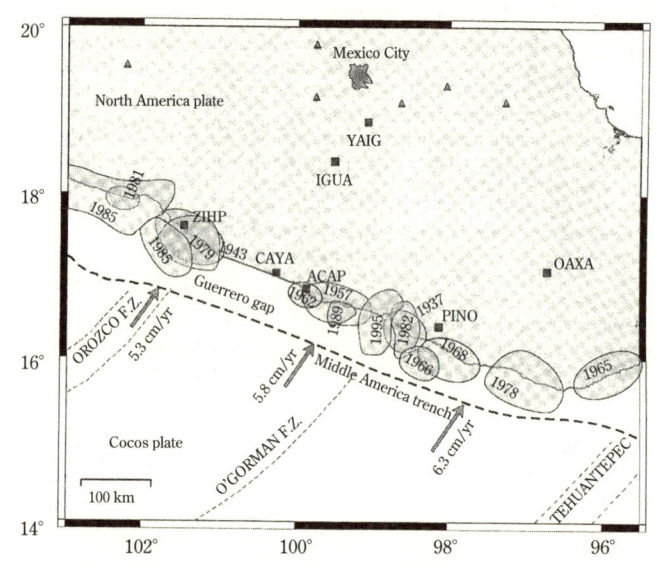

研究ノート

第4-10図　メキシコ・ゲレロ地域のGPS観測点（黒角印）とこの地域に発生した過去の大地震（©Yoshioka et al., Phys. Earth & Planet. Intr. 146, 2004, p. 514）．

各観測点のGPSデータは30 secごとにサンプリングされ，安定な北米大陸にあるアメリカ・コロラド州のMcDonald観測点を基準として，各種の補正が加えられた上，1日1点の時系列として与えられている（Larson et al., 2004）．われわれはさらに，このデータから1日周期と半日周期の変化を除去したうえ，ABIC判定基準*を満たすように，各観測点の各成分毎に最適曲線を決める方法を採った．こうして見積もった定常的水平変位の変化率は，海岸に近い4観測点では北東方向に2.2-2.8 cm/yr，またSSEはこれと反対方向から20-30°反時計周りの方向に起き，その変位は5ヶ月間で3.5-5.2 cmであった．

次にこれらの見積もりをもとに，675 km×210 kmの範囲の深さ12 kmと60 kmの間のプレート上面を3×3（または5×5）のセグメントに分割し，ここでのバック・スリップ率*とSSEの変位分布を，ふたたびABIC*を適用しインバージョンによって推定した．こうして推定したバック・スリップの平均的方向はN31.3+-5.6°Eで，プレート運動モデルNUVEL-1A（DeMets et al., 1994）か

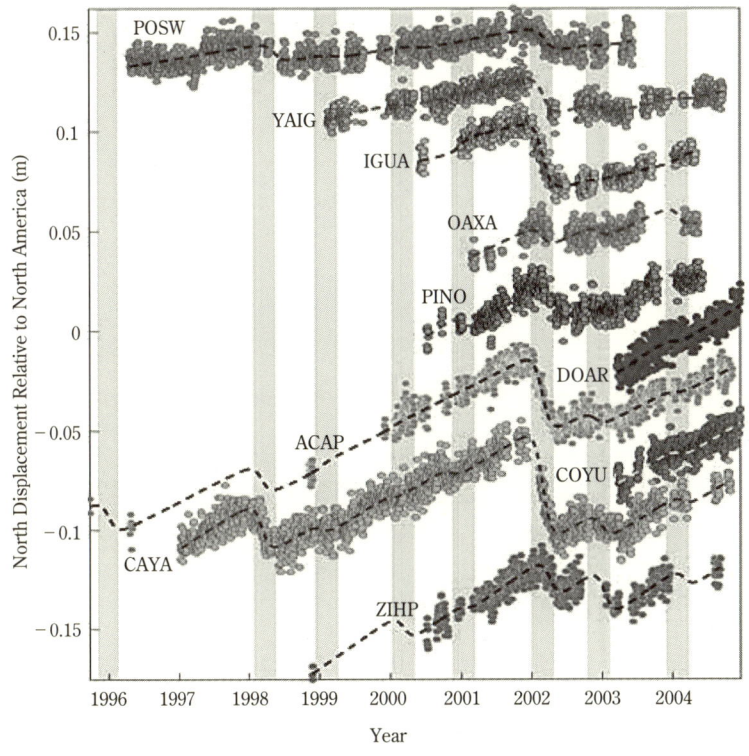

4.5 メキシコ太平洋岸のゆっくり滑り SSE と非火山性微動 NVT

第 4-11 図 メキシコ・Guerrero ゲレロ地域の GPS 観測点で 2001 年-2004 年に観測された ゆっくりすべり SSE 現象（©Kostoglodov et al., Geophys. Res. Lett., 30(15), 2003）; Lowry et al., Geophys. J. Int., 200, 2005, p. 4）.
2001 年終わり頃から 2002 年初め頃にかけて異常変位が見える.

ら計算される N34.9°E にほぼ一致する．またそのバック・スリップは約 45 km の深さまで年間 3.9-5.4 cm/yr で，プレート間の平均的カプリング率は 0.67 を超え，両端を除けば 0.83-0.86 となって，この深さまではプレート境界面は強くカプリングしていることを示している．このことは約 40 km の深さで 350C° というこの地域の熱分布（Curie et al. 2002）から期待される地震発生層の下限や，これまでこの地域の両側で起こった大地震の断層面の下限とも調和的に見える．

第 4 章

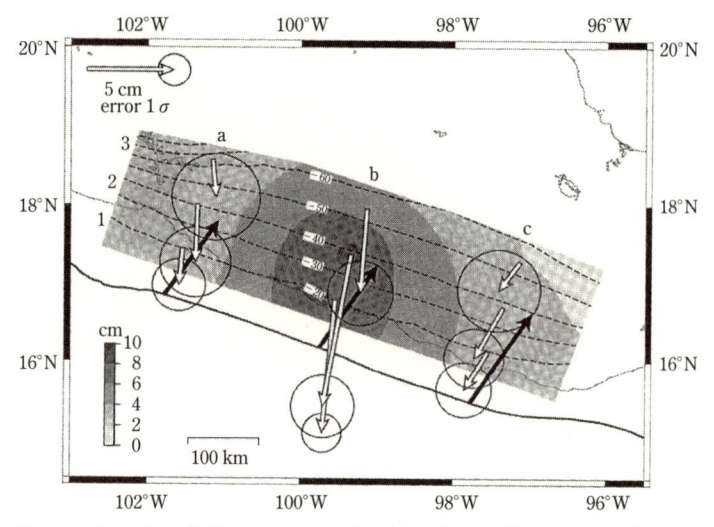

研究ノート

第 4-12 図　ゲレロ地域の 2001-2002 年 SSE のすべり振幅（白矢印）分布
矢印を中心とする円はそれぞれの値の誤差範囲 1σ を示す．黒矢印はココス・プレートの収束方向（©Yoshioka et al., Phys. Earth & Planet. Intr. 146, 2004, p. 522）．

一方，このインバージョン解析から SSE は深さ 12-40 km の範囲で 9 cm 程度のすべり振幅を持つことが分かったが，別途に forward modeling を試みたところ，深さ 22-47 km の範囲で 18 cm という解も一応可能なことも示された．この推定が確かだとすれば，ゲレロ地域の中央部では SSE は大地震発生層下部の少なくとも約 22 km の深さまで侵入している可能性が高いことを示唆する（第 4-12 図）(Yoshioka et al., 2004)．この場合，ここでのストレスの解放量は 0.02 MP 程度に達し，1998 年以来のプレート収束によって増加したストレスの半分程度を解放したことになり，このゲレロ地震空白域での将来の大地震発生を遅らせている可能性も考えられる．しかしもし SSE が地震発生層の下部まで達していない場合は，逆にここへストレスが集中することになり，大地震を引き起こす方向に働くことになる．メキシコで発見された SSE は，幅約 600 km，奥行 150 km 以上にわたり，日本列島やカナダの Cascadia などほかのプレート沈み込み帯の SSE よりはるかに広い範囲を占め，かつ比較的浅い地震発生層の下部まで及んでいる可能性が高いことが特に注目される．

なおこの時の SSE は Iglesias at al. (2004)，Larson et al. (2004)，Lowry et

4.5 メキシコ太平洋岸のゆっくり滑り SSE と非火山性微動 NVT

al. (2005) によっても解析されており，解析の方法やモデルがそれぞれ少しずつ異なるため，細部に関しては多少違った結論が出されているが，大局的にはほぼ同じである．

その後ほぼ同じ地域で 2006 年 4 月から次の SSE が始まって 12 月頃まで継続し，10 観測点の GPS 観測データ（第 4-13 図）から解析が行われた結果，約 6 cm の振幅を持つ SSE であったと推定されている (Larson et al., 2007)．これまでの 3 回の SSE の繰り返し間隔が 4-4.5 年であったことと，この間のプレート収束率から，次回のゲレロ地域の SSE は 2010 年 3 月から 10 月の間に始まると予測されていたが (Cotte et al., 2009)，予測どおり 2010 年 9 月から次の SSE が始まり現在継続中である．

なお 2005 年以降 5 観測点が増設され，今回これらのデータを加え，3 回の SSE の比較が行われた．これらの解析では，すべりの関数形を仮定して線形最小二乗法*によって，SSE の開始時間と継続時間，振幅などの詳しい推定が試みられた (Radiguer et al., 2010a, b)．この結果，2006 年の SSE は深さ 40 km より始まって，ゲレロ空白域の西側から東側へ約 1 km/day の速度で進行したと考えられ，漸移帯から地震発生層の下部まで広さ 300 km×150 km の範囲に拡がり，最大変位量は 17 cm に達したと推定されている．また全期間 11-12 ヶ月のうち，ライズ・タイムに相当するその場所のすべり継続時間は約 185 日と見積もられている．この時の領域は，2001-2002 年に SSE が発生した領域 (Yoshioka et al., 2004) よりかなり狭く，かつ最大振幅が大きいが，この解析には最東端の観測点が含まれていないため，領域の幅を狭く見積もっているためと考えられる．また 2010 年の SSE は前の 2 回とほぼ同じ場所から始まったように見えるが，異なる点は 2 つの subevents から成るように思われる (Radiguer et al., 2010b)．このようにゲレロ地域の SSE は日本の豊後水道で観測された SSE (Hirose et al., 1999) と継続時間やすべり率の点では類似しているように思われる．

SSE が多くのプレート沈み込み帯で発生する理由については，現在さまざまな議論が行われているが，プレート上面の摩擦状態や温度が関与していることは間違いないと思われる．SSE をプレート上面の摩擦強度の小さい場所で起こる安定すべりとみなせば，実験室の岩石すべり実験で求められたすべり速度・

145

第 4 章

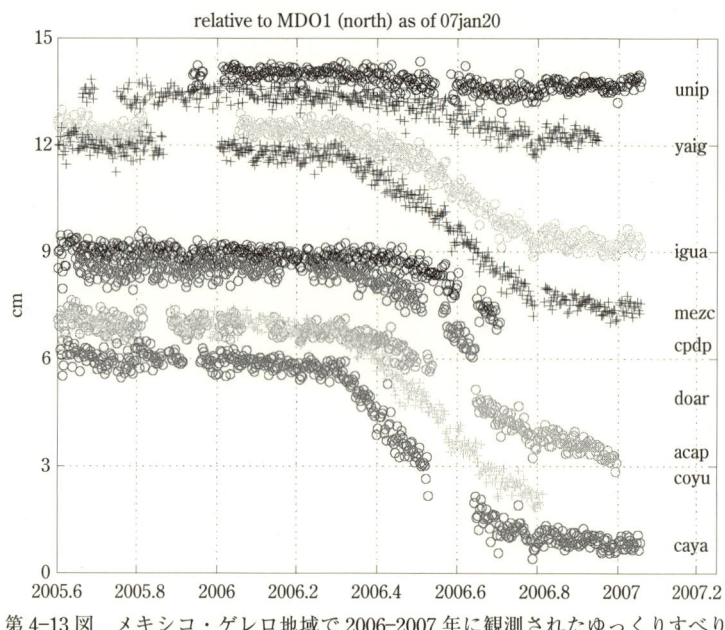

研究ノート

第 4-13 図 メキシコ・ゲレロ地域で 2006-2007 年に観測されたゆっくりすべり SSE（©Larson et al., Geophys. Res. Lett. 34, 2007, L13309）
この図ではプレート収束による経年変化は除かれている．

状態依存の摩擦構成則*（Dieterich, 1979; Ruina, 1983）では，摩擦速度の係数が (a-b)＞0 という速度強化の状態（すべりが速くなるほど摩擦抵抗が増加する）と考えることができ，種々の条件の下で SSE が発生し得ることがモデルからも確かめられている（例えば Shibazaki & Ito, 2003; Hirose & Hirahara, 2004; Shibazaki & Shimamoto, 2007; Shibazaki et al., 2010）．また SSE が起こっている接触面の下部の深さ 30-40 km での 300-400℃ という温度分布もこれを促進する方向に働いているもの（Liu & Rice, 2005, 2007）と思われる．これらのモデルのうちのある場合には，西南日本や Cascadia で観測された SSE の伝播速度や発生の繰り返し間隔を説明できることが明らかになっている．SSE 発生のもう一つの原因と考えられているのは水の存在である．プレート上部の海洋地殻内に存在していた含水鉱物がプレートの沈み込みによって上部マントルまで持ち込まれ，ここでの高温と数 10 MPa 以上という高圧の下で水を放出する可能性があり，これによる間隙水圧がプレート上面の摩擦強度を減少させるために，ある深さでは

SSE が発生しやすくなる (Rubin, 2008) という考え方である.

　上に述べたように，メキシコで観測された SSE は，海溝に平行でかつゲレロ地域から海溝に平行に横方向の両側に拡大して，広大な領域を占めると同時に，通常の地震発生層の下部まで侵入している可能性が高いことなど，他の地域の SSE とはかなり様相が異なる．地震発生層の地殻下部から上部マントルの浅い場所は，一般的には $(a-b)<0$ の速度弱化の領域と考えられているため，この部分まで SSE が起こり得るとすれば，別の理由を考える必要があろう．いずれにしても，SSE の発生や伝播，さらには将来の大地震の発生との関連などを予測するためには，プレート周辺の温度と圧力の分布や速度・状態依存の摩擦構成則が重要な役割を果たすことになると思われる．

4.5.2　非火山性微動 NVT の発生域

　2001 年頃から日本列島南側のフィリピン海プレートの沈み込み帯で，高感度地震計観測網によって 1〜10 Hz 程度の周波数を持つ非火山性の微動 non-volcanic tremor (NVT) (Obara, 2002) や，低周波地震 (LFE) (Katsumata & Kamaya, 2003) が発見された．その後カナダの Cascadia 地域 (Rogers & Dragert, 2003; McCausland et al., 2005; Wech & Creager, 2008; Wech et al., 2009) や，コスタ・リカ (Brown et al., 2005)，アラスカ／アリユーシャン (Peterson & Christensen, 2009) でもこのような現象が観測された．この NVT は，日本の南海トラフでは沈み込むフィリピン海プレートの上面の深さ 35-45 km の間に発生している (Obara, 2002)．さらに詳しい最近の解析によれば，この分布は深さが 5-10 km 離れた 2 群に分かれ，上部の発生は間歇的で SSE の発生と同期すること多く，下部での発生は比較的定常的であることが見出されている (Obara et al., 2010)．一方カナダの Cascadia 地域の場合，観測初期の段階では NVT は深さ 40 km に及ぶ範囲に広く分布している (Kao et al., 2005) と考えられたが，その後種々の解析が行われ，深さの精度が向上した結果，やはりプレート上面の近くに発生していることが明らかになった (La Rocca et al., 2009)．NVT の成因については，プレートの沈み込みに伴って持ち込まれる大量の水がその上面付近の岩石の水圧破砕を起こし，これが NVT を発生させるとの考え方 (Obara et al., 2004; Obara & Hirose, 2006) と，一方では，NVT はプレート上面で起こる一連の低周波地震あ

第 4 章

研究ノート

るいは規模の小さい剪断すべりという解釈 (Ide et al., 2007; Shelly et al., 2007) もされている．いずれにしても，この NVT は先に述べた SSE が発生している期間中に観測される場合が多く，両者の発生原因が同じである可能性が高いと考えられている (Obara et al., 2004; Obara & Hirose, 2006; Wech et al., 2009)．

このような現象の検出には空間的・時間的に高密度の地震観測が必要であるが，このような観測網がこれまで十分ではなかったメキシコでは，NVT は最近まで検出されなかった．しかし 2001-2005 年の間の SSN の広帯域地震計記録を 1-8 Hz の周波数帯でフィルターして精査したところ，ゲレロ地域の海岸に近い観測点と，かなり内陸部の観測点の両方で，NVT と思われる共通の現象が 1 日毎のスペクトルから見出された．これに力を得て，2005-2007 年の間に別の目的で設置された Meso-American Subduction Experiment (MASE) (第 2-28 図参照) (Clayton et al., 2007) と称する，Acapulco から北方のメキシコ湾へ伸びる長さ約 450 km の観測線上の広帯域地震計データを共同で解析することにした (Payero et al., 2008)．観測点はほぼ 5 km ごとに配置されているが，このうちノイズが少ない観測点を選び，Obara (2002) の方法によって観測点毎に 1 日のデータの波形の包絡曲線* を求め，基準観測点との波形相関から最大振幅の S 波の到着時刻を推定する方法を採った (第 4-14 図)．

こうして得られた S 波到着時刻から，この地域の平均的地殻・マントル構造をもとに，この微動の発生源を決定することを試みた．しかし，この観測線は南北方向に長いため，これらのイベントの東西方向の位置の精度は良くない．推定した震央の位置は海岸線から約 200 km 北方の 18 °N 付近の 40 km×150 km の範囲と，これからやや南方の 17.5°N 付近に集中しているように見える (第 2-28 図赤点) (Payero et al., 2008)．また震源の深さは，その後別途に arrival-time difference method を適用した結果，大部分が 40-50 km の深さであることが分かった (Mikumo, 2008, unpublished)．ただ精度の問題もあり，現在これらの NVT の成因については，他の地域と同じような議論はできない．一方最近 Oaxaca 地方東部に「OXNET」，およびゲレロ西側の Jalisco, Colima, Michoacan 地方に「MARS」と称する地震観測網が設置され，先の MASE による観測を補完することになった．この最近の観測によれば，NVT は Michoacan 西部では Cocos プレートの西端付近で約 50 km，さらに西側の Rivera プレート付近で約

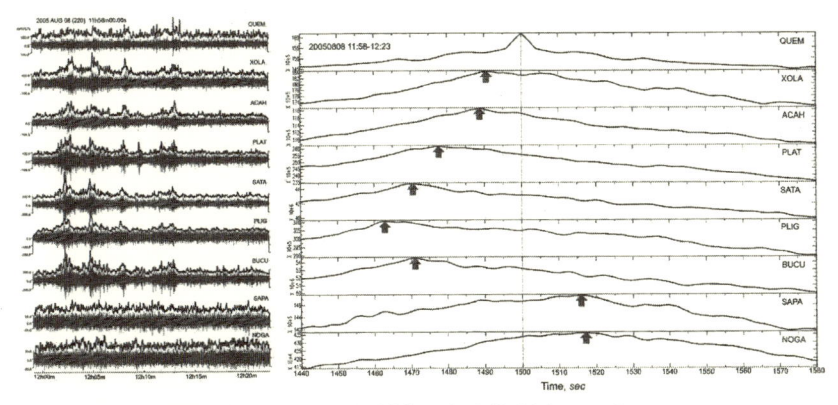

4.5 メキシコ太平洋岸のゆっくり滑りSSEと非火山性微動NVT

第4-14図 MASE観測点での微動記録（左）と包絡線（右）の例（©Payero et al., Geophys. Res. Lett., 35, 2008, L07305）．

20 kmの深さに発生していることが明らかになった（Schlanser et al., 2010）．

またNVTの出現回数は，Cascadia地域のように明瞭ではないが，2001-2002年と2006-2007年にSSEが観測された時期には，他の時期に比べてやや活発なように見える（第4-15図）．しかしNVTは他の時期にも出現しているため，日本列島南側の南海トラフやCascadiaのようにSSEの発生と相関があるかどうかについて，結論を得ることは難しい．ただSSEが起こっていない時期にNVTが観測されていることは，近い地域に起こった局地的な地震（Obara, 2002）か，あるいは遠い地震から伝播してきた振幅の大きい表面波によってトリガーされたdynamic triggering*の可能性（Miyazawa & Mori, 2005; Miyazawa & Brodsky, 2008）も考えられる．事実最近の2010年チリ地震（Mw＝8.8）（震央距離約6,657 km）の際には，フランス—メキシコの共同プロジェクトで設置されたアレー観測点とSSNの広帯域地震計によって，この地震による大振幅の長周期Rayleigh波とやや振幅の小さいS波とLove波が到着した際にNVTが励起されたことが観測された（Zigone et al., 2010）．またこれまでの観測ではNVTは海岸線より100 km以上の内陸部で発生していたが，今回は海岸付近の観測点でも表面波到着後約1時間して短周期のNVTが観測された．

第 4 章

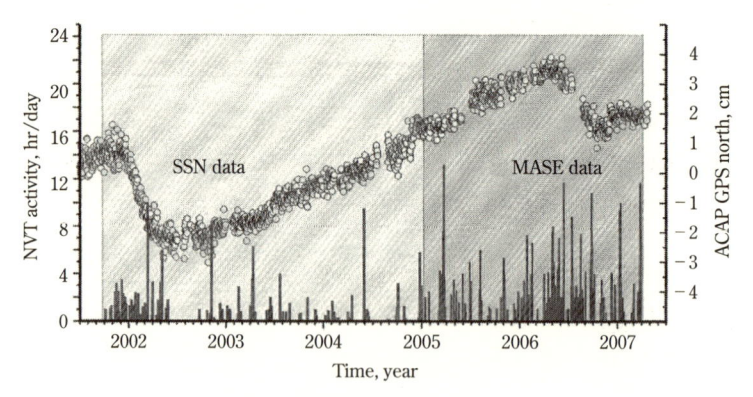

研究ノート

第 4-15 図　SSE の変化（ACAP 観測点の GPS 南北成分データ）と NVT（棒グラフ）の出現頻度（2002-2005 年までは SSN データ；2005-2007 年は MASE データ）の比較（©Payero et al., Geophys. Res. Lett., 35, 2008, L07350）.

4.6　その他

メキシコ滞在中の 2004 年 12 月 26 日 00：58（UT）には，これまでで世界最大と思われる Sumatra-Andaman 地震（Mw＝9.2）がインド洋のプレート沈み込み帯に起こり，巨大な津波が発生して沿岸各地で多くの人命が失われた．この巨大地震については地震直後から，地震波の観測による長周期地震波の伝播や地球の自由振動，GPS 観測による地震時と地震後の地殻変動，津波データの解析など数多くの研究が行われた．このうち津波は地震発生後約 28 時間でメキシコ太平洋岸の Manzanillo へも到達し，振幅は 50 cm を超えた（Titov et al., 2005）ことが験潮記録から確認されている．筆者自身は，この大地震の震源域で大きい地殻上下変動があれば，1964 年のアラスカ地震（Mw＝9.1）の場合と同様，この変動によって大気に気圧波*が発生したのではないかと考え，アメリカ西海岸の UC Berkeley 地震研究所などに問い合わせ，微気圧計データなどを調査した．その後 2006 年 10 月に日本へ帰国してから，日本国内とインド洋周辺数ヶ所などの気圧波の観測データを調査してこの仕事を再開した．この結果，これらの観測点で観測された周期 3～12 分，振幅 1～12 Pa の気圧波は，広大な震源域を占めるこの逆断層型地震によって惹き起こされた，4 m を超え

ると思われる海底の地殻上下変動とこれに伴った海面の変動によって励起されたことや，この地殻変動のライズ・タイムが 1.0-1.5 min 程度であることが明らかになった (Mikumo et al., 2008)．この課題は本論から外れるので，詳細については別の機会に報告することにしたい．

第 4 章　用語の説明

破壊基準 fracture criterion：破壊力学で使われる言葉で，材料が破壊に到る際の判定基準．モール・クーロンの破壊基準が一般的．地震の場合は，剪断差応力が断層面内のある点の強度 (またはストレス集中係数) を越える場合の Irwin の基準や，クラック先端の弾性歪エネルギーとクラック進展による表面エネルギーのバランスを考慮した Griffith の基準などが用いられている．

速度硬化 velocity hardening：すべり速度が増加すると摩擦が増加する現象．

速度弱化 velocity weakening：すべり速度が増加すると摩擦が減少する現象．

すべり欠損 slip deficit：見かけ上，すべり量が不足するという仮想状態．ここでは応力が逆に増加することが多い．

転位理論 dislocation theory：転位とは材料力学の用語で，結晶中に含まれる線状の格子欠陥を意味する．弾性体転位論では，弾性体中に発生した変位の不連続を意味し，地震の際のすべり変位や開口変位などに使われ，運動学的断層モデルの基礎となっている．

境界要素法 boundary element method (BEM)：境界面を有限の部分領域にメッシュ分割し，境界のメッシュ分割によって生成された有限個の節点での値に関する連立 1 次方程式を導き，これを解く方法．

離散波数法 discrete wavenumber method：波数を複素数として取り扱い，震源から放射される地震波を波数積分で表現する方法で，地殻が成層構造をしている場合の地震動の計算などによく使われる．

潜在断層 latent fault：地表面に上端が出現しない断層．

水平成層構造 horizontally layered medium：地下の弾性や密度の分布が水平に層を成している構造．

グリッド・サイズ grid size：弾性体中の波動やストレスを計算する際に，内部に小さい間隔で設定するグリッド間の距離．

波動方程式 wave equation：ここでは弾性体内部を伝播する波動の挙動を規定する式．

境界条件 boundary condition：弾性体をある大きさに設定した時，この両端や内部で充たすべき条件．

鉛直応力 normal stress：応力の鉛直方向の成分．

剪断応力 shear stress：物体内部のある面に平行方向に，すべらせる向きに作用する応力．

第4章

研究ノート

差分化 finite difference discretization：連続体に対する運動方程式や波動方程式を，一定間隔に区切って扱うこと．

吸収境界条件 absorbing boundary condition：弾性体などの端の面で，反射波が生じて内部の状態を撹乱しないように，この波を吸収・消滅させる条件．

hanging wall side：逆断層を生じた場合に，上側に乗り上げたブロック．

foot wall side：逆断層を生じた場合に，下側で支える側のブロック．

スケール則 scaling law：ある大きさの物理量を扱う場合に，実際の量に一定の割合を乗じて減少または拡大した大きさを定める法則．

応力降下量 stress drop：応力が元の大きさから減少する量．

クーロン破壊応力 Coulomb fracture criterion：$\Delta CFS = \Delta\tau + \mu' \Delta\sigma$ で与えられる量．（$\Delta\tau$：剪断応力の変化，$\Delta\sigma$：実効法線応力の変化，μ'：みかけの摩擦係数）

アセノスフェア asthenosphere：地球表面の岩石圏を扱う場合，地殻と最上部マントルはリソスフェアに属し，その下限は陸域では 100–150 km，海域では 80 km 程度であるが，その下に存在する力学的に弱く延性的性質を持った上部マントルを指す場合が多い．したがって，ここでは弾性的性質のほかに，下のような粘性的性質も考慮すること必要とされる．

マクスウエル粘弾性体 Maxwell-type viscoelastic medium：完全な弾性のほかに粘性を併せ持つ物体の性質で，プラスティックなどの高分子物質の性質．Maxwell モデルや Kelvin-Voigt モデルなどがある．

バック・スリップ back-slip：プレートの収束によって押される地殻あるいはマントルが受けるすべり変位．

応力腐食 stress corrosion：時間の経過とともにある応力下にある材料のひび割れなどが次第に進展する現象．

断層面の摩擦構成則 constitutive frictional law on the fault plane：断層面の摩擦応力がすべりとともに減少するすべり弱化則や，その時の状態やすべり速度に依存して変化する状態・速度依存則などがある．

特異点 singular point：ここでは応力が数学的には無限大になるような点を指す．

癒着帯 cohesive zone：破壊先端の背後にあり，癒着していると考えられる場所．

すべり弱化モデル slip-weakening model：断層面上で，すべりの進行とともに剪断応力が減少するモデルで，実験からも確かめられている．

臨界すべり変位 critical slip distance：断層面上で応力が減少して動的摩擦のレベルへ降下した時のすべり量を意味する．

自己相似的 self-similar：ある大きさの図形の断片が，それに含まれる小さい断片の図形と全く相似するようなパターンを持つ性質．

ガウジ gouge：断層の接触面の間に存在する薄い層状の物質．

staggered-grid 差分法 finite difference method for staggered grids：弾性体や流体中の挙動の計算によく用いられ，互いに隣接する列の格子を互い違いに配置し，精度の向上を計る差分法．

バリア barrier：断層面の中で破壊の進行を妨げたり遅らせたりする強度が大きい場所．
Yoffe 関数 Yoffe's function：立ち上がりが鋭く，ピークになった後は比較的なだらかに減少するような数学的な関数形で，応力のすべり依存の関数形を近似する場合に用いられる．
convolution：ある関数に別の関数をたたみ込み積分して，新しい関数形を作る数学的操作で，物理的には線形フィルター操作に相当する．
実効法線応力 effective normal stress：流体を含む媒質の中で，法線応力から流体による応力の増加分を差し引いた法線方向の実質的応力．
thermal pressurization：断層が破壊する際には，摩擦による温度上昇と熱による圧力の変化が生じるが，実効法線応力の変化とともに熱による摩擦係数の変化も考慮することが必要とされる．
エネルギー束 energy flux：震源から一定の立体角中に放射される地震波のエネルギーを積分したもの．
断層の破壊エネルギー fracture energy of the fault：断層の各部分を破壊するのに要するエネルギー
エネルギー収支則 energy balance equation：断層が破壊するとき，断層面から開放されるエネルギーは，断層付近の変形による歪エネルギーから破壊エネルギーを差し引いた量として表現できる（本文第4.4章参照）．
forward modeling：関係するパラメタをあらかじめ入力して必要な値を計算し，観測量と比較する方法．これに対してインバージョンは観測量から必要なパラメタを逆算して求める方法．
プレート間カプリング interplate coupling：プレート相互間のカプリングの量と方向．
ABIC 判定基準 Akaike's basic information criterion：通常の最尤法では識別問題のために解が不定となるので，パラメタの漸進的変化の条件を取り込んだベイズ型モデルを想定し，エントロピー最大化原理に基づいて Akaike (1980) が提案した ABIC 最小化法．
速度・状態依存の摩擦構成則 rate- and state-dependent friction law：断層面の摩擦がすべり速度とそれ以前に置かれていた状態に依存するとする実験的法則．1979-80 年に行われた J. Dieterich の岩石実験と 1983 年の A. Ruina がまとめた法則で，現在では実際の地震の前のすべりや地震後の応力の回復過程などの説明に広く適用されている．
バック・スリップ率 back-slip rate：プレートの収束による変位の時間的変化．
包絡曲線 envelope：ここではある変数の時間的変化の外側を滑らかに包絡する曲線．
dynamic triggering：第3章の用語説明参照．
線形最小二乗法 linear least squares：第3章の用語説明参照．
気圧波 atmospheric pressure waves：大気中を伝播する気圧の波動で，音波モードと重力波モードがあり，まとめて acoustic-gravity waves と称することもある．これらの伝播速度や周期は地表から電離層までの温度構造によって決まる．周期が短い音波を infrasonic waves あるいは infrasound と呼ぶこともある．

第5章
まとめ

　最後に，本書に述べた主な内容を，日本の場合と比較しながらまとめてみたい．

　第1章では，プレート・テクトニクスから見たメキシコ—中米地域が占める位置と，ここで発生する大地震が，主として総延長3,000 kmに及ぶ中央アメリカ海溝から北米プレートの下へ沈み込む，リヴェーラ，ココス，カリブ海の3つのプレートの運動によって惹き起こされており，その発生の平均間隔は30-40年であることを述べた．一方，日本列島の南側では，これら3つのプレートとほぼ同程度の比較的若い年代とプレート進行速度を持つフィリピン海プレートが，ユーラシア・プレートの下へ沈み込んでおり，巨大地震が100-200年の間隔で起こっている．このような違いがどこから生まれるのか，両地域のテクトニクスや周辺から加わるストレスの違いか，付近の海底地形や構造の差か，またはプレート境界面の不規則な形状や摩擦強度の差か，あるいはプレート周辺の地殻やマントル上部の構造の差か，などの問題を提起した．そのために先ず，現在のメキシコ—中米地域がどのようなテクトニクスに支配されているのか，上の3つのプレートの生成年代や，運動速度と収束方向，さらにストレスの方向などに関するこれまでの研究結果に触れ，これらがNUVEL-1Aと称する全地球的プレート・テクトニクスのモデルで説明されることを述べた．

第5章
まとめ

またさらにメキシコ南西部の内陸部のテクトニクスを支配し，この地域の断層の分布や地震・火山活動に密接に関係するものとして，メキシコ横断火山帯の重要性に言及した．

第2章では，メキシコ周辺に過去から20世紀までに発生した，M>7クラスの大地震の発生状況を，時間を追って地域別に概観した．はじめに内陸部とバハ・カリフォルニアに発生した大地震についての最近の研究結果を紹介した．次に，プレートの沈み込みによる海溝型逆断層大地震の発生の時空間分布（時間と位置）を詳しく述べ，統計的検定によって，1つの大地震によるストレスの変化が隣接する地域の大地震の発生に寄与している確率が高いことと，またプレートの沈み込みによるストレスの増加が30-40年毎の大地震の発生に関与している可能性が大きいことなどを示した．これらの結果は次に発生する大地震の時期と場所について，ある程度の予測が可能かも知れないことを示唆している．次にこれらの地域で発生した大地震のメカニズムをメキシコ太平洋岸に沿い北西から南東へ，さらに隣接する中米地域とカリブ海地域へ，また1つの地域の中では地震の時間発生順に記述した．

大地震の発生メカニズムは，世界中の観測網で観測された地震波の振幅と波形や，震源域に近い観測点で記録された強震動波形を用い，波形インバージョンによって断層パラメタとして表現される．このうち，西北端のリヴェーラ・プレートの沈み込みによって起こった1995年Colima-Jalisco地震では，170 km×70 kmの断層面を破壊し，4-5 mの大きいすべりが見出された．次の2003年Tecomán-Colima地震は，リヴェーラ，ココス両プレートの境界付近に発生し，ここに残る未破壊の半分程度を破壊した．この2つの地震の場合には最近のGPS測定の結果も用いられ，特に1995年の場合には地震後の余効すべりがはじめて観測された．これより東南側のMichoacan地域の周辺と中央部では1973年以来大地震が起こっていたが，1985年に180 km×140 kmの広大な地域全体を破壊したMichoacan大地震（Mw=8.1）が発生した．最大のすべり量は2つのアスペリティ上でそれぞれ6.5 mと5 mと推定される．この巨大地震によって震源域から350 kmの距離にあるメキシコ・シティでは，死者約10,000人，負傷者30,000人以上，建築物の倒壊412という大きい被害を生じた．この原因については，断層面から発生した周期2秒程度の短期地震波が，メキ

シコ・シティの下の粘土層と沖積層で繰り返し反射して増幅され，これから生じた大振幅の表面波がこの層の両端の間を往復して，建築物の固有周期と共振したためと考えられている．この事実は，沖積平野の軟弱地盤上に多数の建築物が立つ日本の都市部に対する1つの大きい教訓である．

またこの地域東南のGuerrero地域東半部とOaxaca地域でも逆断層型大地震が頻発しているが，さらに東南へ連続するGuatemalaからCosta Ricaへ到る地域でも同様に，Mw>7を超える逆断層地震と，一部地域ではプレート内部に正断層地震が発生し，その真上の地方都市に大きい被害を生じている．このうちNicaraguaでは，1976年に断層の破壊時間が100秒程度の津波地震が起こり，最大10 mにも及ぶ津波が発生して沿岸地方に被害を与えたことが注目される．

この地域に沈み込むココス・プレートの形状は，これまで地震の深さ分布からWadati-Benioff zoneとして推定されてきたが，最近の「中央アメリカ沈み込み帯実験計画」と称するアメリカ・グループとの共同観測により，詳細な速度構造が明らかになった．この結果，プレートは太平洋岸に近い地域では，最初約15°程度のゆるやかな低角度で沈み込み，中部では約250 kmの間ほぼ水平に連続し，さらにその東北部のメキシコ横断火山帯のすぐ南側から，75°の急角度で深さ500–550 kmまで沈み込んでいることが初めて明らかになり，極めて注目される．メキシコ—中米地域でのプレート沈み込みによる逆断層型大地震の発生間隔30–40年が，日本列島南方のフィリピン海プレートの沈み込みによる巨大地震の100–200年と比較して短いことは，プレートの生成年代によるものではなく，沈み込みの深さ，すなわちプレートの自重による下向きの張力が関係する可能性も考えられる．日本列島下へ沈み込む太平洋プレートによる逆断層大地震の発生間隔が，北海道—東北沖で比較的短いこともあわせ考えられる．

第3章では，主としてメキシコの地震関係研究機関と観測網について，その活動状況を述べた．広域の地震観測とGPS観測は，メキシコ国立自治大学UNAM地球物理研究所の一部である国立地震サービス部SSNが担当し，太平洋岸に起こる地震の強震動地震観測はUNAM工学研究所のゲレロ地域加速度計観測網，メキシコ・シティ周辺での強震動観測は，同工学研究所と国立防災

第5章
まとめ

センター，早期地震警報システムはメキシコ地震計測センターが行っている．この他，メキシコ北西部バハ・カリフォルニア地域の地震活動はエンセナーダ科学研究・高等教育センター，コリマ地域の地震・火山活動はコリマ大学地震観測網が観測を行っている．

第4章では，筆者がメキシコ滞在中に行った共同研究について述べた．
(1) 一つは太平洋沿岸地方にプレートの沈み込みで起こる，海溝型逆断層大地震と内陸部の横ずれ型地震の動的破壊過程問題とこれにもとづく強震動の予測である．このため，地殻と上部マントル構造の中にある，傾斜あるいは垂直な断層面を含む3次元モデル内で，波動方程式と必要な境界条件を満足することが必要になる．さらに，断層面上の初期応力，断層強度（摩擦応力の上限），すべりの進行に従って降下し最終的に達する摩擦応力の下限，臨界すべり変位などを規定する"すべり弱化則"を導入して，この中を自然に伝播するクラックの問題を扱った．この結果，断層の下部から発生したクラックの最大変位は断層面の深さに依存し，特に断層面が地表まで達している場合や，地殻の浅い場所に速度の遅い層がある場合には，全体の断層変位が大きくなることなどが示された．特に傾斜する断層の場合は上盤の変位が下盤の変位よりかなり大きいことで，これは断層面の位置が浅く，また断層の傾斜角が小さいほどこの差が大きくなり，強震動の予測にとって重要なことが明らかになった．

次に波形インバージョンから求められた断層内各点のすべり量と，上の動的破壊から得られるすべり量の比を採り，これを推定した応力降下量に乗じて，両者のすべり量の差の二乗和が最小になるまで計算を繰り返す方法で，実際の地震の詳細な動的破壊過程が得られる．この方法を，メキシコのプレート沈み込み帯で，1973年から連続して発生した6個の大地震に適用して，これらの地震の動的破壊進行過程を推定した．このうち1985年Michoacan大地震の破壊は，出発点に近い深さ約10-18 kmで，10 MPaの大きい応力降下量により最大のアスペリティを破壊して東南へ進み，さらに8 MPaの応力降下で第2のアスペリティを破壊，さらに深さ約30 kmで4 MPaの応力降下を生じさせたことが明らかになった．

一方メキシコでは，地殻内部の横ずれ型大地震は，1912年Acambay大地震以外にはあまり例がないため，これに代わってアメリカ・カリフォルニア州で

発生した1984年Morgan地震の破壊過程を同様な方法で詳しく検討した．この結果，この地震で推定されている短いライズ・タイムは，断層強度と応力降下量の分布が短い波長を持って不均質な分布をしているためと考えられる．これとともに日本列島内陸中央部に発生した1898年濃尾大地震の破壊進行過程を検討し，ある条件の下ではこの断層南端部で分岐して破壊が進行し得ることを示した．

(2) 次にプレート沈み込み帯の大地震によるストレス変化が次の地震発生に及ぼす影響について詳しい検討を行った．一つは，1973-1985年にココス・プレートの沈み込みによって連続して発生した6個の大地震 (Mw=7.4-8.1) と，1995-2003年にリヴェーラ・プレート上に発生した2個の大地震 (Mw=7.5-8.0) によるストレスが，プレート上面で海溝に平行な方向へ伝播する可能性を検討した．このため，これらのすべての地震による，断層周辺も含めた広い範囲のクーロン応力変化 ΔCFS を見積もった．次に，ココス・プレートの場合には475 km×240 km，リヴェーラ・プレートの場合には390 km×240 kmの広い領域の中で，最初の地震前の状態を基準とし，これらの地震による応力変化を時間の関数として重ね合わせた．この結果，最大の1985年Michoacan地震の破壊開始点は，1981年地震と北西の1973年地震による0.1 MP程度の応力増加域にあるため，この両者の発生によるストレス変化の影響を強く受けて発生した可能性が大きいが，東南の1979年地震による影響は少ないと判断される．リヴェーラ・プレート上に発生した1995年Colima-Jalisco大地震は，この地域に起こった前回の1932年からすでに63年を経過しているため，この影響は考え難い．次の2003年地震の震源は，1995年地震によるストレスの増加が1.7 MPa程度の増加域にあるため，ココス・プレートとの境界の一部を破壊して発生したと考えられる．

次にプレート上面に発生した逆断層型大地震と，沈み込むプレート内部に起こった正断層地震の関係を2つの場合について検討した．この方法としては，プレート上面の大地震の動的破壊過程が終了後の，内部の正断層地震の断層面付近のクーロン破壊応力の変化を見積もった．この結果，1985年Michoacan大地震の断層面直下に起こった，垂直断層面を持つ1997年正断層地震と，1978年Oaxaca地震の断層面の下部付近に起こった，傾斜する断層面を持った

第5章
まとめ

1999年正断層地震は，いずれも 0.5 MPa 程度のストレス増加域に発生しており，これらの前に起こった逆断層大地震の強い影響を受けて発生したと考えられることが明らかになった．

(3) 次の課題として，断層の動的破壊の応力降下時間と臨界すべり量や，断層の破壊エネルギーと断層近傍で開放されるエネルギーなどの断層に関する物理量を，日本内陸部の横ずれ断層地震と，メキシコのプレート内部の地震について推定した．このための1方法として，これらの地震の動的破壊過程の最終応力降下時間に対応する臨界すべり量が，波形インバージョンから得られる速度波形が極大値に達する時間のすべり量でほぼ近似できることを利用した．この方法によって推定した断層の臨界すべり量は，日本内陸部の2つの地震の場合は 40–90 cm の間に分布し，メキシコのプレート内部の3つの地震では 40–120 cm の値であまり変わらない．これらの値は断層面の深さにはほとんど関係せず，この値と最大変位量の比は 0.3–0.6 の間にあることが明らかになった．この方法はその後，断層近傍で観測された速度波形と，これから得られた変位波形を直接比較する方法に拡張された．

(4) もう一つの課題は，断層面の破壊エネルギーと解放された地震エネルギーの見積もりである．断層面から解放されるエネルギーを，断層の主要なアスペリティ上での最終すべり変位，破壊開始時の応力上昇と最終降下量，および臨界すべり変位から見積もり，この方法を日本内陸部の 2002 年鳥取地震と，メキシコの 1999 年 Oaxaca 地震の2つの場合に適用して結果を比較した．断層近傍で解放された単位面積あたりのエネルギーは 8–15 MJ/m^2 で，2つの地震の場合あまり大きくは変わらないのに反し，1999 年プレート内地震の場合に要した破壊エネルギーは，2002 年の地殻内地震の場合の約2倍の 7–13 MJ/m^2 に達し，沈み込むプレート内部の破壊強度が高いことが明らかになった．

(5) 次にメキシコ太平洋岸 Guerrero 地域の地震空白域に発生したゆっくりすべり SSE の検討を行い，あわせてここで観測された非火山性微動 NVT のデータと比較した．

1990 年代になると，日本列島周辺のプレート沈み込み帯で，通常の地震波を発生させずに断層面がゆっくりすべる現象が見出され，同様な現象はカナダ太平洋沿岸の Cascadia 地域の他，アラスカや Costa Rica のプレート沈み込み

帯でも発見された.

　メキシコでは，このようなSSEは1998年に太平洋岸のココス・プレート沈み込み帯のGuerrero地方のGPS観測点で初めて発見され，続いて2001年12月から2002年5月頃にかけて，広い範囲にわたるこの地域中央と周辺部の7観測点で観測された．次いでその後ほぼ同じ地域で2006年4月から次のSSEが始まって12月頃まで継続し，10観測点のGPS観測データから解析が行われた．さらに2010年9月から始まったSSEは現在進行中である．これまでのSSEは約半年間継続し，この期間中に観測された振幅は5 cm以上に達する．地震の深さ分布にもとづいてプレート上面の3次元形状を考慮したわれわれのインバージョン解析からは，2001年-2002年のSSEは幅約600 km，深さ22-47 kmの範囲で最大18 cm程度の振幅を持つことと，この期間中のストレス解放量は平均0.02 MPaに達したことが明らかになった．メキシコで発見されたSSEは，西南日本やカナダのプレート沈み込み帯で観測されたSSEに比べて，地震空白域を含む幅約600 km，奥行150 km以上にわたり，かつ比較的浅い地震発生層の下部まで起こっている可能性が高いことが特に注目される．SSEの発生原因については，プレート上面の摩擦や温度分布，さらに高温高圧の状態で放出される水の存在などが考えられている．西南日本で観測される，幅約50 kmの範囲のSSEに比べて，メキシコのSSEが特に広大な範囲に発生している理由は何かについて，明確な解答は未だ得られていない．1つの可能性としては，Guerreroを中心とする地域では，プレート上面が深さ約40 kmにあって平坦部分の拡がりが大きい（第2-26図，2-27図B）ため，この深さで不安定（b〜a）な摩擦状態が比較的広範囲に分布するためかも知れないことが指摘されている．

　一方，非火山性微動NVTがGuerrero地域で発生していることも，最近観測され始めた．しかし西南日本や他のプレート沈み込み帯の場合と比べて，SSEの発生と明瞭な関連は必ずしも見られず，またその深さ分布の精度の問題もあるため，これ以上の詳細な議論はできないのが現状である．

おわりに

　はじめに述べたように，日本列島周辺のプレート境界型大地震や内陸部の地震の発生過程については，多くの研究者によって解明が進められてきた結果，大きく進展しつつある．しかし，地域ごとのそれぞれの地震群が示す特性や発生間隔などに関しては，未解明の問題も残されているように思われる．ここで取り上げた太平洋の反対側のプレート沈み込み帯のテクトニクスや，メキシコを中心とする中米地域の大地震の発生過程を日本の場合と比較することによって，読者の理解が少しでも深まり，今後の研究に何らかの参考になれば幸いである．

　筆者は，前半はJICAによる「地震防災プロジェクト」と地震学長期専門家派遣計画による援助により，またその後半はメキシコ国立自治大学 (UNAM) 地球物理研究所のスタッフとして，メキシコに長期間滞在することができた．しかし残念ながら現在はODA予算の削減や，メキシコ側大学の定員と予算削減などのため，このような形はほとんど不可能になった．今後，日本とメキシコ側研究者の間で研究協力を進めるための一つの方策としては，第3.2章節に述べたような，研究者グループ間あるいは研究所間でテーマを定めた国際学術共同研究計画を新たに企画することや，さらにはもう少し広く日本とメキシコの大学との間で大学間の国際学術交流計画などを検討することも考えても良いのではなかろうか．このような計画がもし成立すれば，大学院生を含む若手研究者の派遣や招請なども可能になるかも知れない．今後の発展を期待したい．

謝　辞

　このメキシコ滞在のきっかけを作って頂いた入倉教授，横山名誉教授，また滞在中に議論したり，多くの助言を頂いた UNAM 地球物理研究所・所長 Jose Francisco Valdez，所員の Cinna Lomnitz, Krishna Singh, Vladimir Kostoglodov, Javier Pacheco, Raul Valenzuela, Carlos Valdez, Jaime Yamamoto, Luis Quintanar, Carlos Mortera, David Novelo-Casanova, Arturo Iglesias, Manuel Velasquez, UNAM 工学研究所・所員の Mario Ordaz, Francisco Sánchez-Sesma, Mario Chevez ほかの研究者諸氏には心から感謝しています．

　また UNAM と CENAPRED のこの他のメキシコおよび日本人の同僚諸氏，さらにこの滞在期間中にお世話になった JICA 本部とメキシコ事務所，および在メキシコ日本大使館の関係の方々にも御礼申し上げます．

　また次の方々には，1992 年から 2006 年までの筆者のメキシコ滞在中に，日本やアメリカから UNAM あるいは CENAPRED へ来訪していただき，共同研究やセミナーでの講演あるいは研究・観測への助言などをしていただきました．厚く御礼申し上げる次第です（年度順：敬称略：所属は当時）．

1993-1994 年
　宮武　隆（東大地震研），武尾　実（東大地震研），福山英一（防災科学技術研），飯田昌弘（東大地震研），平原和朗（京大防災研），堀川晴央（地質調査所）
1994-1996 年
　横山　泉（北大名誉教授），須藤靖明（京大理・阿蘇），趙　大鵬（愛媛大理）
1997 年
　佐藤魂夫（弘前大理），深尾良夫（東大地震研），渋谷拓郎（京大防災研），長谷中利昭（熊本大理），川崎一朗（富山大理），松久　寛（京大工）
1998-1999 年
　渋谷拓郎（京大防災研），横山　泉（北大名誉教授），澤田宗久（東大地震研）

謝 辞

2000 年
　菊池正幸（東大地震研），深尾良夫（東大地震研），渋谷拓郎（京大防災研），古村孝志（東大地震研），山中佳子（東大地震研），石原　靖（横浜市大），津田健一（東大地震研），瀬野徹三（東大地震研），纐纈一起（東大地震研），八木勇治（東大地震研），松井孝典（東大理），石田瑞穂（防災科学技術研）

2001 年
　古村孝志（東大地震研），石原　靖（横浜市大），福山英一（防災科学技術研）

2002-2003 年
　八木勇治（筑波大），吉岡祥一（九大理），梅田康弘（京大防災研），
　牧　正（JICA 専門家 Dominica），湯元清文（九大宙空研），横井俊明（建築研）

2004 年
　八木勇治（筑波大），福山英一（防災科学技術研），吉岡祥一（九大理），
　金森博雄（Caltech），日下部　実（岡山大固体地球研）

2005 年
　井出　哲（東大理），加瀬裕子（San Diego State Univ.），金森博雄（Caltech），佐竹健治（産業技術総合研），古村孝志（東大地震研），小原一成（防災科学技術研），橋本　学（京大防災研），鷺谷　威（名大環境）

2006 年
　安藤雅孝（名大環境），古村孝志（東大地震研），宮武　隆（東大地震研），福山英一（防災科学技術研），川瀬　博（九大工）

またアメリカ地球物理学連合学会 AGU，アメリカ地震学会 SSA，その他 IASPEI などの国際学会で議論したり，意見を頂いた次の研究者諸氏にも感謝します（順不同）．

Kei Aki, James Rice, Renata Dmowska, Raul Madariaga, Joe Andrews, James Dieterich, Paul Spudich, Steve Day, Ralph Archuletea, Thomas Heaton, Barbara Romanowicz, Shamita Das, John Anderson,. Greg Beroza, Mariagiovanna Guatteri, Ruth Harris, Kim Olsen, David Oglesby, Massimo Cocco, Steven Ward, David Wald, Luis Revera, Michel Campillo *et al.*

最後にこの原稿を丁寧に読んでいただき，多くの貴重なご意見を頂いた京都大学防災研究所・地震予知研究センターの川崎一朗教授（現・京大名誉教授）には心から御礼申し上げます．なお三井雄太博士には原稿中のSSEに関して，御意見を頂いたことを付記し感謝します．

　また本書の出版に関しては，担当していただいた京都大学学術出版会編集長の鈴木哲也氏と斎藤　至氏に感謝します．

参考文献

1. メキシコと中米地域のテクトニクス

Alvarez, L. W., W. Alvarez, F. Asaro, and H. V. Michel (1980), Extraterrestrial cause for the Cretaceous-Tertiary extinction, Science, 208, 1095–1108.

Atwater, T. (1970), Implications of plate tectonics of the Cenozic tectonic evolution of western North America, Geol. Soc. Am., Bull., 81, 3513–3536.

Bourgois, J., V. Renand, J. Aubouin, W. Bandy, E. Barrier, T. Calmus, J. Carfantann, J. Guerrero, J. Mammerickx, B. Mercier de Lepinay, F. Michaud, and M. Sosson (1988), Frangmentation en cours de bord Quest du Continent Nord Américain: Les frontiers sous-marines du Bloc Jalisco (Mexique), C. R. Acad. Sci. Paris, 307, Ser. II, 1121–1130.

DeMets, C. and S. Stein (1990), Present-day kinematics of the Rivera plate and implications for tectonics in southwestern Mexico, J. Geophys. Res., 95, B13, 21,931–21,948.

DeMets, C., R. G. Gordon, D. F. Argus, and S. Stein (1994), Effect of recent revisions to the geomagnetic reversal time scale on estimates of current plate motion, Geophys. Res. Lett., 21, 2191–2194.

Ferrari, L., L. Conticelli, C. Vaggeri, and P. Manetti (2000), Late Miocene mafia volcanism and intra-arc tectonics during the early development of the Trans-Mexican Volcanic Belt, Tectonophysics, 328, 161–185.

Ferrari, L. and J. Rosas-Elguera (1999), Alkaic (OIB type) and cal-alkaic volcanism in the Mexican Volcanic Belt: a case for plume-related magmatism and propagating rifting at an active margin? Comments to the article by A. Marquez et al., Geology, 27, 1055–1056.

Ferrari, L. (2004), Slab detachment control on mafic volcanic pulse and mantle heterogeneity in central Mexico, Geology, 32, 77–80.

Hildebrand, A. R., G. T. Penfield, D. A. Kring, M. Pilkington, Z. A. Camargo, S. Jacobsen, and W. Boynton (1991), Chicxulub crater: A possible Cretaceous Tertiary boundary impact crater on the Yucatan peninsula, Mexico, Geology, 19, 867–871.

Hildebrand, A., M. Pilkington, M. Connors, C. Ortiz, and R. Chavez (1995), Size and structure of the Chicxulub crater revealed by horizontal gravity gradients and cenotes, Nature, 376, 415–417.

Hildebrand, A., M. Pilkington, C. Ortiz-Aleman, R. E. Chavez, J. Urrutia-Fucugauchi, M. Connors, E. Graniel-Castro, A. Camara-Zi, J. F. Halpenny, and D. Niehaus (1998), Mapping Chicxulub crater structure with gravity and seismic reflection data (1998), In M. Grady et al. (eds), *Metteorites, Flux with Time and Impact Effects*, Geol. Soc. London, Spec. Publ., 140, 155–176.

Klitgord, K. D. and J. Mammericx (1982), Northern East Pacific Rise: Magnetic anomaly and bathymetric framework, J. Geophys. Res., 87, 6725-6750.

Minster, J. B. and T. H. Jordan (1978), Present day plate motions, J. Geophys. Res., 83, 5331-5354.

Molnar, P. and L. R. Sykes (1969), Tectonics of the Caribbean and Middle America region from focal mechanisms and seismicity, Geol. Soc. Am. Bull., 80, 1639-1684.

Pardo, M. and G. Suárez (1993), Steep subduction geometry of the Rivera plate beneath the Jalisco block in western Mexico, Geohys. Res. Lett., 20, 2391-2394.

Pilkington, M., A. Hildebrand, and C. Ortiz (1994), Gravity and magnetic field modeling and the structure of the Chicxulub crater, Mexico, J. Geophys. Res., 99, 13,147-13,162.

Ross, M. I. and C. R. Scotesse (1988), A hierarchical tectonic model of the Gulf of Mexico and Caribbean region, Tectonophysics, 155: 139-168.

Suárez, G. and S. K. Singh (1986), Tectonic interpretation of the Trans-Mexican Volcanic Belt — Discussion, Tectonophysics, 127, 155-160.

Suter, M. (1987), Orientational data on the state of stress in northeastern Mexico as inferred from stress-induced borehole elongations, J. Geophys. Res. 92, B3, 2617-2626.

Suter, M. (1991), State of stress and active deformation in Mexico and western Central America, in eds. D. B. Slemons, E. R. Engdahl, M. D. Zoback, D. D. Blackwell, Neotectonics of North America; Boulder, Col., Geol. Soc. Am, Decade Map Vol. 1.

Suter, M., O. Quintero-Legorreta, M. López-Martínez, G. Aguirre-Díaz, and E. Farrar (1995), The Acambay graben: Active ultra-arc extension in the Trans-Mexican Volcanic Belt, Mexico, Tectonics, 14, 1245-1262.

Toon, O. B., K. Zahnle, D. Morrison, R. P. Turco, and C. Covey (1997), Environmental perturbations caused by the impacts of asteroids and comets, Rev. Geophys., 35, 41-78.

Urrutia-Fucugauchi, J., L. Martin, and A. Trejo-Garcia (1996), UNAM scientific program of Chicxulub impact structure — Evidence for a 300 kilometer crater diameter, Geophys. Res. Lett., 23 (13), 1565-1568.

Wolbach, W. S., I. Gilmour, and E. Anders (1990), Major wildfires at the Cretaceous/Tertiary boundary; In: V. L. Sharpton and P. D. Ward (eds), *Global catastrophes in Earth History: An Interdisciplinary Conference on Impacts, Volcanism, and Mass Mortality*, Geol. Soc. Am. Spec. Paper, 247, 391-400.

松井孝典（2000），再現！巨大隕石衝突：6500万年前の謎を解く，岩波書店　117 pp

2．メキシコと近接地域の大地震

Anderson, J. G., P. Bodin, J. Brune, J. Prince, S. K. Singh, R. Quaas, M. Onate, and E. Mena (1986), Strong ground motion and source mechanism of the Mexico earthquake of September 19, 1985, Science, 233, 1043-1049.

Astiz, L., and H. Kanamori (1984), An earthquake doublet in Ometepec, Guerrero, Mexico, Phys. Earth Planet. Interior, 34, 24-45.

Astiz, L., H. Kanamori, and H. Eissler (1987), Source characteristics of earthquakes in the Michoacan seismic gap in Mexico, Bull. Seism. Soc. Am., 77, 1326–1346.

Bard, P. Y., M. Campillo, F. J. Chavez-Garcia, and F. J. Sánchez-Sesma (1988), A theoretical investigation of large and small scale amplification effects in the Mexico City valley, Earthquake Spectra 4, 608–633.

Beroza, G., J. A. Rial, and K. C. McNally (1984), Source mechanisms of the June 7, 1982 Ometepec, Mexico earthquake, Geophys. Res. Lett., 11, 689–692.

Chael, E. P. and G. S. Stewert (1982), Recent large earthquakes along the Middle America trench and their implications for the subduction process, J. Geophys. Res., 87, 329–338.

Cocco, M., J. Pacheco, S. K. Singh, and F. Courboulex (1994), The Zihuatanejo, Mexico, earthquake of 1994 December 10 (M = 6.6): Source characteristics and tectonic implications, Geophys. J. Int., 131, 135–145.

Courboulex, F., S. K. Singh, J. F. Pacheco, and C. J. Ammon (1997), The October 9, 1995 Colima-Jalisco, Mexico earthquake (Mw: 8): A study of the rupture process, Geophys. Res. Lett., 24, 1019–1022.

Courboulex, F., M. A. Santoyo, J. F. Pacheco, and S. K. Singh (1997), The 14 September 1995 (M = 7.3) Copala, Mexico, earthquake: A source study using teleseismic, regional, and local data, Bull. Seism. Soc. Am., 87, 999–1010.

Eissler, H. and K. C. McNally (1984), Seismicity and tectonics of the Rivera plate and implications for the 1932 Jalisco, Mexico, earthquake, J. Geophys. Res., 89 (B6), 4520–4530.

Eissler, H., L. Astiz, and H. Kanamori (1986), Tectonic setting and source parameters of the September 19, 1985 Michoacan, Mexico earthquake, Geophys. Res. Lett., 13, 569–572.

Escobedo, D., J. F. Pacheco, and G. Suárez (1998), Teleseismic body-wave analysis of the 9 October, 1995 (Mw = 8.0), Colima-Jalisco, Mexico, earthquake, and its largest aftershock, Gephys. Res. Lett., 25, 547–550.

Ekstrom, G. and A. Dziewonski (1986), A very broadband analysis of the Michoacan, Mexico earthquake of September 19, 1985, Geophys. Res. Lett., 13, 605–608.

Clayton, R. W., P. M. Davis, and X. Perez-Campos (2007), Seismic structure of the subducted Cocos plate, EOS Trans. AGU, 88(23), Jt. Assem. Suppl. Abstract T32A–01.

Fialko, Y., A. Gonzalez, J. Gonzalez, S. Barbot, S. Leprince, D. Sandwell, and D. Agnew (2010), Static rupture model of the 2010 M7.2 El Mayor-Cucapah earthquake from ALOS, ENVISAT, SPOT and GPS data, 2010 SCEC Annual Meeting, 1–139.

Figueroa, J. (1970), Catalogo de sismos ocurridos en la Republica Mexicana, Report N° 272, Instituto de Ingenieria, UNAM, Mexico.

Gonzáles-Ruis, J. R. and K, C. McNally (1988), Stress accumulation and release since 1882 in Ometepec, Guerrero, Mexico: Implications for failure mechanisms and risk assessments of a seismic gap, J. Geophys. Res., 93(B6), 6297–6317.

Gutenberg, B. and C. F. Richter (1954), *Seismicity of the Earth and Associated Phenomena*, 2nd Edition, Princeton University Press, New Jersey, 310 pp.

Haukson, E., J. Stock, K. Hutton, W. Yang, A. Vidal-Villegas, and H. Kanamori (2010), The 2010

Mw7.2 El Mayor-Cucapah earthquake sequence, Baja Californa, Mexico and southernmost California, USA; Active tectonics along the Mexican Pacific margin, T51E-03, AGU Fall Meeting, S. F.

Havskov, J., S. K. Singh, E. Nava, T. Dominguez, and M. Rodriguez (1987), Playa Azul, Michoacan, Mexico, earthquale of 25 October 1981 (Ms = 7.3), Bull. Seism. Soc. Am., 73, 449-467.

Hernandez, H., N. M. Shapiro, S. K. Singh, J. F. Pacheco, F. Cotton, M. Campillo, A. Iglesias, V. Cruz, J. M. Gómez, and L. Alcántara (2001), Rupture history of September 30, 1999 Intraplate earthquake of Oaxaca, Mexico (Mw = 7.5) from inversion of strong motion data, Geophys. Res. Lett., 28, 363-366.

Houston, H. and H. Kanamori (1986), Source characteristics of the 1985 Michoacan, Mexico earthquake at short periods, Geophys. Res. Lett., 13, 597-600.

Hsu, V., J. F. Gettrust, C. F. Helsley, and E. Berg (1983), Local seismicity preceding the March 14, 1979, Petatlan, Mexico earthquake, J. Geophys. Res., 88 (B5), 4247-4262.

Husker, A. and P. M. Davis (2009), Tomography and thermal state of the subducting Cocos plate beneath Mexico City, J. Geophys. Res. 114, B04306, doi: 10, 1029/2008JB006039.

Hutton, W., C. DeMets, O. Sanchez, G. Suárez, and J. Stock (2001), Slip kinematics and dynamics during and after the 1995 October 9 Mw = 8.0 Colima-Jalisco earthquake, Mexico, from GPS geodetic constraints, Geophys. J. Int., 146, 637-658.

Iglesias, A., S. K. Singh, M. Ordaz, M. A. Santoyo, and J. Pacheco (2007), The Seismic Alert System for Mexico City: An evaluation of its performance and a strategy for its Improvement, Bull. Seism. Soc. Am., 97, No. 5, 1718-1729.

Kawase, H. and K. Aki (1989), A study on the response of a soft basin for incident S, P, and Rayleigh waves with special reference to the long duration observed in Mexico City, Bull. Seism. Soc. Am., 79, 1361-1382.

Kelleher, J., L. R. Sykes, and J. Oliver (1973), Possible criteria for predicting earthquake locations and their application to major plate boundaries of the Pacific and Carribean, J. Geophys. Res., 78, 2547-2585.

Kostoglodov, V. and J. F. Pacheco (1999), Cien Años de Sismidad de Mexico.

Langridge, R. M, R. J. Weldon II, J. C. Moya, and G. Suárez (2000), Paleoseismology of the 1912 Acambay earthquake and the Acambay-Tixmadeje fault, Trans-Mexican Volcanic Belt, J. Geophys. Res., 105, B2, 3019-3037.

LeFevre, L. V. and K. C. McNally (1985), Stress distribution and subduction of aseismic ridges in the Middle America subduction zone, J. Geophys. Res., 90, B6, 4495-4510.

Lomnitz, C. (1977), A procedure for eliminating the indeterminancy in focal depth determination, Bull. Seism. Soc. Am., 67, 533-535.

Marquez-Azua, B., C. DeMets, and T. Masterlark (2002), Strong interseismic coupling, fault afterslip, and viscoelastic flow before and after the Oct. 9, 1995 Colima-Jalisco earthquake: continuous GPS measuremeasurements from Colima, Mexico, Geophys. Res. Lett., 29, 122, doi: 10.1029/2002GL014702.

McCann, W., S. P. Nishenko, L. R. Sykes, and J. Kraus (1979), Seismic gaps and plate tectonics:

seismic potential for major boundaries, Pageoph, 117, 1082-1147.

McNally, K. and J. B. Minster (1981), Nonuniform seismic slip rates along the Middle America trench, J. Geophys. Res., 86, 4949-4959.

Masters, T. C., J. Berger, and F. Gilbert (1980), Observations from the IDA network of the moment tensor of the Oaxaca earthquake, November 29, 1978, Geofis. Int., 17, 281-286.

Melbourne, T., I. Carmichael, C. DeMets, K. Hudnut, O. Sánchez, J. Stock, G. Suárez, and F. Webb (1997), The geodetic signature of the M8.0 Oct. 9, 1995, Jalisco subduction earthquake, Geophys. Res. Lett., 24, 715-718.

Mendez, A. J. and J. G. Anderson (1991), The temporal and spatial evolution of the 19 September 1985 Michoacan earthquake as inferred from near-source ground-motion records, Bull. Seism. Soc. Am., 81, 844-861.

Mendoza, C. and S. Hartzell (1989), Slip distribution of the 19 September 1985 Michoacan, Mexico earthquake; near source and teleseismic constraints, Bull. Seism. Soc. Am., 79, 655-669.

Mendoza, C. (1993), Coseismic slip of two large Mexican earthquakes from teleseismic body waveforms: implications for asperity interaction in the Michoacan plate boundary segment, J. Geophys. Res., 98, 8197-8210.

Mendoza, C. (1995), Finite fault analysis of the 1979 March 14 Petatlan, Mexico, earthquake using teleseismic waveforms, Geophys. J. Int., 121, 675-683.

Mendoza, C. and S. Hartzell (1997), Fault slip distribution of the 1995 Colima-Jalisco, Mexico, earthquake, Bull. Seism. Soc. Am., 89, 1338-1344.

Mikumo, T., T. Miyatake, and M. A. Santoyo, (1998), Dynamic rupture of asperities and stress change during a sequence of large interplate earthquakes in the Mexican subduction zone, Bull. Seism. Soc. Am., 88, 686-702.

Mikumo, T., S. K. Singh, and M. A. Santoyo (1999), A possible stress interaction between large thrust and normal faulting earthquakes in the Mexican subduction zone, Bull. Seism. Soc. Am., 89, 1418-1427.

Mikumo, T., Y. Yagi, S. K. Singh, and M. A. Santoyo (2002), Coseismic and postseismic stress changes in a subducting plate: Possible stress interactions between large interplate thrust and intraplate normal- faulting earthquakes, J. Geophys. Res., 107, B1, ESE5-1 -ESE12.

Mikumo, T. and Y. Yagi (2003), Slip-weakening distance in dynamic rupture of inslab normal faulting earthquakes, Geophys. J. Int., 155, 443-455.

Milne, J. (1911). Catalogue of destructive earthquakes. *Report of 81st Annual Meeting British Association for the Advancement of Science, Appendix No. 1*, 649-740.

Nishenko, S. P. and S. K. Singh (1987a), The Acapulco-Ometepec, Mexico, earthquake of 1907-1982: Evidence for a variable recurrence history, Bull. Seism. Soc. Am., 77, 1359-1367.

Nishenko, S. P. and S. K. Singh (1987b), Conditional probabilities for the recurrence of large and great interplate earthquakes along the Mexican subduction zone, Bull. Seism. Soc. Am., 77, 2095-2114.

Nur, A. (2007), with D. Burgess, *"Apocalypse", Earthquakes, Archaeology, and the Wrath of God*, Princeton University Press, 309 pp.

Ohtake, M., T. Matsumoto, and G. V. Latham (1977), Seismicity gap near Oaxaca, southern Mexico as a probable precursor to a large earthquake, Pageoph, 115, 375–385.

Ortiz, M., S. K. Singh, V. Kostoglodov, and J. Pacheco (2000), Source area of the Acapulco-San Marcos, Mexico earthquakes of 1962 (M7.1; 7.0) and 1957 (M7.7), as constrained by tsunami and uplift records, Geofis. Int., 39, 337–348.

Pacheco, J., S. K. Singh, J. Domínguez, A. Hurtado, L. Quintanar, Z. Jiménez, J. Yamamoto, C. Gutiérrez, M. Santoyo, W. Bandy, M. Guzmán, V. Kostoglodov, G. Reyes, and C. Ramírez (1997), The October 9, 1995 Colima-Jalisco, Mexico earthquake (Mw 8): and aftershock study and a comparison of this earthquake with those of 1932, Geophys. Res. Lett., 24, 2223–2226.

Pardo, M. and G. Suárez (1993), Steep subduction geometry of the Rivera plate beneath the Jalisco block in western Mexico, Geophys. Res. Lett., 20, 2391–2394.

Pardo, M. and G. Suárez (1995), Shape of the subducting Rivera and Cocos plates at southern Mexico, J. Geophys. Res., 100, 12357–12373.

Pérez-Campos, X, Y. H. Kim, A. Husker, P. M. Davis, R. W. Clayton, A. Iglesias, J. F. Pacheco, S. K. Singh, V. C. Manea, and M. Gurnis (2008), Horizontal subduction and truncation of the Cocos plate beneath central Mexico, Geophys. Res. Lett., 35, L18303, doi: 10.1029/2008GL035127.

Ponce, L., R. Gaulon, G. Suárez, and E. Lomas (1992), Geometry and state of stress of the downgoing Cocos plate in the Isthmus of Tehuantepec, Mexico, Geophys. Res. Lett., 19, 773–776.

Priestley, K. F. and T. G. Masters (1986), Source mechanism of the September 19, 1985 Michoacan earthquake and its simplifications, Geophys. Res. Lett., 13, 601–604.

Quintanar, L. J., J. Yamamoto, and Z. Jimenez (1999), Source mechanism of two 1994 intermediate-depth focus earthquakes in Guerrero, Mexico, Bull. Seism. Soc. Am., 89, 1004–1018.

Reichle, M. S., S. K. Priestley, J. Brune, and J. A. Orcutt (1980), The 1978 Oaxaca earthquake source mechanism analysis from digital data, Geofis. Int., 17, 295–302.

Reyes, A., J. N. Brune, and C. Lomnitz (1979), Source mechanism and aftershock study of the Colima, Mexico earthquake of January 10, 1973, Bull. Seism. Soc. Am., 69, 1819–1840.

Riedesel, M. A., T. H. Jordan, A. F. Sheeman, and P. G. Silver (1986), Moment tensor spectra of the 19 Sept. 85 and 21 Sept. 85 Michoacan, Mexico earthquakes, Geophys. Res. Lett., 13, 609–612.

Robollar, C. J., L. Quintanar, J. Yamamoto, and A. Uribe (1999), Source process of the Chiapas, Mexico, intermediate-depth earthquake (Mw = 7.2) of 21 October 1995, Bull. Seism. Soc. Am., 89, 348–358.

Rosenblueth, E. (1960), The earthquake of 28 July 1957 in Mexico City, Proc. 2nd World Conf. on Earthquake Engineering, Japan, 359–379.

Rothé, J. P. (1969), *The Seismicity of the Earth, 1953–1965*, UNESCO, Paris, France, 336 pp.

Ruff, L. J. and A. D. Miller (1994), Rupture process of large earthquakes in the northern Mexico subduction zone, Pageoph 142, 102–171.

Sánchez-Sesma, F. J., S. Chávez-Pérez, G. Suárez, M. A. Bravo, and L. E. Pérez-Rocha (1988), On the seismic response of the valley of Mexico, Earthquake Spectra, 4, 568–588.

Sánchez-Sesma, F. J. and F. Luzón, Seismic response of three-dimensional alluvial valleys for incident P, S, and Rayleigh waves, Bull., Seism. Soc. Am., 85, 269-284.

Santoyo, M. A., S. K., Singh, T. Mikumo, and M. Ordaz, (2005), Space-time clustering of large thrust earthquakes along the Mexican subduction zone: an evidence of source interactions, Bull. Seism. Soc. Am., 95, 1856-1864.

Santoyo, M. A., S. K. Singh, and T. Mikumo (2005), Source process and stress change of the 11 January, 1997 (Mw = 7.1) Michoacan, Mexico, inslab earthquake, Geofis. Int., 44, 317-330.

Santoyo, M. A., T. Mikumo, and L. Quintanar (2006), Faulting process and coseismic stress change during the 30 January, 1973, Colima, Mexico interplate earthquake (Mw = 7.6), Geofis. Int., 45, 163-178.

Schmitt, S. V., G. S. Stuart, C. DeMets, J. Stock, O. Sánchez, B. Márquez-Azúa, and G. Reyes (2007), A geodetic study of the 2003 January 22 Tecomán, Colima, Mexico earthquake, Geophys. J. Int., 169, 389-406.

Sharer, R. J. (2004), *The Ancient Maya*, Stanford University Press.

Sieberg, A. (1930). Die Erdbeben, *In "Handbuch der Geophysik"* (B. Gutenberg, ed.). Band IV, Absch. V, 527-686, Gebruder Borntraeger, Berlin.

Singh, S. K. and M. Wyss (1976), Source parameters of the Orizaba earthquake of August 28, 1973, Geofis. Int., 16, 165-184.

Singh, S. K., J. Yamamoto, J. Havskov, M. Guzman, D. Novelo, and R. Castro (1980a), Seismic gap of Michoacan, Mexico, Geophys. Res. Lett., 7, 69-72.

Singh, S. K., J. Havskov, K. McNally, L. Ponce, J. T. Hearn, and M. Vassiliou (1980b), The Oaxaca, Mexico, earthquake of 19 November 1978: A preliminary report on aftershocks, Science, 207, 1211-1213.

Singh, S. K., L. Astiz and J. Havskov (1981), Seismic gaps and recurrence periods of large earthquakes along the Mexican subduction zone: A reexamination, Bull. Seism. Soc. Am., 71, 827-843.

Singh, S. K., M. Rodriguez, and J. M. Espindola (1984), A Catalog of shallow earthquakes of Mexico from 1900 to 1981, Bull. Seism. Soc. Am., 74, 267-279.

Singh, S. K., L. Ponce, and S. P. Nishenko (1985), The great Jalisco, Mexico, earthquake of 1932: Subduction of the Rivera plate, Bull. Seism. Soc. Am., 75, 1301-1313.

Singh, S. K., G. Suárez, and T. Dominguez (1985), The Oaxaca, Mexico, earthquake of 1931: Lithospheric normal faulting earthquake in the subducted Cocos plate, Nature, 317, 56-58.

Singh, S. K. and G. Suárez (1987), Overview of the seismicity of Mexico with emphasis on the September 1985 Michoacan earthquake, In: M. A. Cassaro and E. Martínez-Romero (ed.), The Mexico earthquakes — 1985: Factors involved and lessons learned. Proc. Int. Conf. Am. Civil Eng. Soc., Am. Assoc. Civil Eng., Washington, D. C., pp. 7-18.

Singh, S. K., E. Mena, and R. Castro (1988), Some aspects of source characteristics of the 19 September 1985 Michoacan earthquake and ground motion implications in and near Mexico City from strong motion data, Bull. Seism. Soc. Am., 78, 451-477.

Singh, S. K. and F. Mortera (1991), Source time functions of large Mexican subduction earthquakes, morphology of the Benioff zone, age of the plate, and their tectonic implications, J. Geophys.

Res. 96 (B13), 21487–21502.

Singh, S. K. and M. Pardo (1993), Geometry of the Benioff zone and state of stress in the overriding plate in central Mexico, Geophys. Res. Lett., 23, No. 4, 1483–1486.

Singh, S. K., M. Ordaz, and L. E. Perez-Rocha (1996), The great Mexican earthquake of 19 June 1858: Expected ground motions and damage in Mexico City from a similar future event, Bull. Seism. Soc. Am., 86, 1655–1666.

Singh, S. K., M. Ordaz, J. F. Pacheco, R. Quass, L. Alcántara, S. Alcocer, C. Gutiérrez, R. Meli, and E. Ovando (1999), A preliminary report on the Tehuacan, Mexico earthquake of June 15, 1999, Seism. Res. Lett., 20, 489–504.

Singh, S. K., M. Ordaz, L. Alcántara, N. Shapiro, V. Kostoglodov, J. F. Pacheco, S. Alcocer, C. Gutiérrez, R. Quass, T. Mikumo, and E. Ovando (2000), The Oaxaca earthquake of 30 September 1999 (Mw = 7.5): A normal-faulting event in the subducted Cocos plate, Seism. Res. Lett., 71, 67–78.

Stewart, G. S., E. P. Chael, and K. C. McNally (1981), The November 29, 1978, Oaxaca, Mexico, earthquake: A large simple event, J. Geophys. Res. 86(B6), 5053–5060.

Suárez, G. and S. K. Singh (1986), Tectonic interpretation of the Trans-Mexican Volcanic Belt — Discussion, Tectonophysics, 127, 155–160.

Suárez, G., T. Monfret, G. Winlinger, and C. David (1990), Geometry of subduction and depth of the seismogenic zone in the Guerrero gap, Mexico, Nature, 345, 336–338.

Suárez, G., V. Garcia-Acosta, R. Gaulon (1994), Active crustal deformation in the Jalisco block, Mexico: evidence for a great historical earthquake in the 16th century, Tectonophysics, 234, 117–127.

Tajima, F. and K. C. McNally (1983), Seismic rupture pattern in Oaxaca, Mexico, J. Geophys. Res., 86(B5), 4263–4275.

Uchide, T. and P. M. Shearer (2010), The slow and bilateral rupture process of the 2010 M 7.2 El Mayor-Cucapah earthquake inferred from local and teleseismic data, T51E-06, 2010 AGU Fall Meeting, San Francisco.

UNAM Seismology Group (1986), The September 1985 Michoacan earthquakes: aftershock distribution and history of ruptures, Geophys. Res. Lett., 13, 53–576.

Urbina, F. and H. Camacho (1913), La zona megaséismica Acambay-Trixmadejé, Estado de México, conmovida el 19 de Noviembre de 1912, Bol. Inst. Geol. Mex., 32, 125pp.

Valdez, C., R. P. Meyer, R. Zuniga, J. Havskov and S. K. Singh (1982), Analysis of the Petatlan aftershocks: numbers, energy release and asperities, J. Geophys. Res., 87, 8519–8527.

Wang, S., K. C. McNally, and R. J. Geller (1982), Seismic strain release along the Middle America Trench, Mexico, Geophys. Res. Lett., 9, 182–185.

Ward, S. N. (1980), A technique for the recovery of the seismic moment tensor applied to the Oaxaca, Mexico earthquake of November, 1978, Bull. Seism. Soc. Am., 70, 717–734.

Ward, S. N. (1992), An application of synthetic seismicity calculations in earthquake statistics: The middle America trench, J. Geophys. Res., 97, 6675–6682.

Wei, M., D. Sandwell, Y. Fialko, and R. Bilham (2010), Slip on faults in the Imperial Valley triggered

by the 4 April 2010 Mw 7.2 El Mayor earthquake, Geophys. Res. Lett., submitted.
Wells, D. J. and K. J. Coppersmith (1994), New empirical relationships among magnitude, rupture length, rupture width, rupture area, and surface displacement, Bull. Seism. Soc. Am., 84, 974-1002.
White, R. A., P. Ligorria, and I. L. Cifuentes (2004), Seismic history of the Middle America subduction zone along El Salvador, Guatemala, and Chiapas, Mexico: 1526-2000, Geol. Soc. Am., Special Paper, 375, 379-396.
Yagi, Y., T. Mikumo, J. Pacheco, and G. Reyes (2004), Source rupture process of the Tecomán, Colima, Mexico earthquake of 22 January 2003, Determined by joint inversion of teleseismic body-wave and near-source data, Bull. Seism. Soc. Am., 94, 1795-1807.
Yamamoto, J., Z. Jimez, and R. Mota (1984), En temblor de Huajuapan de Leon, Oaxaca, Mexico, del 24 de octubre de 1980, Geofis. Int., 23, 83-110.
Yamamoto, J., L. Quintanar, and Z. Jiménez (2002), Why earthquake doublets in the Ometepec, Guerrero, Mexico subduction area ?, Phys. Earth Planet. Interior, 132, 131-139.
Yamamoto, J., L. Quintanar, C. J. Rebollar, and Z. Jiménez (2002), Source characteristics and propagation effects of the Puebla, Mexico, earthquake of 15 June 1999, Bull. Seism. Soc. Am., 92, 2126-2138.
Yomogida, K. (1988), Crack-like rupture processes observed in near-fault strong motion data, Geophys. Res. Lett., 15, 1223-1226.
Zhao, X, G. Shao, C. Ji, K. M. Larson, K. Hudnut, and T. Herring (2010), Coseismic slip distribution of the 2010 Mw 7.3 El Mayor-Cucapah earthquake, S43A-2021, presented at 2010 AGU Fall Meeting, S. F..
宇津徳治 (2002), "世界の被害地震の表 (古代から 2002 年 6 月まで)" (改訂 11 版)

2.8-2.9 メキシコに近接する中米―カリブ海地域の大地震

Arroyo, I. G., G. E. Alvarado, and F. R. Fluch (2003), Local seismicity at the Cocos ridge — Osa Peninsula subduction zone, Costa Rica, S52F-0174, 2003 AGU, Meeting, S. F.
Ambrasseys, N. N. and R. D. Adams (2001), *The Seismicity of Central America*, Imperial College Press. London, 309pp.
Bilek, S. L., S. Y. Schwartz, and H. R. DeShon (2001), The Costa Rica Mw = 6.9 underthrusting earthquake: Aftershock focal mechanisms and deformation associated with seamount subduction, 2001 AGU, T52E-05B, S. F.
DeMets, C., and M. Wiggins-Grandison (2007), Deformation of Jamaica and motion of the Gonãve microplate from GPS and seismic data, Geophys. J. Int., 188, 362-378.
Dixon, H. R., S. Y. Schwartz, L. M. Dorman, A. V. Newman, M. Protti, and V. Gonzales (2004), Seismogenic zone structure along the Middle America Trench, Nicoya Peninsula, Costa Rica, from 3D local tomography, S51B0157D, 2004 AGU, S. F.
Dolan, J. F. and M. Paul (1998), Active strike-slip and collisional tectonics of the northern Caribbean

plate boundary zone, Geol. Soc. Am., ISBN 0813723264.

Goes, S. D. B., A. A. Aaron, S. Y. Schwartz, and T. Lay (1993), The April 22, 1991, Valle de la Estrella, Costa Rica (Mw = 7.7) earthquake and its tectonic implications — A broadband seismic study, J. Geophys. Res., 98, B5, 8127–8142.

Hashimoto, M, Y. Fukushima and Y. Fukahata (2011), Fan-delta uplift and mountain subsidence during the Haiti 2010 earthquake, Nature Geoscience/Letter, doi: 10.1038/ngeo 1115.

Ide, S., F. Imamura, Y. Yoshida, and K. Abe (1993), Source characteristics of the Nicaraguan tsunami earthquake of September 2, 1992, Geophys. Res. Lett., 20(9), 863–866.

Imamura, F., N. Shuto, S. Ide, Y. Yoshida, and K. Abe (1993), Estimate of the tsunami source of the 1992 Nicaraguan earthquake from tsunami data, Geophys. Res. Lett., 20(14), 1515–1518.

Jacob, K. M. (1991), Strong motion records in Costa Rica earthquake of April 22, 1991; Reconnaissance report, Earthq. Spectra, 7, 20–33.

Kanamori, H. and G. S. Stewart (1978), Seismological aspects of the 1976 Guatemala earthquake of February 4, 1976, J. Geophys. Res. 83(B7), 3427–3434.

Kanamori, H. and M. Kikuchi (1993), The 1993 Nicaragua earthquake: A slow tsunami earthquake associated the subducted sediments, Nature, 361, 6414, 714–716.

Kikuchi, M. and H. Kanamori (1995), Source characteristics of the 1992 Nicaragua tsunami earthquake inferred from teleseismic body waves, PAGEOPH, 144, 441–453.

Lara, G. M. A. (1983), El Salvador earthquake of June 19, 1982, Newsletter, 17, Earthq. Eng. Res. Inst., 17, 87–96.

Lay, T., L. Astiz and H. Kanamori (1982), The El Salvador earthquake of June 19, 1982, EOS, 63, 1040–1041.

Lundgren, P. R., S. K. Wolf, M. Protti, and K. J. Hurst (1993), GPS measurements of crustal deformation associated with the 22 April 1991, Valle de la Estrella, Costa Rica earthquake, Geophys. Res. Lett., 20(5), 407–410.

O'Loughlin, K. F., and J. F. Linder (2003), Caribbean tunamis: a 500-year history from 1498–1998, Boston; Kluwer, 82 pp. ISBN 1402017170.

Paul, M., E. Calais, C. DeMets, C. S. Prentice, and M. Wiggins-Grandison (2008), Enriquillo-Plantain Garden strike-slip fault zone: A major seismic hazard affecting Dominican Republic, Haiti and Jamaica, Presented at the 18th Caribbean Geological Conference.

Protti, M., and S. Schwartz (1994), Mechanics of back arc deformation in Costa Rica: Evidence from an aftershock study of the April 22, 1991, Valle de la Estrella, Costa Rica, earthquake (Mw = 7.7), Tectonics, 13(5), 1093–1107.

Rolland, O., V-M. William, and C. Jose (2002), Geotechnical aspect of the January, 2001 El Salvador earthquake, J. Japanese Geotech. Soc., 42(4), 57–68.

Rose, W. I., J. J. Bommer, D. L. Lopez, M. J. Carr, and J. J. Mayor (2008), *Natural Hazard in El Salvador*, Geol. Soc. Am. Special Paper 375,

Satake, K. (1994), Mechanism of the 1992 Nicaragua tsunami earthquake, Geophys. Res. Lett., 21(23), 2519–2522.

Scherer, J. (1912), Great earthquakes in the island of Haiti, Bull. Seism. Soc. Am., 2, 174–179.

Schwartz, S. Y., C. M. Bernot, A. V. Newman, and M. Densmore (2002), Characteristics of the Nicoya peninsula, Costa Rica Seismogenic zone from focal mechanism determinations, S71C1104S, 2002 AGU Meeting, S. F.

Suárez, G., M. Pardo, J. Dominguez, L. Ponce, M. Walter, I. Boscini, and W. Rojas (1991), The Limón, Costa Rica earthquake of April 22, 1991; Back arc thrusting and collisional tectonics in a subduction environment, Tectonics, 14(2), 518-530.

Velasco, A., C. J. Ammon, T. Lay, and J. Zhang (1994), Imaging a slow bilateral rupture with broadband seismic waves; The September 2, 1992 Nicaraguan tsunami earthquake, Geophys. Res. Lett., 21(24), 2629-2632.

Wilson, J. F. (2008), *Earthquakes and Volcanoes: Hot Springs*, 70 pp., BiblioLife (2008), ISN 0554564963.

3. メキシコの地震関係研究機関と観測網

Anderson, J. G., P. Bodin, J. Brune, J. Prince, S. K. Singh, R. Quaas, M. Onate, and E. Mena (1986), Strong ground motion and source mechanism of the Mexico earthquake of Sept., 19, 1985, Science 233, 1043-1049.

Anderson, J. G., J. Brune, J. Prince, R. Quaas, S. K. Singh, D. Almora, P. Bodin, M. Onate, R. Vasquez, and J. M. Velasco (1994), The Guerrero accelerograph network, Geofis. Int., 33, 341-373.

Espinosa-Aranda, J. M., A. Jiménez, G. Ibarrola, F. Alcantar, A. Aguilar, M. Hinosttroza, and M. Maldonado (1995), Mexico City seismic alert system, Seism. Res. Lett., 66, no. 6, 42-53.

Espinosa-Aranda, J. M., and F. H. Rodríguez (2003), The seismic alert system of Mexico City, in *International Handbook of Earthquake and Engineering Seismology*, Vol. 81B, 1253-1259, Academic Press, New York.

Gomberg, J. (1995), Earthquake induced seismicity: Evidence from the Ms7.4 Landers, earthquake and the Geysers geothermal field, California in *"Earthquakes Induced by Underground Nuclear Explosions: Environmental and Ecological Problems"*, eds. R. Console and A. Nikolaev, Publ. Springer-Verlag, Berlin, pp. 201-214

Gomberg, J. (1996), Stress/strain changes and triggered seismicity following the Ms7.4 Landers, California earthquake: J. Geophys. Res., 101, 751-764.

Groupo RESNOM (2002), Sismicidad de la Región norte de Baja California, registrada por RESNOM en la period enero-diciembre de 2002.

Haukson, E., L. M. Jones, K. Hutton, D. Eberhart-Phillips (1993), The 1992 Landers earthquake sequence: Seismological observations, J. Geophys. Res., 98(B11), 19,835-19,858.

Nakamura, Y. (1985), Earthquake alarm system of the Japanese National Railways, J. Railway Eng. Res., 42, No. 10, 371-376.

Olsen, K. B, R. Madariaga, and R. J. Archuleta (1997), Three-dimensional dynamic simulation of the

1992 Landers earthquake, Science, 31, 278, 834–838.
Pacheco J., S. O. K. Singh, V. C. Manea, and M. Gurnis (2008), Horizontal subduction and truncation of the Cocos plate beneath central Mexico, Geophys. Res. Lett., 35, L18303, doi: 10.1029/2008GL035127.
Wald, D. J., and T. H. Heaton (1994), Spatial and temporal distribution of slip for the 1992 Landers, California earthquake, Bull. Seism. Soc. Am., 84, 668–691.
Wald, D. J., T. H. Heaton, and K. W. Hudnut (1996), The slip history of the 1994 Northridge, California, earthquake determined from strong ground motion, teleseismic, GPS, and leveling data, Bull. Seism. Soc. Am., 86, S49–S70.
Yagi, Y., T. Mikumo, J. Pacheco, and G. Reyes (2004), Source rupture process of the Tecomán, Colima, Mexico earthquake of 22 January 2003, determined by joint inversion of teleseismic body-wave and near-source data, Bull. Seism. Soc. Am., 94, 1795–1807.
Yomogida, K. (1988), Crack-like rupture processes observed in near-fault strong motion data, Geophys. Res. Lett., 15, 1223–1226.

4. 研究ノート

Abe, K. (1977), Tectonic implications of the Shioya-oki earthquake of 1938, Tectonophysics, 41, 269–289.
Aochi, H., E. Fukuyama, and M. Matsu'ura (2000), Selectivity of spontaneous rupture propagation on a branched fault, Geophys. Res. Lett., 27, 3615–3638.
Aochi, H. and E. Fukuyama (2002), Three-dimensional nonplanar simulation of the 1992 Landers earthquake, J. Geophys. Res., 107(B2), doi 10: 1029/2000JB000061, ESE4-1-4-12.
Andrews, J. (1976), Rupture propagation with finite stress in antiplane strain, J. Geophys. Res., 81, 3575–3582.
Archuleta, R. (1984), A faulting model for the 1979 Imperial Valley earthquake, J. Geophys. Res., 89, 4559–4585.
Bard, P. Y., M. Campillo, F. J. Chávez-García and F. J. Sánchez-Sesma (1988). A theoretical investigation of large and small-scale amplification effects in Mexico City valley. Earthquake Spectra, 4, 609–633.
Beroza, G. C. and P. Spudich (1988), Linearized inversion for fault rupture behavior: application for the 1984 Morgan Hill, California, earthquake, J. Geophys. Res., 93, 6275–6296.
Beroza, G. C. and T. Mikumo (1996), Short slip duration in dynamic rupture in the presence of heterogeneous fault properties, J. Geophys. Res., 101, 22, 449–22, 460.
Brown, K. M., M. D. Tryon, H. R. Deshon, L. M. Dorman, and S. Y. Schwartz, (2005), Correlated transient fluid pulsing and seismic tremor in the Costa Rica subduction zone, Earth Planet. Sci. Lett., 238, 189–203.
Brown, J. R., G. C. Beroza, S. Ide, K. Ohta, D. R. Shelly, S. Y. Schwartz, W. Rabbel, M. Thorwart,

and H. Kao (2009), Deep low-frequency earthquakes in tremor localize to the plate interface in multiple subduction zones, Geophys. Res. Lett., 36, L19306, doi: 10.1029/2009GL040027

Campillo, M., J. G. Gabriel, K. Aki, and F. J. Sanchez-Sesma (1989), Destructive strong ground motion in Mexico City: Source, path, and site effects during the great 1985 Michoacan earthquake, Bull. Seism. Soc. Am., 79, No. 6, 1718–1735.

Cotte, N., A. Walpersdorf, V. Kostoglodov, M. Vergnolle, J.-A. Santiago, I. Manighetti, and M. Campillo (2009), Anticipating the next large silent earthquake in Mexico, EOS, Trans, AGU, 90(21), 181–182.

Curie, C. A., R. D. Hydman, K. Wang, and V. Kostoglodov (2002), Thermal models of the Mexico subduction zone: Implications for the megathrust seismogenic zone, J. Geophys. Res., 107, doi: 1029/2001B000886.

Day, S. M. (1982), Three-dimensional simulation of spontaneous rupture: the effects of nonuniform prestress, Bull. Seism. Soc. Am., 72, 1881–1902.

Dieterich, J. H. (1979), Modeling of rock fraction I: Experimental results and constitutive equations, J. Geophys. Res., 84, 2161–2168.

Dragert, H., K. Wang, T. S. James (2001), A silent slip event on the deeper Cascadia subduction interface, Science, 292, 1525–1528.

Franco, S. L., V. Kostoglodov, K. M. Larson, V. C. Manea, M. Manea, and J. A. Santiago (2005), Propagation of the 2001–2002 silent earthquake and interplate coupling in the Oaxaca subduction zone, Mexico, Earth Planets Space, 57(10), 973–985.

Fukuyama, E., and T. Mikumo (1993), Dynamic rupture analysis: Inversion for the source process of the 1990 Izu-Oshima, Japan, earthquake (M6.5), J. Geophys. Res., 98, 6529–6542.

Fukuyama, E., T. Mikumo, and K. B. Olsen (2003), Estimation of the critical slip-weakening distance: Theoretical background, Bull. Seism. Soc. Am., 93, No. 4, 1835–1840.

Fukuyama, E. (2005), Radiation energy measured at earthquake source, Geophys. Res. Lett., 32, L13308, doi: 10.1029/2005GL022698.

Fukuyama, E. and T. Mikumo (2006), Dynamic rupture propagation during the 1891 Nobi, central Japan, earthquake: A possible extension to the branched faults, Bull. Seism. Soc. Am., 96-4, 1257–1266.

Fukuyama, E. and T. Mikumo (2007), Slip-weakening distance estimated at near-fault stations, Geophys. Res. Lett., 34, L09302, doi: 10.1029/2006GL029203.

Fukuyama, E., I. Muramatu, and T. Mikumo (2008), Seismic moment of the 1891 Nobi, Japan, earthquake estimated from historical seismograms, Earth Planets Space, 59, 553–559.

Harris, R. A., R. J. Archuleta, and S. M. Day (1991), Fault steps and the dynamic rupture process: 2-D numerical simulations of a spontaneously propagating shear fracture, Geophys. Res. Lett., 18, 893–896.

Harris, R. A. and S. M. Day (1999), Dynamic 3D simulations of earthquakes on en echelon faults, Geophys. Res. Lett., 26, 2089–2092.

Harris, R. A., J. F. Dolan, R. Hartleb, and S. M. Day (2002), The 1999 Izmit, Turkey, earthquake: a 3D dynamic stress transfer model of intraearthquake triggering, Bull. Seism. Soc. Am., 93,

1154-1170.

Heaton, T. H. (1990), Evidence for and implications of self-healing pulses of slip in earthquake rupture, Phys. Earth Planet. Inter, 64, 1-20.

Heki, K., S. Miyazaki, and H. Tsuji (1997), Silent fault slip following an interplate thrust earthquake at the Japan Trench, Nature, 386, 595-698.

Hirose, H., K. Hirahara, F. Kimata, N. Fujii, S. Miyazaki (1999), A slow thrust slip event following the two 1996 Hyuganada earthquakes beneath the Bungo channel, southwest Japan, Geophys. Res. Lett., 26, 3237-3240.

Hirose, H. and K. Hirahara (2004), A 3-D quasi-static model for a variety of slip behaviors on subduction fault, PAGEOPH 61, 2417-2431.

Hirose, T. and T. Shimamoto (2005), Slip-weakening distance of faults during frictional melting as inferred from experimental and natural pseudotachylytes, Bull. Seism. Soc. Am., 95,1666-1673, doi: 10,1785/0120040131.

Ide, S. and M. Takeo (1997), Determination of constitutive relations of fault slip based on seismic wave analysis, J. Geophys. Res., 102, 27, 379-27, 391.

Ide, S., D. R. Shelly, and G. C. Beroza (2007), Mechanism of deep low-frequency earthquakes: Further evidence that deep non-volcanic tremor is generated by shear slip on plate interface, Geophys. Res. Lett., 34, L03308, doi: 10.1029/2006GL028890.

Iglesias, A., S. K. Singh, A. Lowry, M. A. Santoyo, V. Kostoglodov, K. M. Larson, S. I. Franco-Sanchez (2004), The silent earthquake of 2002 in the Guerrero seismic gap, Mexico, (Mw = 7.6): inversion of slip on the plate interface and some implications, Geof. Int., 43, 309-317.

Instituto de Geofisica, Universidad Nacional Autonoma de Mexico (2006), *Mikumo in Mexico*, 349pp.

Kame, N., J. R. Rice, and R. Dmowska (2003), Effects of prestress-state and rupture velocity on dynamic fault branching, J. Geophys. Res. 108(B5) 2265, doi: 10. 1029/2002JB002189

Kanamori, H. (1971), Seismological evidence for a lithospheric normal — the Sanriku earthquake of 1933, Phys. Earth, Planet. Interiors, 4, 289-300.

Kao, H., S. Shan, H. Dragert, G. Rogers, J. F. Cassidy, and K. Ramachandran (2005), A wide depth distribution of seismic tremors along the northern Cascadia margin, Nature, 436, 841-844.

Kase, Y. And K. Kuge (1998), Numerical simulation of spontaneous rupture propagation processes on two coplanar faults: the effect of geometry on fault interaction, Geophys. J. Int., 135, 911-922.

Katsumata, A. and N. Kamaya (2003), Low-frequency continuous tremor around the Moho discontinuity away from volcanoes in the southwest Japan, Geophys. Res. Lett., 30(1), 1020, doi: 10.1029/2002GL015981.

Kawasaki, I., Y. Asai, Y. Tamura, T. Sagiya, N. Mikami, Y. Okada, M. Sakata, and M. Kasahara (1995), The 1992 Sanriku-Oki, Japan, ultra-slow earthquake, J. Phys. Earth, 43, 105-116.

Kawasaki, I. (2001), Space-time distribution of interplate moment release including slow earthquakes and the seismo-geodetic coupling in the Sanriku-oki region along the Japan Trench, Tectonophysics, 330, 267-283.

Kawasaki, I. (2004), Silent earthquakes occurring in a stable-unstable transition zone and implications for earthquake prediction, Earth, Planets and Space, 56, 813–821.

Kostoglodov, V., S. K. Singh, J. A. Santiago, S. J. Franco, K. M. Larson, A. R. Lowry, and R. Bilham (2003), A large silent earthquake in the Guerrero seismic gap, Mexico, Geophys. Res. Lett., 30(15), doi: 10.1029/2003GL017219.

Kostrov, B. V. (1974), Seismic moment and energy of earthquakes and seismic flow of rocks, Izv. Earth Phys., 1, 23–40.

La Rocca, M., K. C. Creager, D. Galluzzo, S. Malone, J. E. Vidale, J. R. Sweet, and A. G. Wech (2009), Cascadia tremor located near plate interface constrained by S minus P wave times, Science, 323, 620–623.

Larson, K. M., A. R. Lowry, V. Kostoglodov, W. Hutton, O. Sanchez, K. Hudnut, and G. Suárez (2004), Crustal deformation measurements in Guerrero, Mexico, J. Geophys. Res., 109(B4), B04409.

Larson, K. M., V. Kostoglodov, S. Miyazaki, and J. A. S. Santiago (2007), The 2006 aseismic slow slip event in Guerrero, Mexico: New results from GPS, Geophys. Res. Lett., 34, L13309, doi: 10.1029/2007GL029912.

Liu, Y. and J. R. Rice (2005), Aseismic slip transients emerge spontaneously in three-dimensional rate and state modeling of subduction earthquake sequence, J. Geophys. Res., 110, doi: 10.1029/2004JB003432.

Liu, Y. and J. R. Rice (2007), Spontaneous and triggered aseismic deformation transients in a subduction fault model, J. Geophys. Res., 112, B09404, doi: 10: 1029/2007JB004930..

Lowry, A. R., K. M. Larson, V. Kostoglodov, and R. Bilham (2001), Transient fault slip in Guerrero, southern Mexico, Geophys. Res. Lett., 25, 3753–3756.

Lowry, A. R., K. M. Larson, V. Kostoglodov, and O. Sanchez (2005), The fault slip budget in Guerrero, southern Mexico, Geophys. J. Int., 200, 1–15.

Marone, C. and B. Kilgore (1993), Scaling of the critical slip distance for seismic faulting with shear strain in fault zone, Nature, 362, 618–621.

McClausland, W., S. Malone, and D. Johnson (2005), Temporal and spatial occurrence of deep non-volcanic tremor: From Washington to Northern California, Geophys. Res. Lett., 32, doi: 10.1029/2005GL024349.

Matsuda, T. (1974), Surface faults associated with Nobi (Mino-Owari) earthquake of 1891, Japan, Spec. Rep. Earthq. Res. Inst., 13, 85–126 (in Japanese).

Matsu'ura, M., H. Kataoka, and B. Shibazaki (1992), Slip dependent friction law and nucleation process in earthquake rupture, Tectonophysics, 211, 135–142.

Mendoza, C. and S. Hartzell (1997), Fault slip distribution of the 1995 Colima-Jalisco, Mexico, earthquake, Bull. Seism. Soc. Am., 89, 1338–1344.

Miller, M., M. Melbourne, T. Johnson, D. J. Summer (2002), Periodic slow earthquakes from the Cascadia subduction zone, Science, 295, 2423.

Mikumo, T. and M. Ando (1976), A search into the faulting mechanism of the 1891 great Nobi earthquake, J. Phys. Earth, 24, 63–87.

Mikumo, T., K. Hirahara, and T. Miyatake (1987), Dynamical fault rupture processes in heterogeneous media, Tectonophysics, 144, 19–36.

Mikumo, T. and T. Miyatake (1993), Dynamic rupture processes on a dipping fault, and estimates of stress drop and strength excess from the results of waveform inversion, Geophys. J. Int., 112, 481–496.

Mikumo, T. (1993), Prediction of strong ground motions directly above a dipping fault zone, from dynamic shear crack models, Proc. Int'l Symp. for Earthquake Disaster Prevention, CENAPRED, México, Vol. I, 119–128.

Mikumo, T. (1994), Dynamic fault rupture processes of moderate-size earthquakes inferred from the results of kinematic waveform inversion, Ann. di Geofis., 27, No. 6, 1377–1389.

Mikumo, T. and T. Miyatake (1995), Heterogeneous distribution of dynamic stress drop and relative fault strength recovered from the results of waveform inversion: The 1984 Morgan Hill, California, earthquake, Bull. Seism. Soc. Am., 85, 178–193.

Mikumo, T., T. Miyatake, and M. A. Santoyo (1998), Dynamic rupture of asperities and stress change during a sequence of large interplate earthquakes in the Mexican subduction zone, Bull. Seism. Soc. Am., 88, 686–702.

Mikumo, T., S. K. Singh, and M. A. Santoyo (1999), A possible stress interaction between large thrust and normal faulting earthquakes in the Mexican subduction zone, Bull. Seism. Soc. Am., 89, 1418–1427.

Mikumo, T., M. A. Santoyo, and S. K. Singh (2000), Dynamic rupture and stress change in a normal faulting earthquake in the subducted Cocos plate, Geophys. J. Int., 140, 611–620.

Mikumo, T., Y. Yagi, S. K. Singh, and M. A. Santoyo (2002), Coseismic and postseismic stress changes in a subducting plate: Possible stress interactions between large interplate thrust and intraplate normal- faulting earthquakes, J. Geophys. Res.. 107, B1, ESE5-1 –ESE12.

Mikumo, T., K. B. Olsen, E. Fukuyama, and Y. Yagi (2003), Stress-breakdown time and critical weakening slip inferred from the source time functions on earthquake faults, Bull. Seism. Soc. Am. 93, 264–282.

Mikumo, T. and Y. Yagi (2003), Slip-weakening distance in dynamic rupture of inslab normal faulting earthquakes, Geophys. J. Int., 155, 443–455.

Mikumo, T. and E. Fukuyama (2006), Near-source released energy in relation to fracture energy on earthquake faults, Bull. Seism. Soc. Am., 96–3, 1177–1181.

Mikumo, T., T. Shibutani, A. Le Pichon, M. Garces, D. Fee, T. Tsuyuki, S. Watada, and W. Morii (2008), Low-frequency acoustic-gravity waves from coseismic vertical deformation associated with the 2004 Sumatra-Andaman earthquake (Mw = 9.2), J. Geophys. Res., 113, B12402, doi: 1029/2008JB005710.

Miller, M., M. Melbourne, T. Johnson, and D. J. Summer (2002), Periodic slow earthquakes from the Cascadia subduction zone, Science, 295, 2423.

Miyatake, T., (1992a), Reconstruction of dynamic rupture process of an earthquake with constraints of kinematic parameters, Geophys. Res. Lett., 19, No. 4, 349–352.

Miyatake, T., (1992b), Dynamic rupture process of inland earthquakes in Japan: Weak and strong asperities, Geophys. Res. Lett., 19, No. 10, 1041-1044.

Miyazawa, M. and J. Mori (2005), Detection of triggered deep low-frequency events from the 2003-2005 Tokachi-oki earthquake, Geophys. Res. 32, doi: 10.1029/2005GLL022539.

Miyazawa, M. and E. Brodsky (2008), Deep low-frequency tremor that correlates with passing surface waves, J. Geophys. Res. 113, B01307, doi: 10.1029/2006JB004809.

Noda, H. and T. Shimamoto (2005), Thermal pressurization and slip-weakening distance of a fault; An example of the Hanaore fault, southwest Japan, Bull. Seism. Soc. Am., 95(4), 1224-1233.

Obara, K. (2002), Non-volcanic deep tremor associated with subduction in southwest Japan, Science, 296, 1679-1681.

Obara, K., H. Hirose, F. Yamamizu, and K. Kasahara (2004), Episodic slow slip events accompanied by non-volcanic tremors in southwest Japan subduction zone, Geophys. Res. Lett., 31, L23602, doi: 101029/2004GL020848.

Obara, K. and H. Hirose (2006), Non-volcanic deep low-frequency tremors accompanying slow slips in the southwest Japan subduction zone, Tectonophysics, 417, 33-51.

Obara, K., S. Tanaka, T. Maeda, and T. Matsuzawa (2010), Depth-dependent activity of non-volcanic tremor in southwest Japan, Geophys. Res. Lett., 37, L13306, doi: 10.1029/2010GL043679.

Obara, K. (2010), Phenomenology of deep slow earthquake family in southwest Japan: Spatio-temporal characteristics and segmentation, J. Geophys. Res., doi: 10.1029/2008JB006048, (in press).

Ohnaka, M. and Y. Kuwahara (1990), Characteristic features of local breakdown near a crack tip in the transition zone from nucleation to unstable rupture during stick-slip shear failure, Tectonophysics, 175, 197-220.

Ohta, Y., J. T. Freymueller, S. Hreinsdóttir, and H. Suito (2006), A large slow slip event and the depth of the seismogenic zone in the south central Alasaka subduction zone, Earth Planets, Space, 60, 877-882.

Okada, Y. (1992), Internal deformation due to shear and tensile faults in a half-space, Bull. Seism. Soc. Am., 82, 1018-1040.

Ozawa, S., M. Murakami, M. Kaidzu, T. Tada, T. Sagiya, Y. Hatanaka, H. Yarai, and T. Nishimura (2002), Detection and monitoring of ongoing aseismic slip in the Tokai region, central Japan, Science, 298, 1009-1012.

Ozawa, S., S. Miyazaki, Y. Hatanaka, T. Imakiire, M. Kaidzu, and M. Murakami (2003), Characteristic silent earthquakes in the eastern part of the Boso peninsula, central Japan, Geophys. Res. Lett., 30, doi: 10.1029/2002GL016665.

Papageorgiou, A. S. and K. Aki (1983), A specific barrier model for the quatitative description of inhomogeneous faulting and the prediction of strong ground motion II. Application of the model, Bull. Seism. Soc. Am., 73, 953-978.

Pardo, M. and G. Suárez (1995), Shape of the subducting Rivera and Cocos plates at southern Mexico, J. Geophys. Res., 100, 12357-12373.

Petterson, C. L. and D. Christensen (2009), Possible relationship between non-volcanic tremor and the 1998-2001 slow slip event, south central Alaska, J. Geophys. Res., 114, B06302, doi:

10.1029/2008JB006096.

Payero, J. S., V. Kostoglodov, N. Shapiro, T. Mikumo, A. Iglesias, X. Perez-Campos, and R. W. Clayton (2008), Nonvolcanic tremor observed in the Mexican subduction zone, Geophys. Res. Lett., 35, L7305, doi: 10.1029/2007GRL032877

Radiguer, M., F. Cotton, M. Vergnolle, M. Campillo, H. Valette, V. Kostoglodov, and N. Cotte (2010a), Spatial and temporal evolution of a long term slow slip event, the 2006 Guerrero slow slip event, submitted to Geophys. J. Int.

Radiguer, M., M. Vergnolle, F. Cotton, N. Cotte, M. Campillo, V. Kostoglodov, B. Valette, A. Walpersdorf, J. Santiago, I. Manighetti, E. Boucher (2010b), Time dependent slip distributions of three slow slip events in Guerrero (Mexico): 2002, 2006 and 2010, S11C-07, presented at 2010 Fall Meeting, AGU, San Francisco.

Rogers, G. and H. Dragert (2003), Episodic tremor and slip on the Cascadia subduction zone: The chatter of silent slip, Science, 300, 1942-1943.

Rubin, A. M. (2008), Episodic slow slip events and rate- and state-friction, J. Geophys. Res., 113, B11414, Doi. 10: 1029/2008JB005642.

Ruina, A. (1983), Slip instability and state variable friction laws, J. Geophys. Res., 88, 10,359-10,357.

Sanchez-Sesma F. J., S. Chavez-Pérez, M. Suárez, M. A. Bravo, and L. E. Pérez-Rocha (1988), On the seismic response of the Valley of Mexico, Earthquake Spectra 4, 569-589.

Santoyo, M. A., S. K. Singh, T. Mikumo, and M. Ordaz (2005), Space-time clustering of large thrust earthquakes along the Mexican subduction zone: an evidence of source interactions, Bull. Seism. Soc. Am., 95, 1856-1864.

Santoyo, M. A., T. Mikumo, and L. Quintanar (2006), Faulting process and coseismic stress change during the January, 1973, Colima, Mexico, interplate earthquake (Mw = 7.6), Geofis. Int., 45, 163-178.

Santoyo, M. A., T. Mikumo, and C. Mendoza (2007), Possible lateral stress interactions in a sequence large interplate thrust earthquakes on the subducting Cocos and Rivera plates, Geofis. Int., 46, 211-226.

Schlanser, K. M., M. R. Brudzinski, N. J. Kelly, S. P. Grand, E. Cabral-Cano, and C. DeMets (2010), Episodic tremor and slip along the Rivera and Cocos subduction zones of southern Mexico, S23A-2088, 2010 AGU Fall Meeting, S. F.

Shelly, D. R., G. C. Beroza, and S. Ide (2007), Non-volcanic tremor and low-frequency earthquake swarms, Nature, 446, 305-307.

Shibazaki, B.. and Y. Ito (2003), On the physical mechanism of silent slip events along the deeper part of the seismogenic zone, Geophys. Res. Lett., 30(9), 1489, doi: 10.1029/2003GL017047.

Shibazaki, B. and T. Shimamoto (2007), Modelling of short-interval silent slip events in deeper subduction zone interfaces considering the frictional properties at the unstable-stable transition regime, Geophys. J. Int., 171, 191-205.

Shibazaki, B., S. Bu, T. Matsuzawa and H. Hirose (2010), Modeling the activity of short-term slow slip events along deep subduction interfaces beneath Shikoku, southwest Japan, J. Geophys. Res., 115, B00A19, doi: 10.1029/2008JB006057.

Singh, S. K., J. Havskov, K. McNally, L. Ponce, J. T. Hearn, and M. Vassiliou (1980b), The Oaxaca, Mexico, earthquake of 19 November 1978: A preliminary report on aftershocks, Science, 207, 1211–1213.

Spudich, P. and M. Guatteri (2004), The effect of bandwidth limitations on the interface of earthquake slip-weakening distance from seimograms, Bull. Seism. Soc. Am., 94, 2028–2036.

Stewart, G. S., E. P. Chael, and K. C. McNally (1981), The November 29, 1978, Oaxaca, Mexico, earthquake: A large simple event, J. Geophys. Res., 86(B6), 5053–5060.

Tinti, E., E. Fukuyama, A. Piatanesi, and M. Cocco (2005), A kinematic source-time function compatible with earthquake dynamics, Bull. Seism. Soc. Am., 95, 1211–1223.

Titov, V., A. B. Rabinovich, H. O. Mofjeld, R. E. Thompson, and F. I. Gonzáles (2005), The global reach of the 26 December 2004 Sumatra tsunami, Science, 309, 2045–2048.

Wech, A. G. and K. C. Creager (2008), Automatic detection and location of Cascadia tremor, Geophys. Res. Lett., 35, L20302, doi: 10.1029/2008GL035458.

Wech, A. G., K. C. Creager and T. I. Melbourne (2009), Seismic and geodetic constraints on Cascadia slow slip, J. Geophys. Res., 114, B10316, doi: 10.1029/2008JB006090.

Yagi, Y., T. Mikumo, J. Pacheco, and G. Reyes (2004), Source rupture process of the Tecomán, Colima, Mexico earthquake of 22 January 2003, Determined by joint inversion of teleseismic body-wave and near-source data, Bull. Seism. Soc. Am., 94, 1795–1807.

Yasuda, T., Y. Yagi, T. Mikumo, and T. Miyatake (2005), A comparison between Dc' values obtained from dynamic rupture model and waveform inversion, Geophys. Res. Lett., 32, L14316; doi: 10.1029/2005GRL023114.

Yoshioka, S., T. Mikumo, V. Kostoglodov, K. M. Larson, A. R. Lowry, and S. K. Singh (2004), Interplate coupling and a recent slow slip event in the Guerrero seismic gap of the Mexican subduction zone, as deduced from GPS data inversion using a Baysian information criterion, Phys. Earth & Planet. Intr., 146, 513–530.

Zigone, D., M. Campillo, A. L. Husker, V. Kostoglodov, J. S. Payero, W. Frank, N. M. Shapiro, C. Voisin, G. Cougoulat, and N. Cotte (2010), Complex non-volcanic tremor in Guerrero, Mexico, triggered by the 2010 Mw 8.8 Chilean earthquake, S23A-2107, presented at the 2010 AGU Fall Meeting, San Francisco.

川崎一朗（2006），スロー地震とは何か，NHKブックス1055，269pp.

地震発生機構・予知・テクトニクス（1992），月刊地球 号外No. 4, 197-232，海洋出版社.

索　引

年号は読みに加えていない．
用語そのものでなく，文脈によってとったものもある．

[A-Z]
Dc のすべり変位依存性　137, 138
dynamic triggering の可能性　100, 112
GPS 観測点分布　105
hanging wall side と foot wall side　120, 152
K-T 境界層　15
NUVEL-1A プレート運動モデル　11, 142, 155
NVT の出現頻度
Popocatepetl ポポカテペトル火山地震活動観測　102
"Prompt Assessment of Earthquake Source and Strong Motion"（震源と強震動の即時評価システムの開発）国際学術研究プロジェクト　103
slip-weakening model（応力のすべり弱化モデル）　135, 152
SSE の変位分布　141, 142

[あ行]
1912 年 Acambay アカムバイ地震　28, 32
Acambay-Tixmadejé (ATF) アカムバイ-ティスマデッヘ断層　33
アスペリティ　43, 94, 125-130, 158
1991 年 Valle de la Estrella ヴァジェ・デ・ラ・エストレージャ（コスタ・リカ）地震（Mw=7.6）　86
運動学的断層モデル kinematic fault model　43, 94, 114, 151
エネルギー収支則（Kostrov (1974) の）139, 153
El Gordo Graben 地溝帯　49, 125, 130
2001 年 El Salvador エル・サルヴァドール地震（Mw=7.6）　81
CICESE エンセナーダ科学研究・高等教育センター　100, 109, 110, 158
Enriquillo-Plaintain Garden (EPGFZ) エンリキージョ-プランタン・ガーデン断層　90
2010 年 El Major-Cucapah エル・マヨール・クアパ地震（Mw=7.2）　8
Oaxaca オアハカ地域
1931 年 Oaxaca オアハカ地震（Ms=7.8, H=40 km）　65, 69, 70
1978 年 Oaxaca オアハカ地震（Mw=7.8）　38, 62-64
1999 年 Oaxaca オアハカ地震（Mw=7.5, H=40 km）　69
応力降下時間　113, 135-137, 160
O'Gorman Fracture Zone（オゴルマン断裂帯）　20
1973 年 Orizaba オリサバ地震（Mw=7.0, H=80 km）　32, 66
Orozco Fracture Zone（オロスコ断裂帯）　20

[か行]
海溝型逆断層大地震の動的破壊過程と強震動の予測　118
海底地形　13, 19-21, 75, 155
Cayman trough カイマン海溝　88
Galapagos Rift Zone（ガラパゴス隆起帯）　20
Carribean（カリブ海）プレート　12
巨大隕石の衝突　14, 15, 24
1976 年 Guatemala グアテマラ地震（Mw=7.6）　79, 80
クーロン破壊応力変化 Δ CFS　94, 124, 152
傾斜断層　119-122
Guerrero-Ometepec ゲレロ-オメテペック地域　60
ゲレロ加速度計観測網による観測波形　106
ゲレロ地震空白域の GPS 観測点で 2001 年-2002 年に観測されたゆっくりすべり SSE　144
広帯域地震計観測点分布　104
Cocos（ココス）プレート　125-127, 130-133, 141, 148

189

索引

Cocos Ridge（ココス海嶺） 18
Costa Rica Seismogenic Zone Experiment（CRSEIZE）（コスタ・リカ地震発生帯観測プロジェクト） 87, 96
Costa Rica の Nicoya 半島付近の地殻構造（断面：第2-39図） 88
1995年 Copala コパーラ地震（Mw=7.3） 61
Gonâve ゴニャーヴェ・マイクロ・プレート 90
1973年 Colima コリマ地震（Mw=7.5） 38, 49, 56, 125
RESCO コリマ大学地震観測網 44, 51, 110, 158
1995年 Colima-Jalisco コリマーハリスコ地震（Mw=8.0） 28

[さ 行]

3次元クラック・モデル 131
3次元トモグラフィ解析 76, 95
3次元波動方程式 151, 152
3次元マクスウエル粘弾性体 133
地震前後の地殻変動水平変位分布と余効すべり 28-29
「地震防災プロジェクト」 97
地震モーメント Mo 31, 93
沈み込むココス・プレートの断面の模式図と地震の深さ分布（第2-27図） 66
沈み込むプレートの形状 71
沈み込むプレート上面の傾斜断層面上を伝播するクラック
初期剪断応力，断層強度，応力降下量 114, 121
Receiver Function Method 受信関数法 75, 95
1985年9月21日 Zihuatanejo シワタネッホ地震（Mw=7.9）（最大余震） 56, 60, 66, 70, 123, 129
すべり速度・状態依存の摩擦構成則と SSE 145, 152
すべり変位と破壊開始時間 114
世界地震観測網 94
Cerro Prieto セロ・プリエート断層 18, 34
潜在断層 118, 151

[た 行]

太平洋プレート 12, 18, 21, 25
大地震の断層の動的破壊過程 102, 114ff.
大地震のメカニズム 43, 156
断層強度と動的応力降下量の比 117
断層面の破壊エネルギーと解放された地震エネルギーの見積もり 139, 160

1995年 Chiapas チアパス地震（Mw=7.2, H=165 km） 67
Chicxulub（チクスルブ）クレーター 16, 17
Chichén Itzá（チチェン・イツァ遺跡） 28
Middle America Trench（MAT）中央アメリカ海溝 12, 18, 20, 38, 52, 64, 71, 75, 77, 130, 155
Central America Volcanic Belt 中央アメリカ火山帯 23
Meso-America Seismic Experiment（MASE）（中央アメリカ・プレート沈み込み帯プロジェクト） 75, 76, 148-150
2003年 Tecomán-Colima テコマン−コリマ地震（Mw=7.8） 43
1999年 Tehuacan テワカン地震（Mw=7.0, H=68 km） 68
Teotihuacán（テオティワカン遺跡） 27
Tehuantepec Ridge（テワンテペック海嶺） 20, 64
Tehuantepec-Chiapas テワンテペック−チアパス地域 20, 31, 39, 64
統計的検定（カイ・スクエア分布） 42, 93, 124, 156
1946年 Dominican Republic ドミニカ共和国地震（Mw〜8.0） 91
トレンチ掘削調査 32

[な 行]

内陸部に発生した浅い大地震の震央 40
Nazca（ナスカ）プレート 88
1992年 Nicaragua ニカラグア地震（Mw=7.6）（津波地震）
1994年 Northridge 地震（Mw=6.6） 100
1891年濃尾地震（Mw=7.5） 118

[は 行]

2010年 Haiti ハイチ地震（Mw=7.0） 91-93
波形インバージョン 43, 94, 123
波形インバージョンから推定された断層面上のすべり分布（第2-19図） 60
バック・スリップ（率） 133, 152, 153
Panama Fracture Zone（パナマ断裂帯） 87
Baja California バハ・カリフォルニア地域 100, 110
Jalisco-Colima ハリスコ−コリマ地域 31, 42, 44, 46
1932年 Jalisco ハリスコ地震（Ms=8.2） 28
East Pacific Rise（EPR）（東太平洋海嶺（海膨）

12, 87
非火山性微動 non-volcanic tremors（NVT）の発見　140
表面波マグニチュード Ms　30, 39
1918 年 Puerto Rico プエルト・リコ地震（M = 7.3〜7.5）　90, 91
1981 年 Playa Azul プラヤ・アスール地震（Mw = 7.4）　52
プレートの沈み込みによる海溝型大地震
プレートの年代　13, 15, 20, 24, 75, 93, 155, 157
プレート間カプリング　141, 153
プレート境界型大地震の時空間分布　41
プレート内地震　65, 140, 160
1979 年 Petatlan ペタトラン地震（Ms = 7.6）　52
北米プレート　157

[ま行]
19 世紀のメキシコの大地震（第 1 表）　31
Michoacan ミチョアカン地域　31, 42, 52, 60
1943 年 Michoacan ミチョアカン地震（Ms = 7.7）　52
1985 年 9 月 19 日 Michoacan ミチョアカン大地震（Mw = 8.1）　53-60
1985 年 Michoacan ミチョアカン地震の動的破壊過程　122
1997 年 Michoacan ミチョアカン地震（Mw = 7.0, H = 35 km）
メキシコの学会組織
　　CENAPRED メキシコ国立防災センター　97-99
中米地域の地震観測機関
　　CIRES メキシコ地震計測センター：早期地震警報システム　107, 108, 112
　　UNAM-IGEF メキシコ国立自治大学地球物理研究所　97, 101-103

UNAM-IING 工学研究所およびゲレロ加速度計観測網　57, 106, 107
UNAM-SSN 地震および GPS 観測網　103-105
1900-2003 年の期間にメキシコ太平洋岸に発生した浅い逆断層型大地震（表）　39
1977 年-1997 年の 20 年間のメキシコ，中米，カリブ海地域の地震活動（第 2-5 図）　37
Trans-Mexican Volcanic Belt（TMVB）メキシコ横断火山帯　21, 22, 49, 156
メキシコ太平洋岸のプレート沈み込み帯での観測　158
メキシコ太平洋岸を含む南西部に 1930 年代以降に発生した主要な海溝型大地震の震源域　40
メキシコ中部のマントル構造（断面：第 2-29 図）　77
メキシコ盆地沖積層による地震波増幅効果　56
Motagua モタグア断層　21, 23, 79, 88
1962 年 Morgan Hill 地震（Mw = 6.2）　115
モーメント・マグニチュード Mw　31, 93

[や行]
ゆっくり滑り slow slip events（SSE）の発見　112, 140
横ずれ型分岐断層の破壊　117, 118
横ずれ断層型大地震の動的破壊過程　113-115

[ら行]
1992 年 Landers 地震（Mw = 7.4）　99-100
Rivera（リヴェーラ）プレート　125-129, 148
6500 万年前　14-18

[わ行]
1980 年 Huajuapan de Leon ワフアパン・デ・レオン地震（Mw = 7.0, H = 65 km）　66

191

[著者略歴]

三雲　健（みくも　たけし）

1953 年 京都大学理学部地球物理学科卒, 1958 年 同大学院理学研究科中退, 理学部助手, 1960 年 理学博士, 京都大学防災研究所助教授, 1961-1964 年 東京大学地震研究所, カリフォルニア工科大学地震研究所, カリフォルニア大学バークレイ校, 各研究員, 1973 年 京都大学防災研究所教授, 専門は地震学, 固体地球物理学特に地震発生機構, 地震テクトニクスなど, 1992 年 停年退官, 京都大学名誉教授. この間 1974-1975 年 地震学会委員長（現・日本地震学会会長), 1985-1991 年 日本学術会議・地震学研究連絡委員会委員長. 1992-1998 年 JICA長期メキシコ派遣「地震防災プロジェクト」および地震学専門家, 1998-2006 年 メキシコ国立自治大学地球物理研究所教授, 1999 年- 日本地震学会名誉会員.

大地震とテクトニクス ── メキシコを中心として
© T. MIKUMO 2011

平成 23 (2011) 年 5 月 30 日　初版第一刷発行

著　者　　三　雲　　健
発行人　　檜　山　爲　次　郎

発行所　**京都大学学術出版会**
京都市左京区吉田近衛町 69 番地
京都大学吉田南構内（〒606-8315）
電　話（075）761-6182
FAX（075）761-6190
Home page http://www.kyoto-up.or.jp
振　替　01000-8-64677

ISBN 978-4-87698-561-6
Printed in Japan

印刷・製本　㈱クイックス
定価はカバーに表示してあります

本書のコピー, スキャン, デジタル化等の無断複製は著作権法上での例外を除き禁じられています. 本書を代行業者等の第三者に依頼してスキャンやデジタル化することは, たとえ個人や家庭内での利用でも著作権法違反です.

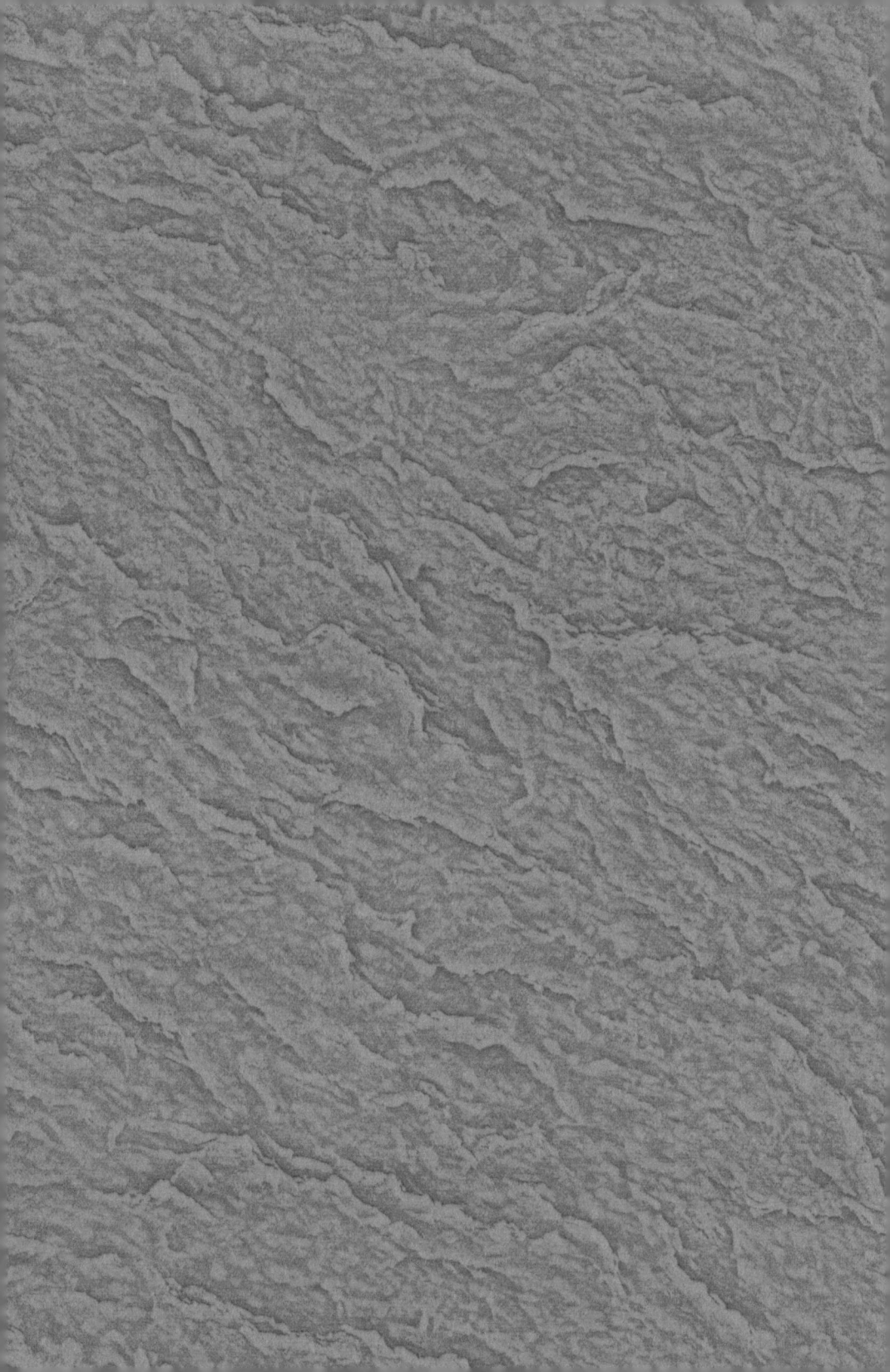

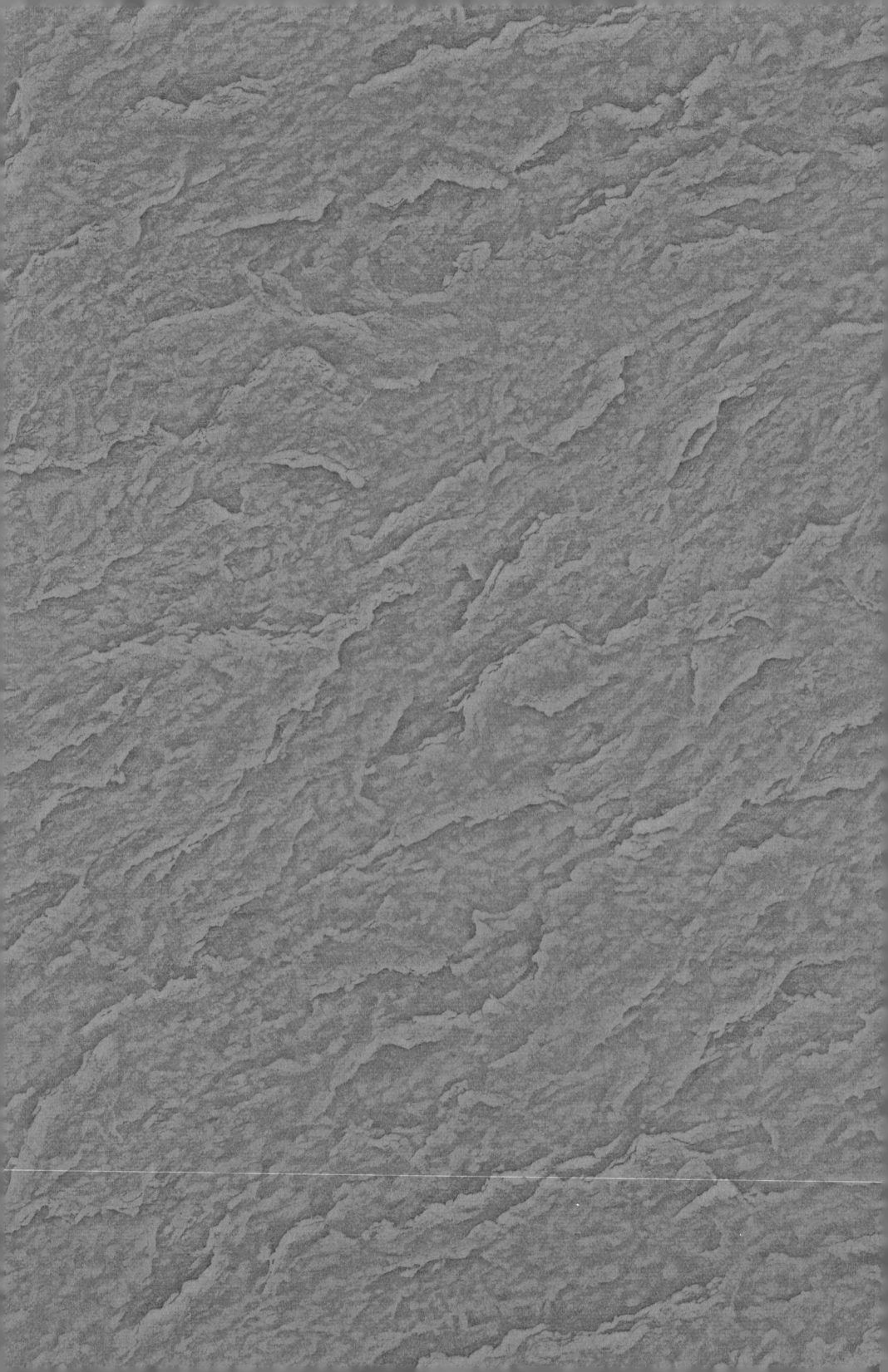